带电作业技术标准体系
及标准解读

易　辉　编著

中国电力出版社
CHINA ELECTRIC POWER PRESS

内 容 提 要

本书从带电作业技术所涉及的基础理论为出发点阐述了输电线路带电作业（包括交、直流输电线路）、配电线路带电作业和变电带电作业的主要内容和各自特点。对带电作业标准体系的建立和带电作业 IEC 标准、我国带电作业国家标准、电力行业标准的分类、特点和区别等进行了详细介绍。同时对我国带电作业主要标准的编制原则和背景材料进行了介绍，并附有相关标准原文。

全书共分三章：带电作业技术的主要内容、带电作业标准体系、带电作业相关标准的编制原则及内容解读。文后有 3 个附录：带电作业 IEC 标准名称及标准编号、全国带电作业标准化技术委员会标准化工作纪事、我国专业人员参加国际带电作业标准化活动纪事。

本书除可供从事带电作业管理工作与带电作业实际操作的人员参考外，还可供电力生产、设计及科研工作人员和高等院校相关专业师生进行参考。

图书在版编目（CIP）数据

带电作业技术标准体系及标准解读/易辉编著 . —北京：中国电力出版社，2009.5（2021.3 重印）
ISBN 978 – 7 – 5083 – 8534 – 1

Ⅰ. 带… Ⅱ. 易… Ⅲ. 带电作业 – 标准 – 中国 Ⅳ. TM72 – 65

中国版本图书馆 CIP 数据核字（2009）第 027482 号

中国电力出版社出版、发行
（北京市东城区北京站西街 19 号 100005 http：//www.cepp.sgcc.com.cn）
三河市百盛印装有限公司印刷
各地新华书店经售

＊

2009 年 5 月第一版 2021 年 3 月北京第七次印刷
787 毫米×1092 毫米 16 开本 15.25 印张 325 千字
印数 5900—6400 册 定价 77.00 元

我国的带电作业技术经过 50 余年的发展，已经日臻完善。带电作业技术已经成为保障电网安全、经济、可靠运行和向客户不间断供电的一种行之有效的重要手段。随着我国电网由高压、超高压向特高压迈进；由交流输电向多元化直流输电的延伸和发展，尤其是我国 1000kV 交流特高压和 ±800kV 直流特高压电网的建设，我国的带电作业将迎来一个新的发展和再创辉煌的时期。

带电作业的产生源于生产实践的需要，但带电作业的发展却离不开理论的指导和科学的实践。世界各国带电作业的创建和发展历史无一例外地证实了理论和实践相结合的重要性。

带电作业技术需要研究高压静电场、直流离子流电场、电磁感应、静电屏蔽以及人体在电场、磁场和电流的影响下的生理反应，以及各类阈值，同时对各种安全作业方式和作业人员的防护措施要进行重点研究。所有带电作业科学研究成果和带电作业生产实践经验必须经过去粗存精、去伪存真，不断总结提高的过程，才能编制成相应的标准，以便更好地指导带电作业科研和生产实践。

本书的编撰目的是为了使广大电力工作者了解带电作业技术、带电作业历史和带电作业标准化。本书在力图对带电作业基础理论进行阐述的同时，对输电线路、配电线路和变电带电作业的主要内容和各自特点进行介绍，尤其是对带电作业标准体系的建立和带电作业 IEC 标准、我国带电作业国家标准、电力行业标准的分类、特点和区别等进行详细介绍。本书的许多内容是编者所主持和参入的科研项目的科研成果，以及编者所主持和参入的带电作业标准，起草和编制过程中的心得和体会。

国网电力科学研究院张丽华高级工程师长期从事带电作业标准化技术委员会秘书处的秘书工作，本书所引用的标准原文由她进行了仔细校对，并撰写了附录 2 全国带电作业标准化技术委员会标准化工作纪事和附录 3 我国专业人员参加国际带电作业标准化活动纪事。这里，对张丽华高工的辛勤工作，表示诚挚的感谢。本书还得到国网电力科学研究院胡毅教授级高级工程师的许多帮助，也在此一并致谢。

由于本书编写时间有限，难免存有不妥和谬误之处，敬请读者不吝赐教。

编　者

2009 年 1 月

目　录
CONTENTS

第一章

带电作业技术的主要内容

IEC 60050—651：1999《电工术语 带电作业》和 GB/T 2900.55—2002《电工术语 带电作业》中将"带电作业"这个术语定义为"工作人员接触带电部分的作业或工作人员用操作工具、设备或装置在带电作业区域的作业"。《中国电力百科全书》中对"输电线路带电作业"这一名词解释时，使用了"为必须不间断供电而在带电的输电线路进行的维修工作"这样的字句。换言之，所谓"带电作业"，具有两层意思，其一，电气设备包括输电线路、配电线路和变电站的电气设备，必须是带电而不是停电的状态；其二，是对带电的电气设备进行检修、安装、调试、改造及测量工作的通称。

带电作业是在电气设备带电的状态下进行的检修、安装、调试、改造及测量工作，它有别于一般意义下，即停电状态下的检修、安装、调试、改造及测量工作。其原因是电气设备处于带电的状态下，作业人员必须在带电作业区域内进行工作，而带电的电气设备所产生的电场、磁场以及电流有可能会对作业人员的身体产生严重影响。因此，必须对进入带电作业区域内进行工作的人员采取有效的防护措施，才能确保在带电作业区域内作业的工作人员的安全。这一点正是带电作业与一般作业的最大区别。

由于带电作业人员经过了专门训练，使用特殊工具，按照科学的程序作业，保证了人体与带电体及接地体之间不形成危及人身安全的电气回路，同时，对作业人员采取了对强电场的防护措施，为作业人员提供了无害和良好的工作环境。因此，带电作业人员可以身心愉快地在带电的电气设备上进行各种检修、安装、调试、改造及测量工作。

在开展带电作业的初期，人们对带电作业所涉及的理论问题并不十分了解，由于理论与实际的脱节，引发了一些带电作业的事故。现在回过头来看，当时所犯的错误十分低级。带电作业经过几十年的实践和发展以及对带电作业理论的深入研究，获得了许多研究成果以及适用的新方法，使得带电作业逐渐形成了一门新的综合性的应用技术。

第一节 与带电作业技术相关的基础理论

一、带电作业发展简史

目前，世界上已有 80 多个国家开展了带电作业的研究与应用，其中美国、中国、苏联、日本、加拿大、法国、英国、德国、瑞士、比利时、意大利及澳大利亚等 40 多个国家已广泛应用带电作业技术。

带电作业技术的发展，首先是从配电线路上开始，然后发展到输电线路，再向变电站延伸的。开展带电作业的电压等级也是由低到高，先在配电线路，然后到高压输电线路，再发展到超高压输电线路，以致到特高压输电线路；由交流到直流，逐渐发展并成熟起来的。

1. 美国的带电作业

世界上最早开展带电作业的国家是美国。早在1923年，美国人就开始在34kV配电线路上探索进行带电作业。美国人当时使用的是木质操作棒，采用地电位方法进行作业。干燥的木质棒，由于其绝缘性能良好，完全能够耐受相对地电压，尽管当时制造的工具显得粗糙且笨重，但毕竟开创了带电作业的先河。之后，美国人在一段时间内的带电作业，仅在22kV和34kV配电线路上进行。直到1930年，美国才出现了66kV输电线路上的新项目。随着新型绝缘材料，尤其是环氧玻璃纤维绝缘材料的问世，20世纪50年代末，美国在带电作业用工具中开始采用环氧玻璃纤维绝缘材料制成的带电作业工具，并陆续开始在345、500kV及765kV超高压线路上进行带电作业，这期间一直采用地电位作业的方法。在1960年，美国首先进行试验研究并实现了"等电位"作业的方法，但等电位作业的方法在长达十几年的时间里一直处于试验研究阶段，直到1978年，等电位作业的方法才在美国全国范围内推开。目前，美国已经在765kV及以下各个电压等级的线路上广泛开展带电作业，并进行了1000kV特高压人体接触带电体的试验。

2. 日本的带电作业

日本开展带电作业是在20世纪40年代初期，采用引进美国带电作业技术的方式，然后消化吸收，再创造自己的特点。初期日本的带电作业工具和作业项目，几乎与美国一模一样。1962年，日本开始在220kV输电线路上开展带电作业，到1972年，已经能在500kV超高压输电线路上自由进行带电作业了。日本在配电线路开展的带电作业最具特色，他们开发的配电带电作业工具不仅门类繁多，而且系列和规格齐全，尤其是防护用具和遮蔽用具，适用于各个配电电压等级。日本的带电水冲洗装置和水冲洗方法在世界上居于先进水平。日本的大多数变电站都安装有固定水冲洗装置，甚至于500kV变电站都装有固定水冲洗装置，而清扫输电线路绝缘子串的清洗工具有40余种，其中仅清扫500kV长串耐张绝缘子串的自动清洗机都有数种之多。

3. 苏联的带电作业

苏联于20世纪50年代初期才开展带电作业的试验研究。1955年前后，开始在35～110kV木杆线路上更换直线木杆和耐张杆木横担。1970年前后，苏联成功研究了采用绝缘水平梯进入高电位的等电位作业方法，应用在220kV及以下的线路上。之后十余年，苏联的带电作业发展缓慢，直到苏联成功建设了1150kV特高压输电线路，才将带电作业逐渐推广到330、500、750kV超高压输电线路和1150kV特高压输电线路上。苏联是世界上唯一开展过特高压输电线路带电作业的国家。

4. 中国的带电作业

中国的带电作业早在1952年就开始进行了尝试，直到1954年在东北鞍山电业局研制出了第一套3.3～6.6kV带电作业工具，才标志着中国带电作业的正式开展。根据中国带电作业史料记载，中国的带电作业创始日确定为1954年5月12日。与美国的情况类似，中国的带电作业也是开始于3.3kV配电线路。初始的工具采用类似桦木的木棒来制作，尽管显得十分笨重粗糙，但却成功地进行了 3.3kV 配电线路的地电位带电作业。1957 年 10 月，中国设计了第一套 220kV 高压输电线路带电作业工具，并成功应用于 220kV 高压输电线路的带电作业。中国的第一次 220kV 等电位带电作业试验，于 1958 年 7 月在辽宁省沈阳市举行，试验很顺利。这次等电位带电作业试验的成功，开创了中国带电作业的新篇章。

中国的 330，500kV 超高压输电线路的带电作业分别于 20 世纪 70 年代和 80 年代先后开展。目前，500kV 超高压紧凑型输电线路、750kV 超高压输电线路的带电作业试验研究已经完成，具备了在线路上进行实际操作的工具、进入高电位方式、防护措施和安全措施的各项准备工作的基本条件。中国的 1000kV 特高压输电线路正在建设，但 1000kV 特高压输电线路的带电作业试验研究工作已经基本完成，待 1000kV 特高压输电线路建成投产后，开展带电作业则指日可待。

二、高压电场

为什么带电作业技术要研究高压电场呢？前已叙及，带电作业时作业人员必须在带电作业区域内进行工作。由于带电体的存在，其周围有电场产生，而电场的特性、强弱、变化等会对作业人员的身体产生严重影响。

1. 电场的基本特性

我们知道，自然界存在着正、负两种性质的电荷。电荷的周围存在着一种特殊形态的物质，我们称之为电场。相对于观察者为静止的，且其电量不随时间而变化的电场为静电场。例如在直流电压下两电极之间的电场就是静电场。在工频电压下，两电极上的电量将随时间变化，因而两极性之间的电场也随时间而变化。但由于其变化的速度相对于电子运动的速度而言是相对缓慢的，并且电极间的距离也远小于相应的电磁波波长。因此对于任何一个瞬间的工频电场可以近似地认为是静电场。

将一个静止电荷引入到电场中，该电荷就会受到电场力的作用。电场的强弱常用电场强度（简称场强）来描述，电场强度是电荷在电场中所受到的作用力与该电荷所具有的电量之比。电场强度是一个矢量，它具有方向性。

尽管人的眼睛不能直接观察到电场，但我们可以通过实验来得到电场的图示。比如说，用两根较长的平行导线，穿过一块绝缘板，两导线的首端加直流电压，末端开路，带电导线周围就形成一个静电场。在水平放置的绝缘板上撒一层薄薄的云母粉，并轻轻地敲击绝缘板。由于介质极化的缘故，云母粉在电场力的作用下沿着电力线顺序排列，可以形成类似于图 1-1 的图形。图 1-1（a）是同性电荷的电场图形，图 1-1（b）是异性电荷的电场图形。

从图 1-1 中可以看出，在任一电场中，电力线上任何一点，其切线的方向与该点电场强度方向是一致的，因此电力线从正极出发，到负极终止。电力线垂直于电极的表面，任何两条电力线都不会相交。而电力线的疏密程度就表示了电场的强弱。

2. 均匀电场与非均匀电场

作业人员在带电作业过程中，构成了各种各样的电极结构。其中主要的电极结构有：导线—人与构架、导线—人与横担、导线与人—构架、导线与人—横担、导线与人—导线等。由于带电作业的现场环境和带电设备布局的不同、带电作业工具和作业方式的多样性、人员在作业过程中与带电体的相对位置处于不断变化之中等因素，使带电作业中遇到的高压电场

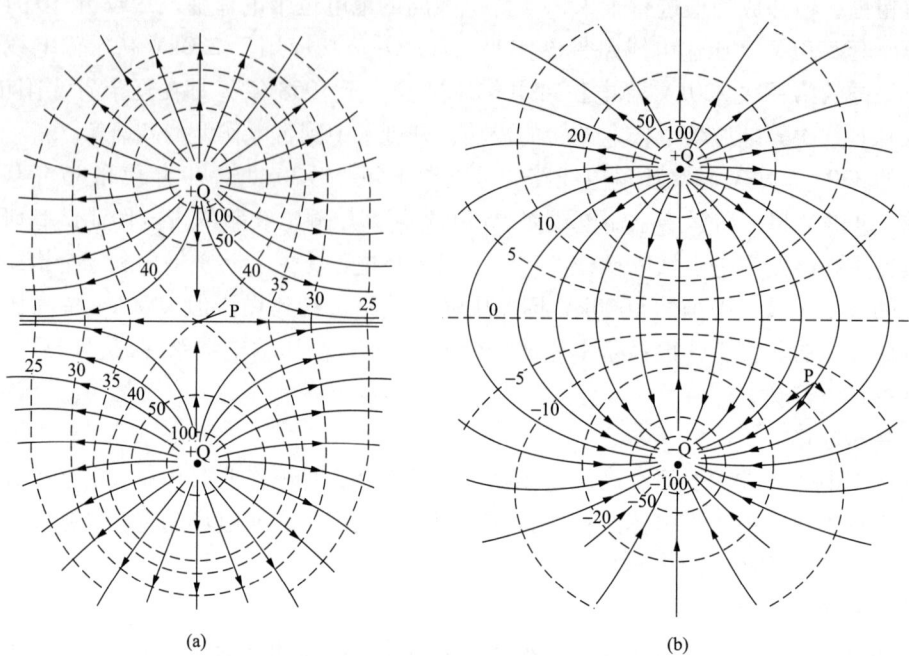

图 1 - 1　电荷之间的电场分布图
(a) 同性电荷的电场；(b) 异性电荷的电场

变化多端，这就需要了解带电作业的各种工况中电场的变化和特征。

按电场的均匀程度可将静电场分为均匀电场、稍不均匀电场和极不均匀电场三类。

在均匀电场中，各点的场强大小与方向都完全相同。例如，一对平行平板电极，在极间距离比电极尺寸小得多的情况下，电极之间的电场就是均匀电场（电极边缘部分除外）。均匀电场中各点的电场强度 E 为

$$E = U/d \qquad (1-1)$$

式中　U——施加在两电极间的电压，kV；

　　　d——平板电极间的距离，m。

在不均匀电场中，各点场强的大小或方向是不同的。根据电场分布的对称性，不均匀电场又可分为对称型分布和不对称型分布两类。在极不均匀电场中，一般以［棒—板］电极作为典型的不对称分布电场，以［棒—棒］电极作为典型的对称分布电场。

由于不均匀电场中各点场强随电极形状与所在位置而变化，所以通常采用平均场强 E_{av} 和电场不均匀系数 f 予以描述。电场不均匀系数 f 是最大场强与平均场强的比值，即

$$f = E_{max}/E_{av} \qquad (1-2)$$

稍不均匀电场与极不均匀电场之间没有十分明显的划分，对于空气介质通常以 $f=2$ 为分界线。当 $f<2$ 时，可以认为是稍不均匀电场。当 $f>2$ 时，逐渐向极不均匀电场过渡。当 $f>4$ 时，则认为是极不均匀电场。

电场的不均匀程度与电极形状和极间距离有关。在相同电极形状的条件下，当极间距离增大时，电场的不均匀程度将随之增加，例如两个金属圆球间的电场。当极间的距离相对球

的直径而言较小时，是稍不均匀电场。但当极间距离增大时，电场的不均匀程度逐渐增大，最后成为极不均匀电场。

对于空气介质，判断电场的不均匀程度可由间隙击穿前在高压电极周围是否发生电晕为依据。击穿前没有电晕现象为稍不均匀电场，击穿前发生电晕现象则为极不均匀电场。

带电作业人员在输电线路或变电站进行带电作业，如前面所列举的各种各样的电极结构，实际上都是处于非均匀电场，即稍不均匀电场和极不均匀电场之中。因此研究高压电场的基本特性和变化，是对位于不同工况工作的带电作业人员进行电场防护研究工作的需要。

3. 电场的畸变

自导线至地面的空间电场分布是极不均匀的。图 1-2 所示为单根导线平行地面架设的最理想状态按理论计算出的电位分布情况。由于电场强度对地高度间存在指数函数关系，因此在靠近导线附近 3%~9% 的区域内是高电位区，其相应的场强分布规律是相同的，见图 1-3。例如，距导线 1.5m 处场强为 12kV/cm（当 $u=127kV$ 时），距导线 0.2m 处场强却高达 84kV/cm，地面上 1.5m 处场强只有 3.4kV/m。

作业人员未进入带电作业区域，即场强分布区域，其电力线的分布如图 1-2 所示，电力线是均匀的。而一旦人体进入场强分布区域，由于人体（人体是导体）占据了空间位置，操作人员身体的介入，使得电场发生了畸变。

（1）人在地面上的电场畸变。图 1-3 所示为人体位于地面情况下体表场强及周围电位分布图。该图形是用静电场中作图法的基本法则，按一定比例绘制而成的。表明人体进入图 1-3 中的外界电场后的电场畸变状态。一部分电力线射向人体上，随人体表面稍远的地方，电力线也会弯曲一些，但最终还是射向地面。电力线的变化，反映到等位线上，也相应地变形，在人身上方，电位线密度增加很多。电位线密度增加就意味着场强增高。如图 1-3 所示，导线距地面 10m 高，原来人体未进入前 1.8m 高度处的场强为 $E_{1.8}=3.54kV/m$，人体进入后，头顶的场强可达 63~77kV/m。头顶对整个身体而言是突出的尖端。落在头顶的电力线多，密度大，场强会变高。所以，凡人体沿电场纵向突出部位的体表场强一定最高，而接触地面的部位体表场强最低。

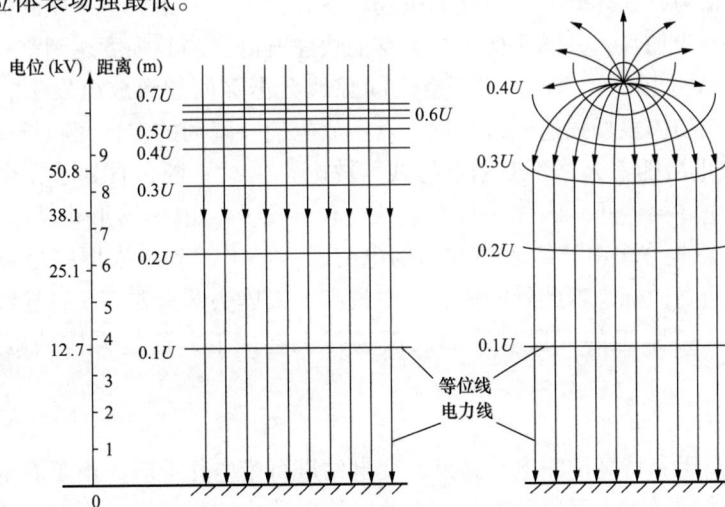

图 1-2　带电导线的电力线和等位线图

（2）人在导线与地面间的电场畸变。图1-4所示为作业人员在进入等电位，人体向带电体运动过程中，人体处于导线与地面之间时的电位分布图。此时，人体上部接受来自导线的电力线，而下部脚跟等末端却向地面发出电力线。等位线发生两种弯曲，头顶向上凸出，脚跟向下凸出。其电力线的密度，头顶和脚跟较大，其他部位也有少量电力线射向人体或发出，但密度很低。所以，人体位于电场空间，沿着电场纵向的人体凸出部位，其体表场强一定较高，其他部位体表场强则不会太高。

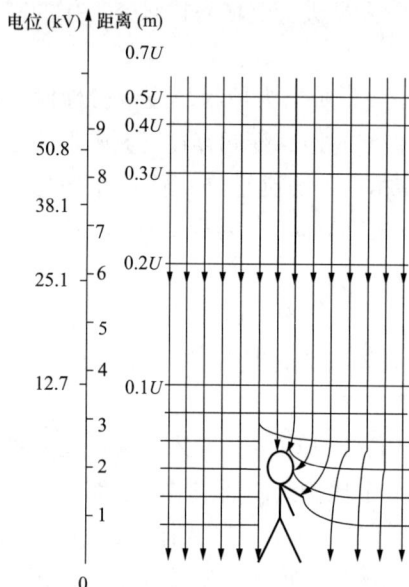

图1-3　人员位于地面时人体引起的电场畸变　　　　图1-4　人员位于电场空间时人体引起的电场畸变

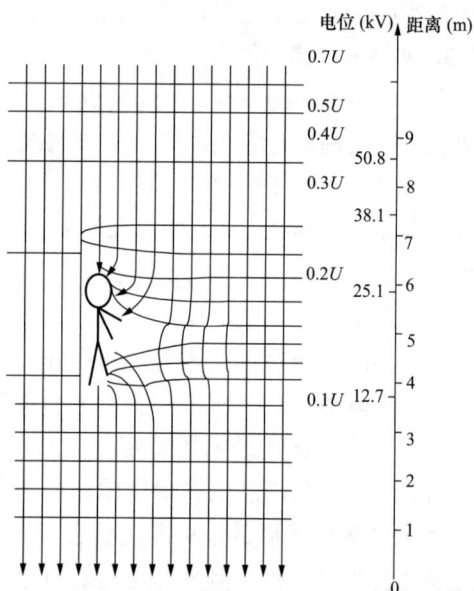

（3）作业人员在等电位过程中的电场畸变。图1-5所示为人体已接近导线附近等电位前一瞬间及等电位后的电位分布图。转移电位（进入或脱离高电位）前的瞬间，由于导线附近场强本来就很高，人体介入所引起的电场畸变，使上举手指尖与导线间的那段空气间隙的平均场强值进一步加强，并随手的不断上移而快速升高。当其强度达到空气的临界击穿强度 $[E_c = 25 \sim 30 \text{kV}（幅值）/\text{cm}]$ 时，空气间隙就会击穿而导致放电发生。放电前的最后一瞬间，手指尖端的体表场强达到最高值。发生放电前一瞬间的空气间隙长度称为火花放电距离 S_{fo}，发生放电后随着人体不断逼近导线，放电也持续不断，直到手完全握住导线，空气间隙消失，放电才会停止。人体一旦与导线电位相等后，电场图形将从图1-5（a）变到图1-5（b）。原先许多由导线表面发出的电力线，马上改到由人体的足尖发出。此时足尖的电力线密度最高，标志着此处的体表场强最高。人体头部只要不超过导线，其体表场强是较低的，甚至人体附近的那段导线的表面场强也会降低，这是人体的屏蔽作用产生的后果。

三、静电感应

在高压、超高压和特高压输电线路以及变电站进行带电作业时，由于静电感应可能会使得作业人员的人体遭受电击而危及生命。因此，静电感应的物理量、影响特征以及防护措施等是带电作业技术研究的重点。

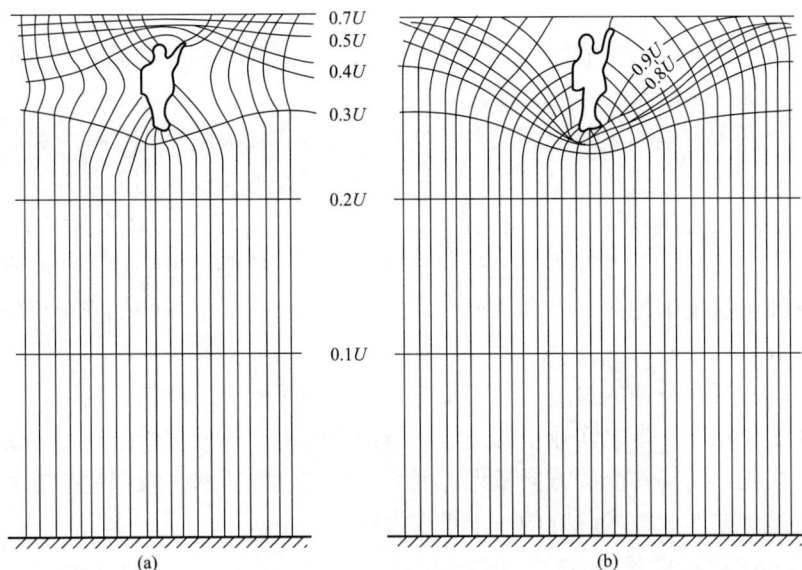

图 1-5 人体进入等电位过程中电位分布及电场畸变图

(a) 进入等电位前；(b) 进入等电位后

1. 静电感应产生的物理现象

直流电场是典型的静电场，而工频交流电场则是一种缓慢变化的电场，也可以视为静电场，因此，在工频电场中也存在静电感应问题。

当导体处于电场中，因静电感应导体表面产生感应电荷。感应电荷形成的电场与原来的电场叠加，使原来的电场产生畸变。由电场的计算可知：导体所引起电场畸变部分的电场将增大。导体的曲率半径越小，其表面的电场强度增大越多。例如，在实测电场中人体的表面场强时，人的鼻尖、手指尖、脚尖等部位的表面都比人体其他部位的体表场强高得多。

2. 表征静电感应的物理量

（1）电场强度（E）。由于静电感应是由电场引起的，因此为了便于描述输电变电设备周围静电感应的水平，通常都采用电场强度（E）这一物理量。

（2）感应电压（U_i）。在带电体周围的电场中，对地绝缘的导体因静电感应产生的感应电压值与导体的电压、导体的尺寸和几何形状、导体和带电体之间的电容、导体和接地体之间的电容等因素有关。可以根据电容分压原理求出导体上的感应电压 U_i 为

$$U_i = U \cdot \frac{C_1}{C_1 + C_0} \tag{1-3}$$

式中 U——带电体上的电压，kV；

  C_1——导体对带电体之间的电容，pF；

  C_0——导体对地之间的电容，pF。

（3）感应电流（I_i）。地面上的人在电场中，因静电感应产生流经人体而入地的感应电流 I_i，可以近似地表示为

$$I_i = U \cdot j\omega C'_1 \tag{1-4}$$

式中 U——带电体上的电压，kV；

C'_1——人与带电体之间的电容，pF。

由于人与带电体之间的电容很小，所以流经人体的感应电流也甚微，通常都为微安级。

四、带电作业中的过电压与绝缘配合

在电力系统开展带电作业与电气设备长期挂网运行有较大的区别，一个是间歇性的工作条件，另一个则是长期承受各种电压的考验。尽管电气设备长期挂网运行其工作环境十分苛刻，但带电作业虽然是间歇性的工作状态，却直接涉及人身安全，对确保安全要求十分高，因此应对带电作业的环境及条件进行十分周全地考虑。不仅要考虑一般工作状态，同时需要将带电作业期间可能发生的各种不利状况考虑进去，以提高带电作业的安全可靠性，减少不必要的安全事故。

带电作业时有可能遭遇的过电压以及带电作业的绝缘配合，在考虑的原则上应有别于电气装备的长期工作状态。带电作业中的过电压与绝缘配合，应根据带电作业的实际工况，留有足够的安全裕度，向偏安全的方向考虑。因此，研究过电压水平及限制措施和绝缘配合的原则和方法，是带电作业技术研究的一个重要内容。

1. 带电作业中的过电压

（1）过电压的类型。内部过电压又分为操作过电压和暂时过电压。操作过电压是由系统内的正常操作、切除故障操作或因故障（弧光接地等）所造成的过电压；暂时过电压又称为短时过电压，它包括工频电压升高和谐振过电压。

一般将内部过电压幅值与系统最高运行相电压幅值之比，称为内部过电压倍数 K_0，K_0 与电网结构、系统中各元件的参数、中性点运行方式、故障性质及操作过程等因素有关，并具有明显的统计性。

1）操作过电压。操作过电压的特点是幅值较高，持续时间短，衰减快。电力系统中常见的操作过电压有中性点绝缘电网中的间歇电弧接地过电压；开断电感性负载（空载变压器、电抗器、电动机等）过电压；开断电容性负载（空载线路、电容器组等）过电压；空载线路切合闸（包括重合闸）过电压以及系统解列过电压等。操作过电压的大小是确定带电作业安全距离的主要依据。

a. 间歇电弧接地过电压。单相电弧接地过电压只发生在中性点不直接接地的电网（一般 10kV 系统都是中性点不直接接地），如发生单相接地故障时，流过中性点的电容电流，就是单相短路接地电流。当电网线路的总长度足够长、电容电流很大时，单相接地弧光不容易自行熄灭，又不太稳定，出现熄弧和重燃交替进行的现象即间歇性电弧，这时过电压会较严重，所以一相接地多次发生电弧，不但会使另两相也短路接地，还会引起另两相对地电容的振荡。理论上如果间歇电弧一直发生，过电压会达到很高，而实际上，每次发弧不一定都在幅值，还有其他损耗衰减，所以一般不超过 $3U_N$，个别达 $3.5U_N$ 以上。

b. 开断电感性负载过电压。进行切断空载变压器、电抗器、电动机、消弧线圈等电感性负载的操作时，储存在电感元件上的磁能 $\overline{W} = \dfrac{1}{2}L i_i^2$ 要转化为电场能量，而系统又无足够的电容来吸收磁能，而且开关的灭弧性太强，在 $t \to 0$ 时，励磁电流变化率 $\dfrac{\mathrm{d}i_0}{\mathrm{d}t} \to \infty$（无穷大），将在励磁电感 L 上感应过电压 $U_L = -L\dfrac{\mathrm{d}i}{\mathrm{d}t} \to \infty$。在中性点不直接接地电网中，一般不

大于 $4U_\mathrm{N}$；中性点直接接地电网中，一般不大于 $3U_\mathrm{N}$。其过电压倍数与断路器结构、回路参数、变压器结构接线、中性点接地方式等因素有关。

c. 空载线路切合（包括重合闸）过电压。切合电容性负载，如空载长线路（包括电缆）和改善系统功率的电容器组，由于电容的反向充放电，使断路器触头断口间发生了电弧的重燃。这是因为纯电容电流在相位上超前电压90°，过1/4周期电弧电流经0点时熄灭，但此时电压正好达到最大值，若开关断口弧隙的绝缘尚未恢复正常，电容电荷充积断口，$U = U_\mathrm{N}$，再经过半周期电压反向达到最大值，$U = 2U_\mathrm{N}$，并伴随高频振荡过程。按每重燃一次增加 $2U_\mathrm{N}$，理论上过电压将按3、5、7、9倍相电压增加，而实际上过电压只有 $3 \sim 4U_\mathrm{N}$。断路器如果灭弧性能好，断口绝缘恢复快的，不一定都重燃，而每次重燃时也不一定是电压最大值时。母线有多条时比只有一条时过电压小一些，另外线路上也有电晕和电阻损耗起阻尼作用。一般中性点直接接地或经消弧线圈接地的系统过电压不大于 $3U_\mathrm{N}$，中性点不接地系统过电压的最大值达 $3 \sim 3.5U_\mathrm{N}$。

2）暂时过电压。暂时过电压包括工频电压升高和谐振过电压。

工频电压升高的幅值不大，但持续时间较长、能量较大，所以在考虑带电作业绝缘工具的泄漏距离时常以此为依据。

造成工频电压升高的原因主要为不对称接地故障、发电机突然甩负荷、空载长线路的电容效应等。不对称接地故障是线路常见的故障形式，其中以单相接地故障为最多，引起的工频电压一般也最严重。对于中性点绝缘的系统，单相接地时非故障相的对地工频电压可升高到1.9倍相电压，对于中性点接地的系统可升高到1.4倍。

电网系统内一系列的电气设备（线路、变压器、发电机等）组成复杂的电感、电容振荡回路。在正常的情况下，由于负载的存在或线路两端与系统电源连在一起，自由振荡不可能发生。在操作或故障时，不对称状态下（如断线、非全相拉合闸、TV 饱和等），适当的参数组成了共振回路 $\left(\omega L = \dfrac{1}{\omega C} \right)$，激发很高的过电压，其必要条件是电路固有自振频率与外加电源频率相等 $f_0 = f \left(\text{即} \dfrac{1}{2\pi} \dfrac{1}{\sqrt{LC}} = \dfrac{\omega}{2\pi} \right)$，或成简单分次谐波，电路中就出现了电压谐振。

常见谐振过电压有参数谐振、非全相拉合闸谐振、断线谐振等。谐振过电压事故是最频繁的，在 $35 \sim 330\mathrm{kV}$ 电网中都会发生，一般不会大于 $3U_\mathrm{N}$。但持续时间比较长，会严重影响系统安全运行。

（2）带电作业中的作用电压类型。电气设备在运行中可能受到的作用电压有正常运行条件下的工频电压、暂时过电压（包括工频电压升高）、操作过电压与雷电过电压。

在 DL 409—1991《电业安全工作规程（电力线路部分）》中规定："雷电天气时不得进行带电作业"。因此，带电作业时除不必考虑雷电过电压外，正常运行条件下的工频电压、暂时过电压（包括工频电压升高）与操作过电压的作用在带电作业时均应仔细考虑。

正常运行条件下，工频电压会有某些波动，且系统中各点的工频电压并不完全相等，即网络中不同的点各不相同，系统中由于"长线容升效应"会使得某些点的电压比系统的标称电压高，但所有相关标准都规定：系统中各点的工频电压不得超过设备最高电压。由于各个电压等级下的电压升高系数不完全一样，一般 220kV 及以下电压等级的电压升高系数为

1.15（66kV 例外，为 1.1），330kV 及以上电压等级的电压升高系数为 1.1（但 750kV 为 1.067，±500kV 直流系统则为 1.03）。即设备最高电压与系统标称电压之比在 1.03 ~ 1.15 之间。

前面所叙及的操作过电压种类中，带电作业不考虑线路合闸过电压。带电作业一般停用重合闸，在这种工况时，不考虑线路重合闸过电压；而带电作业没有停用重合闸时，则应考虑线路重合闸过电压。因此，带电作业时电力系统的运行状况是带电作业，进行绝缘配合和安全防护的重要依据。

2. 带电作业中的绝缘配合

（1）带电作业中的绝缘类型。带电作业绝缘工具、装置和设备的绝缘一般可分为两类，一类为自恢复绝缘；另一类为非自恢复绝缘。严格地说，带电作业中除塔头空气间隙、组合间隙为自恢复绝缘之外，一般带电作业绝缘工具、装置和设备的绝缘均为非自恢复绝缘，如绝缘操作杆、绝缘支拉吊杆、绝缘硬梯、绝缘软梯、绝缘托瓶架、绝缘斗臂车的绝缘臂、带电清扫机的绝缘支架等。这类绝缘外表面为空气，当火花放电发生在固体绝缘的沿面时，火花放电过后，绝缘能自动恢复，也就是说，发生在自恢复绝缘中的破坏性放电能自恢复。而发生在固体绝缘内部的放电，则为不可逆的绝缘击穿。故可以认为，绝缘操作杆、绝缘支拉吊杆、绝缘硬梯、绝缘软梯、绝缘托瓶架、绝缘斗臂车的绝缘臂、带电清扫机的绝缘支架等带电作业绝缘工具、装置和设备为由自恢复绝缘和非自恢复绝缘组成的复合绝缘。

（2）绝缘耐受能力。对于绝缘操作杆、绝缘支拉吊杆、绝缘硬梯、绝缘软梯、绝缘托瓶架、绝缘斗臂车的绝缘臂、带电清扫机的绝缘支架等带电作业绝缘工具、装置和设备进行绝缘试验时，在 50% 放电电压下可能是非自恢复的，因为进行 50% 放电电压试验时所施加的电压值较高，例如进行带电作业空气间隙的 50% 放电电压试验，通常施加 40 次试验电压，其中约 20 次需闪络放电；而在额定耐受电压下是自恢复的，不允许发生任何放电。所以对空气间隙、组合间隙的绝缘等自恢复绝缘进行 50% 的破坏性放电试验；而带电作业用的工具、装置和设备绝缘等自恢复与非自恢复的混合型复合绝缘则进行 15 次冲击耐压试验。

（3）作用电压与耐受电压之间的配合。在 3 ~ 220kV 电压范围内的带电作业用工具、装置和设备，其基准绝缘水平是按额定雷电冲击耐受电压和额定短时工频耐受电压给出的。因此它能满足正常运行电压和暂时过电压的要求。所以对 3 ~ 220kV 电压范围内的带电作业用工具、装置和设备所进行的试验考核，只需进行短时工频电压试验，时间为 1min。这一电压等级范围内不规定操作冲击耐受试验。

在 330 ~ 750kV 电压范围内的带电作业用工具、装置和设备需进行两种类型电压的试验考核。其一，进行较长时间的工频电压试验（产品的型式试验的持续时间为 5min、绝缘的预防性试验为 3min），其原因是在这一电压范围内，绝缘应考虑暂时过电压的幅值及持续时间，同时考虑内绝缘的老化及外绝缘耐受污秽性能的适应性。其二，进行操作冲击电压试验，这里对空气间隙、组合间隙的绝缘等自恢复绝缘进行 50% 的破坏性放电试验；而带电作业用的工具、装置和设备绝缘等自恢复与非自恢复的混合型复合绝缘则进行 15 次冲击耐压试验，不允许发生任何闪络放电，这与一般电气设备的 15 次冲击耐压试验，允许不超过 2 次闪络放电的规定有较大不同，其原因是带电作业直接涉及人身安全，对确保安全要求应高一点，换言之，即 15 次冲击耐压试验的耐受概率更高。

（4）绝缘配合方法的选择。绝缘配合方法有确定性法（惯用法）、统计法及简化统计法。

1）确定性法（惯用法）。按惯用法进行绝缘配合时，需要确定作用于工具、装置和设备上的最大过电压，工具、装置和设备绝缘强度的最小值，以及它们两者之间的裕度。在确定裕度时，应尽量考虑可能出现的不确定因素，这里并不要求估计绝缘可能击穿的故障率。这种绝缘配合方法，类似于给出一定安全系数的做法。惯用法的适用范围，是非自恢复绝缘和220kV及以下电压等级的系统。

惯用法是目前采用得最广泛的绝缘配合方法，其基本出发点是使带电作业间隙或工具的最小击穿电压值高于系统可能出现的最大过电压值，并留有一定的安全裕度。

在绝缘配合惯用法中，系统最大过电压、绝缘耐受电压与安全裕度三者之间的关系为

$$A = \frac{U_W}{U_{0 \cdot max}} = \frac{U_W}{U_N \frac{\sqrt{2}}{\sqrt{3}} \cdot K_r \cdot K_0} \tag{1-5}$$

式中　A——安全裕度；

　　U_W——绝缘的耐受电压，kV；

　$U_{0 \cdot max}$——系统最大过电压，kV；

　　U_N——系统额定电压，kV；

　　K_r——电压升高系数；

　　K_0——系统过电压倍数。

2）统计法。统计法的根据是假定过电压和绝缘强度的概率分布函数是已知的，以及通过试验得到的，可利用在大量统计资料的基础上的过电压概率密度分布曲线，得到绝缘放电电压的概率密度分布曲线，然后用计算的方法求出由过电压引起绝缘损坏的故障概率，将允许的最大故障率作为绝缘设计的一个安全指标。在技术经济比较的基础上，正确地确定绝缘水平。

在带电作业中，通常将绝缘破坏的概率称为危险率。带电作业的危险率 R_0 为

$$R_0 = \frac{1}{2} \int_0^\infty P_0(u) P_d(u) \, \mathrm{d}u \tag{1-6}$$

$$P_0(u) = \frac{1}{\sigma_0 \sqrt{2\pi}} \cdot \mathrm{e}^{-\frac{1}{2}\left(\frac{U-U_{av}}{\sigma_0}\right)^2} \tag{1-7}$$

$$P_d(u) = \int_0^U \frac{1}{\sigma_d \sqrt{2\pi}} \cdot \mathrm{e}^{-\frac{1}{2}\left(\frac{U-U_{50}}{\sigma_d}\right)^2} \cdot \mathrm{d}U \tag{1-8}$$

式中　$P_0(u)$——操作过电压幅值的概率密度分布函数；

　$P_d(u)$——空气间隙在幅值为 U 的操作过电压下放电的概率分布函数；

　　U_{av}——操作过电压平均值，kV；

　　σ_0——操作过电压的标准偏差，kV；

　　U_{50}——空气间隙的50%放电电压，kV；

　　σ_d——空气间隙放电电压的标准偏差，kV。

运用上述数学模型可编制计算程序，根据试验结果计算相应的带电作业危险率。在计算中，系统相对地最大操作过电压为 $U_{0.13\%}$，操作过电压平均值 U_{av} 为

$$U_{av} = \frac{U_{0.13\%}}{1 + 3 \left[\sigma \right]} \qquad\qquad (1-9)$$

式中　　$[\delta]$——过电压相对标准偏差。

3) 简化统计法。由于实际工程中采用统计法进行绝缘配合是相当繁琐和困难的,因此,通常采用"简化统计法"。由 IEC 推荐的简化统计法,是对过电压和绝缘电气强度的统计规律作出一些合理的假设,如正态分布,并已知其标准偏差等,这就使得过电压和绝缘电气强度的概率分布曲线可用与某一参考概率相对应的点来表示,称为"统计过电压"和"统计绝缘耐压"。在此基础上可以计算绝缘的故障率。

统计法、简化统计法适用于 330kV 及以上系统带电作业空气间隙、组合间隙及工具、装置和设备的操作过电压的绝缘配合。

五、带电作业的高压绝缘及其特性

绝缘材料在带电作业中占有非常重要的地位,是确保作业人员人身安全和电气设备安全的物质基础。它不仅起着将高电位对地隔离的作用,也承担一定机械力的作用。可以这样说,如果没有高性能优良的各类绝缘材料的不断引入,带电作业就不能蓬勃发展。因此,绝缘材料的电气特性、机械特性、老化特性等都是带电作业技术应深入研究的领域。

绝缘材料在物理学中称为"电介质",电介质有多种分类方法。按形态分,有气体、液体和固体三大类;按结构分,有中性型、偶极型和离子型三大类。

电介质的品种极其繁多,不仅有无机的,还有有机的;有机介质中还有天然与人工合成之分。带电作业所使用的电介质尽管气体、液体和固体三大类形态中都有涉及,但只占所有绝缘材料中很少一部分。

1. 气体绝缘材料

气体绝缘材料有空气、SF_6 气体等,目前,带电作业中所涉及的气体绝缘主要是空气,它广泛存在于带电作业的各种间隙中。因此,空气绝缘是带电作业中重要的研究对象。

当今高压绝缘的研究结果可知,空气的密度(涉及不同海拔高度的影响)、湿度(包括相对湿度和绝对湿度)和温度等对空气绝缘的放电特性有不同程度的影响,但其规律还有待进一步进行探索和总结。

在带电作业中大量使用的绝缘支拉吊杆、绝缘操作杆和绝缘绳,用于高压电场的纵向绝缘。严格地说,它是空气和固体绝缘材料的混合绝缘,是一种自恢复绝缘和非自恢复绝缘的复合绝缘。固体绝缘材料的沿面闪络,实际上是空气绝缘闪络特性中的一个特例。绝缘子串、绝缘杆、绝缘绳的沿面闪络强度特性是带电作业技术中长盛不衰的实验研究课题。图 1-6 所示为绝缘杆的工频闪络特性曲线。

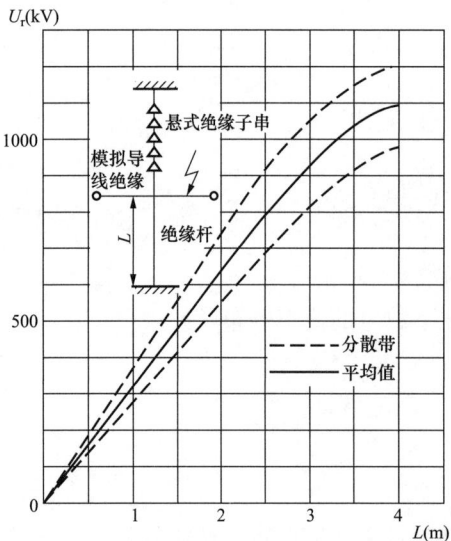

图 1-6　干态下,绝缘杆的工频闪络特性曲线

2. 固体绝缘材料

固体绝缘材料是在带电作业中大量使用的绝

缘材料，主要有环氧玻璃纤维制品、环氧增强型玻璃纤维制品、高分子（橡胶、塑料等）材料、蚕丝及合成纤维等。按照固体绝缘材料的形态来区分，固体绝缘材料可分为硬质绝缘材料和软质绝缘材料两大类。

（1）硬质绝缘材料。用于带电作业的硬质绝缘材料，目前主要有空心绝缘管、泡沫填充绝缘管、实心绝缘棒、异型绝缘管（包括椭圆管、伸缩管等）、玻璃纤维层压布板和硬质橡塑材料等。

由于空心绝缘管、泡沫填充绝缘管、实心绝缘棒这三类绝缘材料目前产品规格系列较全，IEC 建立了国际标准，我国也建立了国家标准。而上述其他几类绝缘材料的标准正在规划建立中。空心绝缘管、泡沫填充绝缘管、实心绝缘棒三类材料的要求和特性叙述如下。

1）尺寸与外径。标称外径系列见表 1-1。

表 1-1　　　　　　　　　　标 称 外 径 系 列

类别	名　称	标称外径系列（mm）
Ⅰ	实心绝缘棒	10，16，24，30
Ⅱ	空心绝缘管	18，20，22，24，26，28，30，32，36，40，44，50，60，70
Ⅲ	泡沫填充绝缘管	

其密度不应小于 1.75g/cm^3，吸水率不大于 0.3%，填充泡沫应黏合在绝缘管内壁，绝缘管、棒材均应满足渗透试验的要求。

所有测得的直径均应符合表 1-2、表 1-3 中规定的公差范围。

表 1-2　　　　　　　实心绝缘棒标称尺寸及规定　　　　　　　mm

标 称 外 径	外径允许偏差
10，16，24，30	±0.4

表 1-3　　　　　空心绝缘管、泡沫填充绝缘管标称尺寸及规定　　　　　mm

标 称 外 径	外径允许偏差	最小壁厚	壁厚允许偏差	
			壁厚<5	壁厚>5
18，20，22，24，26，28，30	±0.4	1.5	±0.2	
32，36，40，44	±0.5	2.5	±0.3	±0.4
50，60，70	±0.8			

2）电气性能要求。

a. 受潮前和受潮后的电气性能要求。绝缘杆的绝缘材料应进行 300mm 长试品的 1min 工频耐压试验，包括干试验和受潮后的试验。试品在 100kV 工频电压下的泄漏电流应符合表 1-4 中的规定。

表1-4　　　　　　　　　　试品工频耐压试验及泄漏电流允许值

试品规格			试品电极间距离（mm）	1min 工频耐压试验（kV）	泄漏电流（μA）	
					干试验 I_1	受潮后试验 I_2
实心绝缘棒	标称外径（mm）	30 以下	300	100	≤10	≤30
		30			≤15	≤35
管材		30 及以下			≤10	≤30
		32～70			≤15	≤40

注　试验中记录最大电流 I_1、I_2 以及电流与电压间的相角差 φ_1、φ_2，要求 φ_1、$\varphi_2 > 50°$（管）或 40°（棒）。

b. 湿态绝缘性能要求。绝缘杆的绝缘材料应进行 1200mm 长试品的 1h 淋雨试验。试品在 100kV 工频电压下应满足无闪络、无击穿，表面无可见漏电腐蚀痕迹，无可察觉的温升等要求。

c. 绝缘耐受性能要求。绝缘杆能耐受相隔 300mm 的两电极间 1min 工频电压试验。试品在 100kV 工频电压下无闪络、无击穿，表面无可见漏电腐蚀痕迹，无可察觉的温升等要求。

3）机械性能要求

绝缘杆应具有一定的机械抗弯、抗扭特性，以及耐挤压、耐机械老化性能。

a. 抗弯性能要求。各种绝缘件试品应满足表1-5中的 F_d、f、F_N 值。

表1-5　　　　　　　　　　弯曲试验的 F_d、f、F_N 值

管和棒的外径（mm）		支架间距离（m）	F_d（N）	f（mm）	F_N（N）	试品长度（m）
实心绝缘棒	10	0.5	270	20	540	2
	16	0.5	1350	15	2700	2
	24	1.0	1750	15	3500	2.5
	30	1.5	2250	40	4500	2.5
管材	18	0.7	500	12	1000	2.5
	20	0.7	550	12	1100	2.5
	22	0.7	600	12	1200	2.5
	24	1.1	650	14	1300	2.5
	26	1.1	775	14	1550	2.5
	28	1.1	875	14	1750	2.5
	30	1.1	1000	14	2000	2.5
	32	1.5	1100	25	2200	2.5
	36	1.5	1300	25	2600	2.5
	40	2.0	1750	26	3500	2.5
	44	2.0	2200	28	4400	2.5
	50	2.0	3500	30	7000	2.5
	60	2.0	6000	27	12 000	2.5
	70	2.0	10 000	27	20 000	2.5

注　F_d 为初始抗弯负荷；f 为挠度差值（指 $F_d/3$，$2F_d/3$ 以及 $2F_d/3$ 与 F_d 之挠度差值）；F_N 为额定抗弯负荷。

b. 抗扭性能要求。各种绝缘件试品应满足表 1-6 中的 C_d、α_d、C_N 值。

表 1-6　　　　　　　　　　扭力试验的 C_d、α_d、C_N 值

棒和管的外径（mm）		C_d（N·m）	α_d（°）	C_N（N·m）
实心绝缘棒	10	4.5	150	9
	16	13.5	180	27
	24	40	150	80
	30	70	150	140
管材	18	18.5	30	37
	20	20	29	40
	22	22.5	28	45
	24	25	27	50
	26	27.5	26	55
	28	30	21	60
	30	35	17	70
	32	40	35	80
	36	60	37.5	120
	40	80	40	160
	44	100	35	200
	50	120	16	240
	60	320	12	640
	70	480	10	960

注　C_d 为初始扭力；C_N 为额定扭力；α_d 为偏转角。

c. 管材挤压性能要求。绝缘管材试品（包括填充管）应满足表 1-7 中的 F_d、F_N 值。

表 1-7　　　　　　　　　　挤压试验的 F_d、F_N 值

管材标称外径（mm）	F_d（N）	F_N（N）
18	250	500
20	325	650
22	400	800
24	500	1000
26	600	1200
28	700	1400
30	750	1500
32	850	1700
36	1500	3000
40	2150	4300
44	2500	5000
50	3450	6900
60	4100	8200
70	4750	9500

　　d. 机械老化性能要求。各种绝缘棒、管材试品在经过 4000 次弯曲循环后，不借助放大装置而用目测检查时，试品应无任何损伤的痕迹，也不应有任何永久变形。

　　在经过 4000 次弯曲循环试验后，这批试品还应能通过受潮前及受潮后的绝缘试验。在受潮前实测的电流 I_1' 和受潮后实测的电流 I_2' 分别不应超过表 1-4 中 I_1 和 I_2 的限值。

　　（2）软质绝缘材料。用于带电作业的软质绝缘材料，目前主要有绝缘绳索、橡胶（包括合成橡胶）、软塑料等。由于橡胶（包括合成橡胶）、软塑料等软质绝缘材料的种类很多，一般又用于防护和遮蔽用具中，所以其材料要求和特性往往在相应产品标准中给出，这里仅列出各类绝缘绳索的性能及要求。

　　1）分类。根据材料来划分，绝缘绳索分为天然纤维绝缘绳索和合成纤维绝缘绳索；根据在潮湿状态下的电气性能来划分，绝缘绳索分为常规型绝缘绳索和防潮型绝缘绳索；根据机械强度来划分，绝缘绳索分为常规强度绝缘绳索和高强度绝缘绳索；根据编织工艺来划分，绝缘绳索分为编织绝缘绳索、绞制绝缘绳索和套织绝缘绳索。

　　2）电气性能要求。

　　a. 常规型绝缘绳索的电气性能应符合表 1-8 中的规定。

表 1-8　　　　　　　　　　　　常规型绝缘绳索的电气性能

序　号	试品有效长度（m）	试　验　项　目	电气性能要求
1	0.5	加压 100kV 时高湿度下交流泄漏电流（μA）（相对湿度 90%，温度 20℃，24h）	不大于 300
2	0.5	工频干闪电压（kV）	不小于 170

　　b. 防潮型绝缘绳索的电气性能应符合表 1-9 中的规定。

表 1-9　　　　　　　　　　　　防潮型绝缘绳索的电气性能

序　号	试品有效长度（m）	试　验　项　目	电气性能要求
1	0.5	工频干闪电压（kV）	不小于 170
2	0.5	持续高湿度下工频泄漏电流（μA）（相对湿度 90%，温度 20℃，168h，加压 100kV）	不大于 100
3	0.5	浸水后工频泄漏电流（μA）（水电阻率 100Ω·m，浸泡 15min，抖落表面附着水珠，加压 100kV）	不大于 500
4	0.5	淋雨工频闪络电压（kV）（雨量 1~1.5mm/min，水电阻率 100Ω·m）	不小于 60
5	0.5	50% 断裂负荷拉伸后，高湿度下工频泄漏电流（μA）（相对湿度 90%，温度 20℃，168h，加压 100kV）	不大于 100
6	0.5	经漂洗后，高湿度下工频泄漏电流（μA）（相对湿度 90%，温度 20℃，168h，加压 100kV）	不大于 100
7	0.5	经磨损后，高湿度下工频泄漏电流（μA）（相对湿度 90%，温度 20℃，168h，加压 100kV）	不大于 100

3）机械性能要求

a. 常规强度绝缘绳索（包括常规机械强度的防潮型绝缘绳索）的机械性能要求如表 1-10、表 1-11 所示。

表 1-10　　　　　　　　　天然纤维绝缘绳索机械性能要求

规　格	直　径（mm）	伸长率（不大于,%）	断裂强度（不小于, kN）	测量张力（N）
TJS-4	4±0.2	20	2.0	45
TJS-6	6±0.3	20	4.0	85
TJS-8	8±0.3	20	6.2	120
TJS-10	10±0.3	35	8.3	150
TJS-12	12±0.4	35	11.2	210
TJS-14	14±0.4	35	14.4	350
TJS-16	16±0.4	35	18.0	450
TJS-18	18±0.5	44	22.5	550
TJS-20	20±0.5	44	27.0	750
TJS-22	22±0.5	44	32.4	850
TJS-24	24±0.5	44	37.3	950

注　1. 符号的含义：T—天然纤维；J—绝缘；S—绳索。

2. 不论编织工艺及防潮性能的区别，同规格的绝缘绳索的机械性能要求相同。

表 1-11　　　　　　　　　合成纤维绝缘绳索机械性能要求

规　格	直　径（mm）	伸长率（不大于,%）	断裂强度（不小于, kN）	测量张力（N）
HJS-4	4±0.2	40	3.1	30
HJS-6	6±0.3	40	5.4	50
HJS-8	8±0.3	40	8.0	90
HJS-10	10±0.3	48	11.0	140
HJS-12	12±0.4	48	15.0	190
HJS-14	14±0.4	48	20.0	260
HJS-16	16±0.4	48	26.0	350
HJS-18	18±0.5	58	32.0	450
HJS-20	20±0.5	58	38.0	550
HJS-22	22±0.5	58	44.0	700
HJS-24	24±0.5	58	50.0	800

注　1. 符号的含义：H—合成纤维；J—绝缘；S—绳索。

2. 不论编织工艺及防潮性能的区别，同规格的绝缘绳的机械性能要求相同。

b. 高强度绝缘绳索（包括高强度防潮型绝缘绳索）的机械性能要求如表 1-12 所示。

表 1 – 12   高强度绝缘绳索机械性能要求

规 格	直 径 （mm）	伸长率 （不大于,%）	断裂强度 （不小于, kN）	测量张力 （N）
GJS – 4	4 ±0.2	20	6.2	30
GJS – 6	6 ±0.3	20	10.8	50
GJS – 8	8 ±0.3	20	16.0	90
GJS – 10	10 ±0.3	20	22.0	140
GJS – 12	12 ±0.4	20	30.0	190
GJS – 14	14 ±0.4	20	40.0	260
GJS – 16	16 ±0.4	20	52.0	350
GJS – 18	18 ±0.5	20	64.0	450
GJS – 20	20 ±0.5	20	75.0	550
GJS – 22	22 ±0.5	20	88.0	700
GJS – 24	24 ±0.5	20	100.0	800

注 1. 型号符号的含义：G—高强度；J—绝缘；S—绳索。

   2. 不论编织工艺及防潮性能的区别，同规格的绝缘绳的机械性能要求相同。

4）工艺要求。

a. 绝缘绳索应在具有良好的通风防尘设备的室内生产，不得沾染油污及其他污染，不得受潮。

b. 每股绝缘绳索及每股线均应紧密绞合，不得有松散、分股的现象。

c. 绳索各股中丝线均不应有叠痕、凸起、压伤、背股、抽筋等缺陷。

d. 接头应单根丝线连接，不允许有股接头。单丝接头应封闭在绳股内部，不得露在外面。

e. 股绳和股线的捻距及纬线在其全长上应该均匀。

f. 彩色绝缘绳索应色彩均匀一致。

g. 经防潮处理后的绝缘绳索表面应无油渍、污迹、脱皮等。

六、作业人员的安全防护

作业人员在进行输电、配电以及变电带电作业时，由于作业方式、作业场所、空间距离和电场分布的不同，带电作业人员的安全防护的要求和重点各有差异和侧重。带电作业人员的安全防护大致有以下三类。

1. 电场的防护

前已叙及，带电导线、带电母线、带电引线以及带电设备的高压端都是带电体。带电体周围有电场产生，而电场的特性、强弱、变化等不仅会对作业人员的身体产生严重影响，有时候由于防护不当，还会对作业人员造成致命的威胁。因此，作业人员在进行带电作业时，必须对电场进行防护。

（1）人体处于电场中的感觉。电场的强弱会使位于电场中的人体具有不同的感觉，大体可分为"针刺感、风吹感、蛛网感和异声感"等四类。

针刺感：人穿着绝缘鞋在强电场下的草地上行走，如果草尖接触到皮肤，就会产生不同程度的针刺感，其实这种感觉是身体上的感应电荷对草尖（接地体）放电引起的。同样，人握着金属骨架的太阳伞行走在强电场下，只要手指尖靠近金属部位，不仅会有强烈的刺痛感，还可看到明显的小小电火花产生，这就是人们称为的"阳伞效应"。

风吹感：如果将一个带有电荷的尖端导体靠近一支燃着的蜡烛，火焰会朝着带电导体的尖端偏移，好像有一股风在吹动火焰。人体位于电场中，感应电荷积聚在皮肤的汗毛上所引起的离子流运动，形成了对皮肤的吹风感觉。

蛛网感：如果等电位作业人员面部没有采取屏蔽措施，当外界电场强度足够高时，作业人员就有蜘蛛网粘在面部的感觉。如果用手抹拭面部，这种感觉就会立即消失，手一旦离开面部，这种感觉又会重复发生。这是因为在电场中人体面部汗毛积聚的同性电荷产生了排斥作用，使汗毛竖立并牵拉皮肤造成的感觉。当带有屏蔽手套的手拂过面部，则会使感应电荷短暂消失，手一离开，再次引发相同感觉。

异声感：是一种较为奇特的物理现象，一般发生在等电位作业人员使用金属扳手拧紧螺栓的工作中。这种现象只发生在作业人员握着扳手的手臂向外伸展的时刻，此时会听到一种类似运行中变压器所特有的"嗡嗡"声。据许多带电作业人员反映，"嗡嗡"的异声感与手中金属物件的尺寸、手臂伸出的远近距离有关，更与晃动手中金属物件的快慢有关。可能是铁磁物在周期性变化的交流电场中产生的振动与人体耳膜发生共振所致。

（2）电场感知水平。当外界电场达到一定强度时，人体裸露的皮肤上就有"微风吹拂"的感觉发生，此时测量到的体表场强为 2.4kV/cm，相当于人体体表有 $0.08\mu A/cm^2$ 的电流流入肌体。人体皮肤对表面局部场强的"电场感知水平"为 240kV/m，据试验研究，人站在地面时头顶部的局部最高场强为周围场强的 13.5 倍。一个中等身材的人站在地面场强为 10kV/m 的均匀电场中，头顶最高处体表场强为 135kV/m，小于人体皮肤的"电场感知水平"。所以，国际大电网会议认为高压输电线路下地面场强为 10kV/m 时是安全的。苏联规定在地面场强为 5kV/m 以下时，工作时间不受限制，超过 20kV/m 的地方，则需采取防护措施。我国 GB 6568—2000《带电作业用屏蔽服装及试验方法》中规定，人体面部裸露处的局部场强允许值为 240kV/m。

带电作业是指在带电的情况下，对输、配、变电设备进行测试、维护和更换部件的作业。要做到带电作业时不仅保证人身没有触电受伤的危险，而且也能保证作业人员没有任何不舒服的感觉，就必须注意以下两条要求：

1）人体体表局部场强不超过人体的感知水平 240kV/m。

2）与带电体保持规定的安全距离。

2. 电流的防护

（1）电流流经人体的感觉。如果人体被串接于闭合电路中，人体中就会流过电流，其大小按 $I_r = U/Z_r$ 计算。式中 Z_r 为人体的阻抗，人体阻抗包括人体内阻抗和皮肤阻抗两部分。可以认为人体内阻抗基本上是电阻，仅有一小部分的电容分量。皮肤阻抗可看作是一阻容网络，随电压、频率、电流持续时间、接触面积、接触压力、皮肤湿度和温度的变化而变化。

表 1-13 所示为在干燥条件下，接触面积为 50～100cm² ，电流路径为手—手或手—脚的人体阻抗值。

表 1 - 13   人 体 阻 抗 Z_r

接触电压（V）	人体阻抗（Ω）低于下列数值的人数百分比（%）		
	总人数 5	总人数 50	总人数 95
25	1750	3250	6100
50	1450	2625	4275
75	1250	2200	3500
100	1200	1875	3200
125	1125	1625	2875
220	1000	1350	2125
700	750	1100	1550
1000	700	1050	1500

从表 1 - 13 中数据可看出，人体阻抗因人而异。在接触电压为 220V 时，有 5% 的人阻抗小于 1000Ω，50% 的人阻抗小于 1350Ω，95% 的人阻抗均小于 2125Ω。从安全出发，人体阻抗一般可按 1000Ω 进行估算。

流经人体电流的大小和持续时间的长短，使得人体有不同的生理反应。电流很小时对人体无害，用于诊断和治病的某些医用设备在使用时人体通过微量电流，称为微电接触。当通过人体的电流较大，持续时间过长时，可使人受到伤害甚至死亡的电接触称为电击。

电击对人体造成损伤的主要因素是流经人体的电流大小。电击一般分为暂态电击和稳态电击。

人体对工频稳态电流的生理反应可以分为感知、震惊、摆脱、呼吸痉挛和心室纤维性颤动，不仅与流经人体的电流大小有关，还与接触时间有关。

（2）电击产生生理反应的阈值。当人遭受电击后，其生理反应的特征如表 1 - 14 所示。

表 1 - 14   电击时电流大小与生理反应

电流 mA	生 理 反 应
0 ~ 0.9	无感觉
0.9 ~ 3.5	感到麻木，但并非病态
3.5 ~ 4.5	有些不适的麻和痛楚，轻微痉挛，反射性手指肌肉收缩
5.0 ~ 7.9	手感到有疼痛，表皮有痉挛
8.0 ~ 10.0	全手病态痉挛，收缩且麻木
10 ~ 12	肌肉痉挛并能致肩部强烈疼痛（接触带电体时间不能超过 30s）
13 ~ 14	手全部自己抓紧，须用力才能放开带电体（接触带电体时间不能超过 30s）
15	手全部自己抓紧，不能放开带电体

随着流经人体电流幅值的增大以及时间的延长，电击使得人体生理反应逐渐强烈，其相应电流阈值如表 1 - 15 所示。

表 1 – 15　　　　　　　　　　人体对稳态电击产生生理反应的电流阈值　　　　　　　　　　mA

生理反应	感　知	震　惊	摆　脱	呼吸痉挛	心室纤维性颤动
男性	1.1	3.5	15.0	23.0	100
女性	0.8	2.2	10.5	15.0	100

心室纤维性颤动被认为是电击引起死亡的主要原因，但超过摆脱电流阀值的电流，也可以是致命的。因为此时人手已不能松开，使得电流继续流过人体，引起呼吸痉挛甚至窒息而导致死亡。

国际电工委员会（IEC）对交流电流下人体生理效应的推荐值见表 1 – 16。其中，感知电流阈值与接触面积、接触条件（湿度、压力、温度）和每个人的生理特征有关，心室纤颤电流阈值与电流的持续时间有密切关系。

表 1 – 16　　　　　　　　　IEC 对交流电流下人体生理效应的推荐值

人体生理效应		（15～100）Hz 交流电流（mA）
感知电流阈值		0.5
摆脱电流阈值		10
心室纤颤电流阈值	持续时间为 3s	40
	持续时间为 1s	50
	持续时间为 0.1s	400～500

暂态电击是人接触电场中对地绝缘的导体的瞬间，积累在导体上的电荷以火花放电的形式通过人体对地突然放电。这时，流过人体的电流是一频率很高的电流，由于这种放电电流变化复杂，所以，通常都以火花放电的能量来衡量其对人体产生危害性的程度。表 1 – 17 所示为人体对暂态电击产生生理反应的能量阈值。

表 1 – 17　　　　　　　　人体对暂态电击产生生理反应的能量阈值

生理效应	感　知	烦　恼	损伤或死亡
能量阈值（mJ）	0.1	0.5～1.5	25 000

（3）引起电击的电流防护。对电流的防护除了严格限制流经人体的稳态电流不超过人体的感知水平 1mA（1000μA）、暂态电击不超过人体的感知水平 0.1mJ 之外，还应特别注意绝缘物表面的泄漏电流超标后危及人身安全，以下三点应引起高度关注：

1）绝缘工具的泄漏电流。因绝缘工具的绝缘电阻均在 $10^{13}\Omega$ 左右，所以正常工作时，只要工具的有效长度满足 DL 409—1991 的要求，流过绝缘工具的泄漏电流只有几个微安。但绝缘工具一旦严重受潮，电流将上升几个数量级，达到毫安级的电流就会危及人身安全。特殊设计的雨天作业工具，在下雨条件下可以使用，因有防雨罩可限制泄漏电流过高增长，一般泄漏电流均控制在几百微安级水平上。

防止绝缘工具泄漏电流增大而伤人的措施是在握手前加装警报器，当泄漏电流达到告警数值时即发出警报，可停止使用绝缘工具。

2）绝缘子串的泄漏电流。干燥洁净的绝缘子串，因其绝缘电阻高达 500MΩ 以上，电容量又很小（约50pF），所以其阻抗值是很高的，流过绝缘子串的泄漏电流只几十微安。但在受到一定程度污秽后的绝缘子串在潮湿的气候条件下，泄漏电流就会剧增到毫安级。当塔上人员因摘除绝缘子挂点使人体接入泄漏电流回路中时，泄漏电流就会通过人体，影响安全。

防护的办法是先用短接线将泄漏电流接入地，再去摘挂点。或者作业人员穿导电服和戴手套，让它们旁路绝缘子的泄漏电流，也能有效保护人身免受其害。

3）在载流（即有负荷电流）的设备上工作的旁路电流。正常等电位作业，由于导线通过较大负荷电流，导线上某两点（例如与左右手尺寸相似的两点）间将会有电压降，由于导线两点间电阻很小，因此，电压也很低，工作人员同时接触这两点时，仅只有一很小的电流流经过人体。但在异常情况下，这一电流也会达到较高数值。

3. 静电感应的防护

（1）静电感应引起的电击。带电作业人员在电场中工作时，因静电感应可能会遭受到电击。带电作业有两种基本工况，因此遭受的电击也有两种情况。

1）人体对地绝缘。图1-7（a）所示为人体对地绝缘时的工况。由于人体电阻较小，在强电场中人体可视为导体。当人体对地绝缘时，因静电感应使人体处于某一电位（也即在人体与地之间产生一定的感应电压）。此时，如果人体的暴露部位（例如人手）触及接地体时，人体上的感应电荷将通过接触点对接地体放电，通常把这个现象称为电击。当放电的能量达到一定数值时，就会使人产生刺痛感。穿绝缘鞋的作业人员攀登在线路杆塔窗口时就属于这种工况，由于离带电导线较近，人体上的感应电荷较多，如果用手触摸塔身铁梁时，手上就会产生放电刺痛感。

2）人体处于地电位。图1-7（b）所示为人体处于地电位时的工况。对地绝缘的金属物体在电场中因静电感应而积累一定量的电荷，并使其处于某一电位。此时，如果处于地电位的作业人员用手去触摸金属体，金属体上的感应电荷通过人体对地放电，同样使人遭受电击。地面作业人员在强电场中触摸悬空吊起的大件金具或停电设备上的金属部件时都属于这种工况。

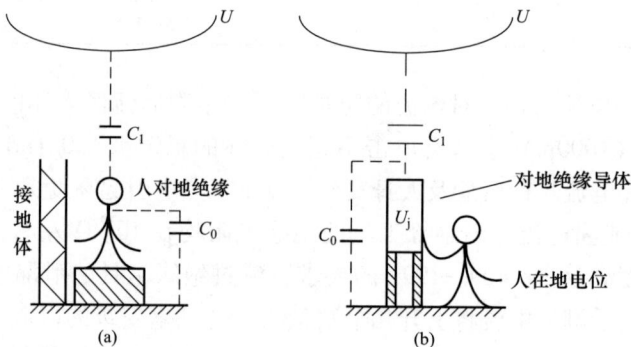

图1-7　静电感应使人体遭受电击的两种情况

(a) 人体对地绝缘时；(b) 人体处于地电位时

（2）静电感应电击的防护。静电感应电击的防护主要有以下两类措施：

1）为防止作业人员受到静电感应，应穿屏蔽服，限制流过人体电流，以保证作业安全。

2）在吊起的金属物体应接地，保持等电位。塔上作业时，被绝缘的金属物体与塔体等电位，即可防止静电感应。

具体防护措施如下：

1）在500kV线路塔上作业应穿屏蔽服和导电鞋，离导线10m以内作业，必须穿屏蔽服和导电鞋。在两条以上平行运行的500kV线路上，即使在一条停电线路上工作，也应穿屏蔽服和导电鞋。

2）在220kV线路上作业时，应穿导电鞋，如接近导线作业时，也应穿屏蔽服。

3）退出运行的电气设备，只要附近有强电场，所有绝缘体上的金属部件，无论其体积大小，在没有接地前，处于地电位的人员禁止用手直接接触。

4）已经断开电源的空载相线，无论其长短，在邻近导线有电（或尚未脱离电源）时，空载相线有感应电压，作业人员不准触碰，并应保持足够的距离。只有当作业人员使用绝缘工具将其良好接地后，才能触及空载相线。

5）在强电场下，塔上带电作业人员接触传递绳上较长的金属物体前，应先使其接地。

6）绝缘架空地线应当作带电看待。塔上带电作业人员要对其保持足够的距离。先接地后，才能触碰。

第二节　输电线路带电作业技术

在输电线路上进行带电作业，是作业空间最大的一类区域，相对于同电压等级的变电站而言空气间隙要大一些，而同配电线路相比较，则空间距离更显宽阔。因此，输电线路的带电作业方法主要是依据相导线对地距离、相与相导线之间的距离以及作业人员在其间的相对位置进行调整的。

一般而言，高压输电线路（110、220kV）以地电位作业为主（也进行等电位作业，同时还进行地电位与等电位相结合的方法）；超高压输电线路（330、500、750kV），已经逐步过渡到等电位作业为主（330kV地电位作业还较多）；而特高压输电线路（1000kV）则基本是进行等电位作业。

输电线路带电作业的安全防护主要是针对电场和静电感应电击进行防护。

一、一般线路的带电作业

输电线路的带电作业方式有两种分类方法：

1. 按作业人员与带电体的相对位置来划分

带电作业方式根据作业人员与带电体的相对位置分为间接作业与直接作业两种方式。

间接作业是作业人员不直接接触带电体，保持一定的安全距离，利用绝缘工具操作高压带电部件的作业。从操作方法来看，地电位作业、中间电位作业、带电水冲洗和带电气吹清扫绝缘子等都属于间接作业。间接作业也称为距离作业。

直接作业是作业人员直接接触带电体进行的作业，在输电线路带电作业中，直接作业也称为等电位作业，在国外也称为徒手作业或自由作业。是作业人员穿戴全套屏蔽防护用具，借助绝缘工具进入带电体，人体与带电设备处于同一电位的作业。

2. 按作业人员的人体电位来划分

按作业人员的人体电位来划分，可分为地电位作业、中间电位作业、等电位作业三种方式。

地电位作业是作业人员保持人体与大地（或杆塔）同一电位，通过绝缘工具接触带电体的作业。这时人体与带电体的关系是：大地（杆塔）人→绝缘工具→带电体。

中间电位作业是在地电位法和等电位法不便采用的情况下，介于两者之间的一种作业方法。此时人体的电位是介于地电位和带电体电位之间的某一悬浮电位，它要求作业人员既要保持对带电体有一定的距离，又要保持对地有一定的距离。这时，人体与带电体的关系是：大地（杆塔）→绝缘体→人体→绝缘工具→带电体。

等电位作业是作业人员保持与带电体（导线）同一电位的作业，此时，人体与带电体的关系是：带电体（人体）→绝缘体 →大地（杆塔）。

三种作业方式中人体的位置及等效电路图如图 1－8 ~ 图 1－10 所示。

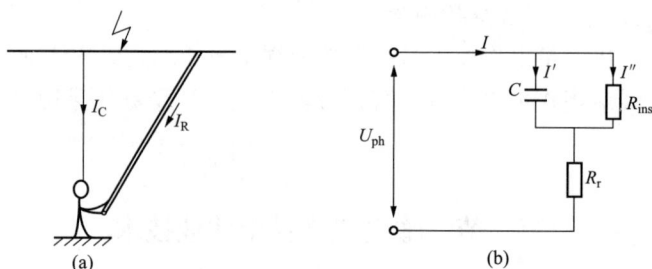

图 1－8　地电位作业的人体位置示意图及等效电路
（a）人体所处的位置；（b）等效电路

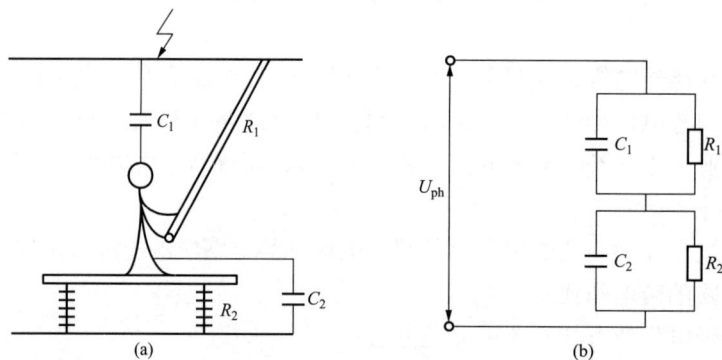

图 1－9　中间电位作业的人体位置示意图及等效电路
（a）人体所处的位置；（b）等效电路

二、紧凑型线路带电作业

与一般常规型线路相比，紧凑型线路具有增大输送容量，降低工程造价，提高线路防雷性能等显著优点。由于紧凑型线路三相导线位于一个塔窗之内，相与相导线之间没有金属构架，从而大大压缩了相间距离和塔头间隙，结构布置非常紧凑，因此，针对其塔型结构特点和导线布置，研究适用的带电作业方式，对于紧凑型线路的安全可靠运行，具有十分重要的

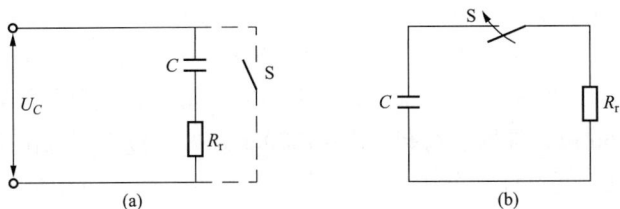

图 1 - 10 等电位作业在完成等电位瞬间的等效电路

（a）等电位前的等效电路；（b）等电位瞬间的等效电路

意义。

1. 紧凑型线路带电作业的安全距离

输电线路带电作业对人身的安全距离是由系统操作过电压的水平确定的。DL 409—1991 规定：带电作业应在良好的天气下进行，如遇雷、雨、雪、雾不得进行带电作业，风力大于 5 级时，一般不宜进行带电作业。所以带电作业安全距离的确定，无须考虑雷电过电压。

一般常规输电线路在绝缘设计中，操作过电压的水平在我国是采用 2% 概率的最大统计过电压，以 500kV 系统为例，一般在 1.8p.u. ~ 2.0p.u. 之间。而带电作业时考虑人身安全，以往操作过电压则采用最大值，以 500kV 系统为例，一般考虑相对地最大过电压为 2.18p.u.；相间最大过电压取 3.6p.u. 左右。这样高的操作过电压仅可能发生在合空载线路和断路器"切—合—切"两种操作状态。而在带电作业时明确规定要解除自动重合闸，因此，带电作业工况无上述两种操作状态发生，仅须考虑单相接地故障和切除故障时的操作过电压，此时的操作过电压水平是不高的。

线路的操作过电压水平与网络结构和线路长短有关。对于距离较短的紧凑型线路（一般输送长度在 70km 及以下），带电作业工况时最大操作过电压水平常在系统最大操作过电压值的 70% 左右；对于距离较长的紧凑型线路（一般输送长度在 200km 及以上），带电作业工况时最大操作过电压水平则可能达到系统最大操作过电压值的 95% 左右。

由于线路的操作过电压水平比系统最大操作过电压水平低，因此，紧凑型输电线路带电作业对人身的安全距离，也相应比 DL 409—1991 所规定的值要小一些。

2. 带电作业危险率计算及安全距离校核

带电作业危险率是指带电作业处绝缘损坏的概率。

按照统计的方法，假设系统操作过电压的概率分布和空气间隙击穿的概率分布都服从正态分布，那么带电作业的危险率可由本书第一章第一节第四段中所给出的式（1-6）~式（1-8）计算得到。

世界各国通行的带电作业安全性的校验方法是：首先进行作业间隙操作冲击 50% 放电电压试验，然后根据试验结果计算出危险率。目前，公认可以接受的危险率水平为小于 10^{-5}，即每出现一次最大过电压，带电作业间隙的放电概率低于十万分之一。

根据各典型位置的操作冲击放电电压，利用危险率计算的专用程序，对各相应位置的带电作业安全性进行危险率计算。

这里仍然以昌房 500kV 紧凑型线路为例，带电作业时最大操作过电压仅为：相地 1.524p.u.，相间 2.322p.u.。经过危险率的计算，可知各典型位置作业时是安全的，各典型位置的距离满足带电作业的安全要求。经过试验及计算分析，昌房 500kV 紧凑型线路带电作业的安全距离最终确定为：地电位和等电位带电作业的最小安全距离为 2.8m，等电位带电作业对邻相的安全距离为 4.0m。而 DL 409—1991 规定，一般 500kV 线路的最小安全距离为 3.2m（海拔 500m 以下地区；海拔 500～1000m 为 3.4m），等电位带电作业对邻相的安全距离为 5.0m。可见，经过详细分析计算和试验研究，一般输电距离较短的紧凑型线路其带电作业最小安全距离可取一般线路的 80%～88%。但带电作业是涉及人身安全的重要工作任务，每一条线路的带电作业最小安全距离，最好通过试验研究和分析计算慎重确定。

三、同塔多回线路带电作业

由于线路走廊用地的限制，需要提高单位走廊的输送容量。近年来，我国一批各电压等级的同塔双回线路、同塔四回线路和同塔六回线路相继投入建设和运行。由于同塔多回线路的塔型、导线布置、人在塔上的作业位置都与单回线路不同，因此，需要针对同塔多回线路开展带电作业的可行性及安全性研究。主要有：

（1）带电作业安全性试验研究，包括安全距离、组合间隙和操作工具的放电试验研究。

（2）塔上地电位电工在不同作业位置的体表场强测量及安全防护措施研究。

（3）进入等电位的方式及配套工具研究。

（4）多回运行、一回停电检修工况下，停电检修回路上的感应电压及安全检修方式研究。

1. 同塔多回线路带电作业的安全性

（1）有代表性的工况分析。地电位作业：在多回线路杆塔上，当需要带电更换中相绝缘子串时，塔上地电位电工将沿中相横担到达绝缘子串悬挂点处，与单回线路不同的是：中相横担上作业人员将经过上相导线下方，头顶部分形成尖端，当作业人员在横担平材或斜材上成站姿时，将可能在上相导线与作业人员头顶之间形成放电路径，因此，需通过试验观察放电概率及放电通道。在确定出最易于放电的路径后，模拟作业人员站立于最不利的位置时，上相导线出现操作冲击波的工况，通过试验求出 $U_{50\%}$ 放电电压。

等电位作业：对输电线路进行等电位作业时进入高电位的方式有多种：沿绝缘硬梯水平进入；人在吊篮中水平摆入；软、硬梯摆入或用吊椅沿滑轨水平进入。这些方式中，作业人员都是采用坐姿或蹲姿，其外形尺寸基本相同，运动轨迹十分接近。

检测作业：当作业人员在杆塔构架上通过绝缘操作杆检测不良绝缘子或应用绝缘杆进行其他操作时，将可能沿操作杆形成放电路径，最不利的情况是绝缘杆端部金属附件直接接触高压导线及连接金具，若绝缘子串有一定风偏，将造成导线与作业人员之间的距离减小。

（2）安全性试验及计算分析。对以上三种具有代表性的工况按实际带电作业情况进行了真型塔的操作波放电试验。试验结果表明，放电具有以下特征：

1）放电大多在波头时间内发生，预放电时间较短，一般在 50～250μs 范围内。

2）放电路径存在一定的分散性，试验中一部分放电并不是沿最短路径放电，而是绕开模拟人，直接对塔身、横担或沿绝缘子串放电。在三种工况的试验中，直接对模拟人放电的次数约占总放电次数的 61.9%～100%。影响放电路径的主要因素有间隙长度、电极形状，如模拟人的姿势和杆塔结构等。

根据真型塔试验结果计算危险率是通用的检验带电作业安全程度的方法，在 DL/T 876—

2004《带电作业绝缘配合导则》中，规定可以接受的危险率水平为小于 1.0×10^{-5}，在上述三种工况下计算得出的危险率均小于这一判值，说明在多回线路杆塔上安全开展带电作业是可行的。同时在保证规定的安全距离、组合间隙和绝缘工具长度时，是完全可满足人身和设备的安全要求的。

2. 作业人员体表电场强度水平及防护

同塔多回线路由于多相导线集于一个杆塔上，电场的分布远比单回线路复杂。为了确定地电位作业人员在塔上不同位置时，人体体表各部位的场强变化及分布，在运行的同塔双回 500kV 输电线路上进行了实测。

测量结果是：作业人员在塔上测量时身穿屏蔽服，体表场强是指屏蔽服外的场强，并以测量面向导线的体表部位为准，作业人员在塔上不同测点处（测量点均安排在塔上距离导线最近的点，即场强有可能最高的点）体表场强的测量值如表 1-18 所示。

表 1-18　　　　　　　　　　作业人员在塔上各测点体表场强的测量值

塔上各测点 人体部位	体表场强 E（kV/m）								
	1	2	3	4	5	6	7	8	9
头顶	26.2	64.3	81.3	252.5	78	182.5	225	89.6	84.4
躯体（肩、臂、脖、胸、腰）	15.4~29.1	24.2~58.6	42.1~98.3	67.2~158.6	34.1~57.8	77.4~135.9	67.6~140.9	40.4~84.2	57.2~86.7
屏蔽服内	0.54	1.42	1.72	3.42	2.16	2.51	3.16	1.61	1.53

在测量中发现：

（1）作业人员在登塔过程中，随着攀登高度的增加，与带电体的距离逐渐减小，其体表场强逐渐增高，在与相导线等高的位置达到较大值。

（2）在双回杆塔的中相和下相横担上作业时，体表场强值较高，在下相绝缘子串悬挂点的横担端部和中相横担的上相导线正下方站立时，头顶的体表场强值较大。

（3）作业人员面向带电导线的体表部位场强较高，背向带电导线的体表部位场强低，当作业人员上方有带电导体时头部的场强值最高，脚部的场强值最低。

（4）屏蔽服内的体表场强值大大低于屏蔽服外的体表场强，在各测点，屏蔽服内的体表场强均小于标准规定的允许值 15kV/m。

作业人员体表场强的分布规律受较多因素的影响，其中最主要的影响因素是作业人员距离各带电体的距离及人体的各部位特征，一般来说，当人体的某一部位在空间形成一尖端面时，电场畸变更明显，如这一尖端部位同时又距一个或多个带电体较近时，该部位的体表场强达到较大值。

在 500kV 同塔双回线路杆塔上，如表 1-18 所示，屏蔽服内体表场强为 0.54~3.42kV/m，小于屏蔽服内体表场强的安全允许值 15kV/m，说明屏蔽服可对畸变的空间电场起到有效的屏蔽作用，可保护人体免受工频电场的有害影响，同时又由于屏蔽服有很好的分流作用，可保护人体免受暂态冲击电流的刺激，对防止引发二次事故起到重要的作用。

3. 感应电压问题及其防护措施

在同塔多回线路的运行中，可能会出现多回线路运行，其中一回线路停电检修的工况，由于多回线路之间存在着静电耦合及电磁耦合，在检修回路上会产生感应电压和感应电流，对于500kV同塔多回线路，感应电压甚至会高达数十千伏，因此，计算分析运行回路在停电检修回路及避雷线上的感应电压，并研究相应的检修作业方式及安全防护措施，对于500kV同塔多回线路检修和维护是十分重要的。

（1）感应电压的计算。通过对500kV同塔双回线路的两种塔型的感应电压进行了计算，计算结果表明：

1）无论是采用同相序排列还是逆相序排列，两种情况下最高感应电压基本相同。

2）当停电检修的线路两端都不接地时，带电回路在停电回路上感应的电压较高，约为42.52～42.71kV；当停电检修的线路一端接地时，带电回路在停电回路上感应的最高电压约为6.18～6.53kV；当停电检修的线路两端接地时，停电检修线路上的感应电压最大值为1.08kV。

3）当停电检修的线路两端都不接地时，线路输送功率的大小对感应电压没有影响；而当停电检修线路一端接地时，线路输送的功率大，带电回路在检修回路上感应的电压也会增大。这是因为两端都不接地时，只存在静电耦合，而一端接地时，不仅存在静电耦合，还存在电磁耦合。

（2）安全防护措施。在超高压输电线路的检修作业中，对塔上作业人员的安全防护主要包括两个方面：① 对电场的防护，需屏蔽强电场对人体的影响；② 对静电感应电压的防护，需防止由于静电感应造成的"麻电"引发二次事故。

因此，当一回停电、多回运行时，即便是登塔对停电回路进行检修，塔上作业人员也应采取以下防护措施：

1）作业人员应穿全套屏蔽服（包括导电手套和导电鞋），屏蔽服的各个连接点必须接触良好；

2）塔上电工接触传递绳上较长的金属物体前，应先使其接地。

应特别注意的是，在500kV同塔双回线路上，登塔作业人员不允许穿绝缘鞋，尤其不允许身穿屏蔽服、足穿绝缘鞋登塔作业。

根据计算结果，当一回停电、多回运行时，若线路两端均不接地，带电回路在停电回路上的感应电压可高达40kV以上。而当线路两端均接地时，最高感应电压明显减小。因此，对停电回路的检修作业可采取以下两种方式进行：

1）采用等电位方式。若线路两端均不接地，将停电检修线路仍视作带电线路，作业人员进出检修线路时，按进出带电线路高电位的方式作业，作业人员需穿戴全套屏蔽服，应用绝缘工器具进出高电位。在进入等电位后，保持与接地构件有1m以上的安全距离，杆塔构架上的地电位电工传递工具或配合作业时，也应通过绝缘工器具进行，与被检修线路应保持1m的安全距离。

2）采用地电位方式。根据计算结果，线路一回停电、多回运行时，当停电回路两端均接地后，感应电压明显减小。因此，在停电检修的线路上可按地电位作业方式，即作业人员进出检修线路时不需采用进出高电位的绝缘工具，也不必考虑与接地构件之间的安全距离，塔上电工与导线上电工配合作业时不需限定用绝缘工器具。但是，无论是塔上电工还是导线上电工，都必须穿戴全套屏蔽服（包括导电鞋）：① 对空间电场进行屏蔽保护；② 保持与导线或接地构件的同一电位，避免受到静电电击；③ 当接触传递绳上的金属工具时，屏蔽服可旁路静电感应电流，防止因"麻电"引发二次事故。

四、直流线路带电作业

1. 直流输电线路带电作业安全间隙

国内外大量试验结果表明：对于导线—杆塔间隙，单独施加直流电压时，正极性放电电压低于负极性放电电压；单独施加操作过电压时，正极性放电电压也低于负极性放电电压。考虑到可能出现的最不利工况，在进行合成电压放电特性试验时，对带电作业间隙施加正极性直流电压叠加正极性操作冲击电压，以检验作业距离和组合间隙的安全性。

当作业人员在带电导线上检修作业时，身穿屏蔽服的作业人员在空间的占位会对间隙的放电电压产生一定的影响。试验在此工况下的作业危险率。为求出人（高电位）与杆塔构架间的最小安全距离，在试验中可通过改变人与杆塔构架间的距离布置，并分别施加直流叠加操作冲击波，试验求取 U_{50} 放电电压和标准偏差 σ，并计算得出在此工况下的作业危险率。

2. 最小安全距离的确定

（1）最小安全作业距离的确定。根据 $\pm 500kV$ 直流输电线路真型杆塔的试验结果，在标准操作冲击电压下，当作业人员在杆塔端（地电位），人与带电导线间的间隙距离为 2.4m 时，放电电压为 1312kV，计算的带电作业危险率为 7.6×10^{-11}；当作业人员在导线端（等电位），人与杆塔构架间的间隙距离为 2.8m，放电电压为 1190kV，计算的带电作业危险率为 7.1×10^{-7}。以上两种工况下的作业危险率均小于 1×10^{-5} 这一判据，同时，考虑较大的安全裕度，确定 $\pm 500kV$ 直流输电线路的最小安全距离为 2.9m。

（2）最小组合间隙的确定。同样根据上述试验结果，作业人员无论是在直线串或耐张串上作业，其最低放电电压位置均是在作业人员位于距导线端约 4 片绝缘子处。对于由 30 片 CZ-735 型绝缘子组成的直线串，当作业人员短接 8 片绝缘子后，最低放电电压在 0.68/3.06m 处，组合间隙为 3.74m，最低放电电压为 1517kV。计算的带电作业危险率为 2.2×10^{-12}。对于由 32 片双 CZ-745 型绝缘子组成的耐张串，当作业人员短接 8 片绝缘子后，最低放电电压在 0.68/3.40m 处，组合间隙为 4.08，最低放电电压为 1556kV。计算的带电作业危险率为 4.7×10^{-13}。以上两种工况下，作业的危险率均小于 1×10^{-5} 的判据，满足带电作业的安全要求。

3. 直流线路带电作业的安全防护

（1）人体直流电流安全水平控制值。由于人体对直流电流的反应不如交流电流敏感，IEC 推荐在等效的电流影响效应下，直流与交流有效值的比值约为 2~4，在人体感知水平时比值为 4，在引起心室纤颤时比值为 3.75，为安全起见，取长期允许工作电流的比值为 2，对于 500kV 直流输电线路的带电作业，流经作业人员的人体电流控制水平应小于 $100\mu A$，为进一步增大安全裕度及作业人员的身体舒适度，可将人体直流电流的控制水平也规定为小于 $50\mu A$。

（2）人体直流电场的控制值。对于直流电场对人体产生的影响效应，经试验，同一电场值下直流电场的影响效应要小于交流电场。直流电场感知水平比交流电场感知水平约增加 14kV/m，即人体对直流电场的感觉低于交流电场。那么，作业人员在直流电场中的安全控制值可高于交流电场。如果采用与交流电场等同的安全控制水平，则相当于增大了安全裕度。因此，在 ±500kV 直流输电线路上开展带电作业时，规定作业人员裸露部位的局部最大直流场强不高于 240kV/m，屏蔽服内直流最大场强不高于 15kV/m，以此作为各种作业方式及防护用具的安全判据也是可行的。

屏蔽服是带电作业时保护人体的重要用具。用均匀分布的导电材料和阻燃纤维制成的屏蔽服，穿着后使处在高电场中的人体表面形成一个等电位屏蔽面，防护人体免遭高压电场及暂态放电电流的影响。因此，在直流带电作业中，屏蔽服应具有屏蔽直流电场、阻隔离子流、旁路暂态电流、代替电位转移线等功能。

五、线路加装保护间隙的带电作业

我国在 20 世纪 90 年代和 21 世纪初相继建成了 220～500kV 紧凑型线路 2000 多千米。1990 年在研究建设 220kV 紧凑型线路时，因塔头尺寸大大缩小，不曾考虑带电作业。1995 年在研究建设 500kV 紧凑型线路时，则重点考虑了带电作业的问题。在研究中发现了两个问题：① 在部分 500kV 线路上带电作业时所出现的最大操作过电压，远小于线路常规操作（如合空线、开关切—合—切）时可能出现的最大操作过电压，因此原 DL/T 5092—1999《110～500kV 架空送电线路设计技术规程》或 DL 409—1991 规定的带电作业安全距离和组合间隙距离等可大大减小；② 发现带电作业所要求的安全距离对紧凑型线路的塔头尺寸起着控制作用。

但如果用加装保护间隙来解决作业人员的安全问题，则作业的安全性不仅可得到提高，同时杆塔的头部尺寸可进一步缩小，具有重大经济效益。

为避免因带电作业的要求而额外增大塔头尺寸，美国、加拿大、巴西、俄国等国均开展了加装保护间隙来进行带电作业。加装保护间隙后，不仅使紧凑型线路的带电作业可行，保证了作业人员的安全，而且由于带电作业间隙不再成为控制因素，有效地减小了杆塔的塔头尺寸。

目前，在我国相当一部分线路的塔头设计中，为满足带电作业安全距离和组合间隙的要求，塔头尺寸必须加大，从而增加了基建费用。实际上，在带电作业过程中，恰遇高幅值操作过电压是一个小概率事件，为这一小概率事件而增加全线杆塔的塔头尺寸，在经济上是不合理的。而在带电作业工作点加装保护间隙后，带电作业间隙可不再成为塔头尺寸的控制因素。

加装保护间隙后，可提高带电作业的安全性，特别是对于紧凑型线路、升压改造线路和小塔窗线路，如果过电压幅值较高，由于其相间及相对地距离偏小，按常规作业方式将无法满足标准和规程中规定的最小安全距离和组合间隙，而保护间隙将有效地限制带电作业工作点的过电压幅值，使此类线路上的带电作业不仅可行且提高了安全性。

线路加装保护间隙的带电作业方式，不仅可用于高压线路、超高压线路，同样可以用于 1000kV 特高压输电线路。

1. 保护间隙的结构

便携式带电作业用保护间隙由导线插夹、绝缘支杆、接地线、固定电极、可调电极等部分组成，见图 1–11。

保护间隙的整体质量不超过 5kg，单段长度不超过 3m，可方便地拆卸和组装，便于运输。在安装时放电间隙可调至最大值，安装到位后再通过绝缘操作杆调至设定间隙。绝缘支

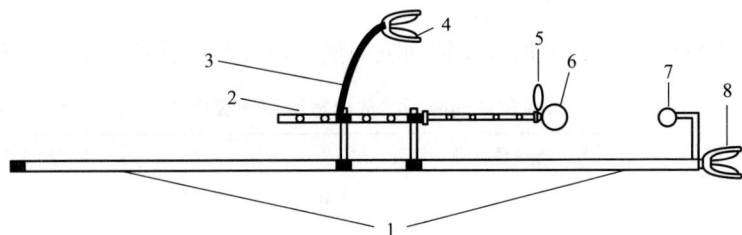

图 1-11 便携式带电作业保护间隙结构图
1—绝缘支杆；2—定位销孔；3—接地线；4—接地夹；5—电极调节环；
6—可调电极；7—固定电极；8—导线插夹

杆包括两段：① 安装电极的绝缘段；② 作业人员的操作段，均采用泡沫填充高强度绝缘杆制成，以防止因潮气侵入而降低绝缘强度。

2. 保护间隙的安装方式

保护间隙的安装可采用垂直或水平安装的方式，如图 1-12、图 1-13 所示。

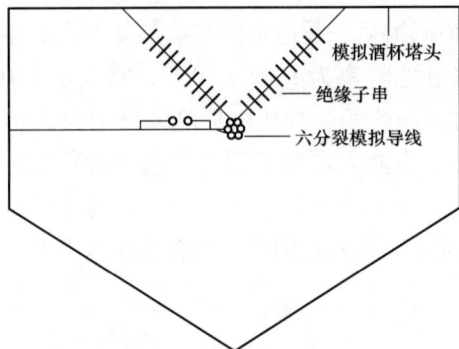

图 1-12 保护间隙的水平安装方式

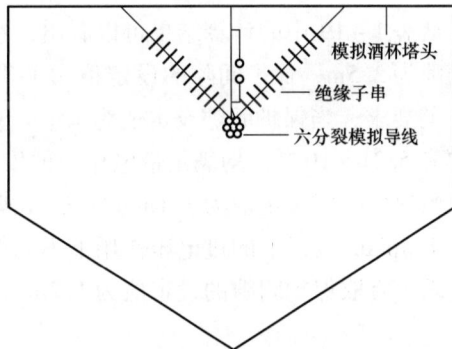

图 1-13 保护间隙的垂直安装方式

3. 采用保护间隙的试验研究结果

对保护间隙的各种安装方式进行了大量试验，尤其是进行了作业间隙与保护间隙的绝缘配合试验。以使用在 500kV 线路上的保护间隙为例，从试验结果中可总结出以下几点：

（1）即使对横担或塔身的作业间隙减小至 2.0m，一旦过电压出现，由于保护间隙的放电路径短，且放电分散性小，所有放电路径无一经由作业间隙，全部经保护间隙放电，说明保护间隙可对作业人员起到可靠的保护作用。

（2）从试验结果中可以看出，在 500kV 线路上，当保护间隙设定值为 1.2m 时，保护间隙的操作冲击放电电压约 1.64p.u. 左右，冲击耐受电压约为 1.5p.u.，若带电作业工作点的过电压幅值较低，则保护间隙和作业间隙均不会放电，若线路上出现幅值较高的过电压，保护间隙将先期放电。

（3）作业间隙的放电电压随间隙距离的增大而增大，而保护间隙一经设定，则塔头的放电电压由保护间隙所决定。一旦在线路带电作业工作点附近出现幅值较高的过电压，保护间隙将起到限制过电压幅值的作用。

4. 加装保护间隙后的带电作业危险率

这里仍然以500kV线路杆塔加装保护间隙为例进行计算，计算结果如表1-19所示。

表1-19　　　　　　　　　加装保护间隙后的放电危险率计算值

间隙类型		等电位作业间隙			组合间隙		
间隙距离（m）		2.0	2.5	3.0	0.4/1.6	0.4/2.1	0.4/2.6
放电电压 U_{50}（kV）		917	1083	1194	905	1062	1153
$[\sigma]$（%）		4.8	3.5	5.3	3.6	4.3	4.8
危险率	保护间隙（1.1m）	5.07×10^{-7}	2.42×10^{-11}	3.56×10^{-14}	1.01×10^{-6}	8.55×10^{-11}	3.82×10^{-13}
	保护间隙（1.2m）	3.94×10^{-5}	5.39×10^{-9}	1.13×10^{-11}	7.10×10^{-5}	1.73×10^{-8}	1.10×10^{-10}
	保护间隙（1.3m）	5.20×10^{-4}	1.93×10^{-7}	5.96×10^{-10}	8.51×10^{-7}	5.65×10^{-7}	5.10×10^{-9}

从表1-19中的计算结果可以看出，在加装保护间隙后，放电危险率显著降低。如果作业间隙为2.5m，保护间隙的设定值为1.3m时，放电危险率为 1.22×10^{-5}，略大于 1.0×10^{-5} 的要求，当保护间隙设定值为1.1m或1.2m时，作业间隙的放电危险率分别为 3.61×10^{-9} 和 5.21×10^{-7}，均满足带电作业的安全要求，对作业人员可起到可靠的保护作用。但是，当保护间隙设定值为1.1m时，虽亦满足耐受最高工作电压的要求，但是，为使保护间隙在1.5p.u.及以下的过电压作用下不动作，尽量减小线路的跳闸率。综合考虑以上两方面的要求，宜取保护间隙的设定值为1.2m。

第三节　配电线路带电作业技术

一、概述

电能由发电厂生产出来以后，经升压变压器将电压升至66~1000kV，由输电网络将电能传输到负荷中心，然后由配电网络——配电线路将电能分配到各用户。配电线路是电力网络的重要组成部分。

国际电工委员会（IEC）将电压等级进行了划分，规定60kV及以下的电压等级为配电电压等级，60kV以上的电压等级为输电电压等级。

按照我国目前的电力系统电压等级现状，66、110、220、330、500、750kV以及即将投入运行的1000kV特高压线路，均为输电线路；0.4、1、3、6、10、20kV和35kV电力线路，均为配电线路。其中1kV以下为低压配电线路，1kV及以上为高压配电线路。

配电线路的带电作业，由于作业人员在作业区域的活动范围，受到配电线路导线对地距离和相间距离过小的限制，其带电作业方法、防护措施与输电线路相比有较大的不同。其最显著的差异是：配电线路由于相对地和相间距过小，不能进行等电位带电作业，只能进行地电位或中间电位作业，而输电线路对各种带电作业方式均可适用。随着配电线路带电作业的发展和完善，逐步形成了配电线路带电作业自身的特点。

二、作业方法

前已叙及，世界各国的带电作业的历史都是由低电压等级向高电压等级发展的。换言之，即由配电线路起始，然后逐渐向输电线路延伸进步的。

配电线路的带电作业方法有两大类，一类称之为绝缘杆作业法，也可称为间接作业法；另一类称之为绝缘手套作业法，也称直接作业法。这两类作业方法就人体电位而言，既不是等电位作业，也不是地点位作业，而是一个中间悬浮电位，按人体电位来划分，应该属于中间电位作业法。

1. 绝缘杆作业法（间接作业法）

IEC 60743：2001《带电作业用工具和设备术语》和 GB/T 14286—2002《带电作业工具设备术语》对"绝缘杆作业"这个术语是这样定义的：指作业人员与带电部分保持一定距离，用绝缘工具进行作业。这里的"一定距离"指相应电压等级的安全距离，也就是说，作业人员远离带电体，中间依靠绝缘工具作为主绝缘，相导线的高压才不至于通过人体对地发生短路放电。配电线路由于作业空间狭小，作业人员还必须穿戴全套绝缘防护用具，相对地和相与相之间的导体也必须进行绝缘遮蔽，才能保证作业人员的安全。初期进行的低电压等级的带电作业，主要采用绝缘杆作业法。

2. 绝缘手套作业法（直接作业法）

IEC 60743：2001 和 GB/T 14286—2002 对"绝缘手套作业"这个术语是这样定义的：指作业人员通过绝缘手套并与周围不同电位适当隔离保护的直接接触带电体所进行的作业。在绝缘手套作业法中，绝缘手套是不能作为主绝缘的。作业人员必须借助于绝缘斗臂车或其他绝缘设施如人字梯、靠梯和操作平台等作为主绝缘，而作业人员穿戴的绝缘手套、绝缘服、绝缘袖套、绝缘披肩和绝缘鞋等只能作为辅助绝缘。因为作业人员穿戴着绝缘手套直接接触带电体进行作业操作，它比绝缘杆作业法（间接作业法）来得便捷和高效。当然，同样由于配电线路的作业空间狭小，作业人员还必须穿戴全套绝缘防护用具，相对地和相与相之间的导体和邻近的接地体也必须进行绝缘遮蔽，才能保证作业人员的安全。

三、安全距离

安全距离分为两类，一类为配电线路电气安全距离，另一类是配电线路带电作业安全距离。

1. 电气安全距离

为防止发生触电或短路事故，电力安全工作规程规定设备带电（不停电）时的安全距离、工作人员工作中正常活动范围与带电设备的安全距离、邻近或交叉其他电力线工作的安全距离、起重机械与带电体的最小安全距离，见表 1-20 ~ 表 1-23 所示的状态和数值。

表 1-20　　设备带电（不停电）时的安全距离

电压等级（kV）	10 及以下	20	35
安全距离（m）	0.7	1.0	1.0

表 1-21   工作人员工作中正常活动范围与带电设备的安全距离

电压等级 （kV）	10 及以下	20	35
安全距离 （m）	0.35	0.60	0.60

表 1-22   邻近或交叉其他电力线工作的安全距离

电压等级 （kV）	10 及以下	20	35
安全距离 （m）	1.0	2.5	2.5

表 1-23   起重机械与带电体的最小安全距离

线路电压等级 （kV）	<1	1~20	35
与导线最大风偏 时安全距离 （m）	1.5	2.0	4.0

2. 带电作业安全距离

带电作业时的安全距离是指为了保证人身安全，作业人员与不同电位的物体之间所应保持各种最小空气间隙距离的总称。一般来说，安全距离包含下列五种间隙距离：人身与带电体的安全距离、最小相间安全距离、最小安全作业距离。各种带电作业安全距离见表 1-24 ~ 表 1-26。

表 1-24   人身与带电体的安全距离

电压等级 （kV）	10 及以下	20	35
安全距离 （m）	0.4	0.5	0.6

表 1-25   最小相间安全距离

电压等级 （kV）	10 及以下	20	35
安全距离 （m）	0.6	0.7	0.8

表 1 – 26　　　　　　　　　　　　　　　　最小安全作业距离

电压等级 （kV）	10 及以下	20	35
安全距离 （m）	0.9	1.0	1.3

表 1 – 26 中所列最小安全作业距离，是指在最小安全距离的基础上增加一个合理的人体活动范围的数值增量，这一增量一般取 0.5m。

四、作业工具

由于配电线路的带电作业方法只有两大类，一类为绝缘杆作业法；另一类为绝缘手套作业法，同属于中间电位作业法。其作业工器具也分为两大类，一类为人体绝缘支撑工器具；另一类为绝缘操作杆和绝缘手工工具。

1. 人体绝缘支撑工器具

人体绝缘支撑工器具大致有以下几类：

（1）杆上绝缘工作台；

（2）升降绝缘工作台；

（3）绝缘斗臂车。

由于绝缘斗臂车具有多种形式，例如：伸缩臂式、折叠臂式和伸缩带折叠式等，具有灵活方便和操控性能强等优点，在配电线路的带电作业中获得了广泛地应用。而近几年，杆上绝缘工作台也得到了较大发展，主要应用于路面狭窄，不便于绝缘斗臂车进出的场合。

2. 绝缘操作杆和绝缘手工工具

（1）绝缘操作杆。是指在带电作业时，作业人员手持其末端，用前端接触带电体进行操作的绝缘工具。制作绝缘操作杆的工艺主要有湿卷法、干卷法、缠绕法、挤拉法（引拔法）和真空浸胶法，但挤拉法（引拔法）带缠绕的工艺制作的增强型绝缘管（填充管）和棒，具有良好的电气特性和机械性能，用于制作绝缘操作杆和支、拉、吊杆各方面性能都能满足要求。

（2）绝缘手工工具。绝缘手工工具有两类，一类为全绝缘手工工具；另一类为包覆绝缘手工工具。主要适用于交流 1kV、直流 1.5kV 及以下电压等级的带电作业中使用。这些工具主要是：螺丝刀、扳手、手钳、剥皮钳、电缆剪、电缆切割工具、刀具、镊子等握在手中操作的工具。

五、安全防护用具

安全防护用具也分为两大类，一类为绝缘遮蔽用具；另一类为个人绝缘防护用具。

1. 绝缘遮蔽用具

由绝缘材料制成，用于遮蔽带电导体或不带电导体部件的遮蔽器件，包括各种遮蔽罩和绝缘毯等。遮蔽用具不能作为主绝缘，只能用作辅助绝缘，它只适用于带电作业人员在作业过程中，意外短暂碰撞或接触带电部分或接地元件时，起绝缘遮蔽或隔离的保护作用。

根据遮蔽对象的不同，绝缘遮蔽用具可以分为不同的类型，主要有以下几种：

（1）导线遮蔽罩；

（2）耐张装置遮蔽罩；

（3）针式绝缘子、棒型绝缘子遮蔽罩；

（4）横担遮蔽罩；

（5）电杆遮蔽罩；

（6）套管遮蔽罩；

（7）跌落式开关遮蔽罩；

（8）特殊遮蔽罩；

（9）隔板；

（10）绝缘毯。

2. 个人绝缘防护用具

制作绝缘防护用具的材料，主要有橡胶制品、树脂 E. V. A 制品和塑料制品等。用于作业人员隔离带电体，保护人体免遭电击。一般来说，个人绝缘防护用具不仅应具有较高的电气强度，而且应有较好的防潮性能和柔软性，使得作业人员穿戴后，仍可便利地工作。

按照不同的组合，个人绝缘防护用具主要有以下几种：

（1）绝缘手套，包括橡胶绝缘手套、合成绝缘手套和防机械刺穿绝缘手套；

（2）绝缘鞋，包括绝缘靴；

（3）绝缘安全帽；

（4）绝缘服装，包括绝缘衣和绝缘裤；

（5）绝缘袖套，包括绝缘胸套和绝缘披肩。

六、10kV 线路的带电作业项目

10kV 配电线路是我国使用得最为广泛的配电电压等级，其带电作业也开展得非常普遍。尤其是 21 世纪，随着供电可靠性要求的逐步提高，对 10kV 配电线路的带电作业也越来越依赖。10kV 配电线路带电作业的项目主要有以下几种：

（1）更换针式绝缘子；

（2）断、接引线；

（3）更换跌开式熔断器或避雷器；

（4）更换横担；

（5）带负荷加装分段开关、加装负荷开关、更换跌开式熔断器；

（6）带电迁移电杆等大型作业项目。

鉴于我国各地配电线路杆上电气设备的规格和布置存在差异，各地所使用的工具和操作步骤略有不同，故各地应结合本地区的实际情况，制定出适用于本地区的操作导则和安全注意事项，以确保每一作业项目全过程的安全。

七、其他配电电压等级线路的带电作业

1. 3、6kV 电压等级的带电作业

我国 3、6kV 配电线路数量较少，相应的带电作业开展得也不多，但与 10kV 配电线路的带电作业十分类似，其绝缘遮蔽或隔离的措施与 10kV 电压等级十分雷同，而个人绝缘防护用具可采用相应电压等级的产品。目前用于 3、6kV 的绝缘遮蔽用具和个人绝缘防护用具已有系列产品可供选用。

2. 20kV 电压等级的带电作业

对于 20kV 配电电压等级，我国在 20 世纪 70 年代就进行过论证，但由于种种原因一直没有采用。随着国民经济的飞速发展，20 世纪末，在我国广东、苏州等地已经开始采用 20kV 配电电压等级。经过近几年的发展，大有加强应用推广的势头。20kV 电压等级的带电作业问题已经提到了议事日程，最近全国带电作业标准化技术委员会准备申报标准制定计划，将 20kV 电压等级带电作业技术导则列入 2009 年的标准计划。

3. 35kV 电压等级的带电作业

35kV 电压等级，在我国经济欠发达地区作为主要电源供电电压等级，而在我国大部分地区只作为大型用户的配电电源线路。35kV 电压等级应该按配电电压等级来考虑带电作业原理和操作方法。目前，用于 35kV 配电电压等级的绝缘遮蔽用具、个人绝缘防护用具以及绝缘操作工具尚不齐备，还有待于开发完善。

第四节　变电站带电作业技术

一、概述

变电站是电力网络的重要枢纽，无论是发电厂升压站、中间开关站或末端变电站都是电力网络的重要组成部分。

变电站涉及的电压等级往往在两个以上，有些变电站的电压等级甚至达到 5 个。由于变电设备绝缘的要求以及变电站占地的限制，变电设备相对地距离和相间距离都设计得比同电压等级的线路紧凑得多，变电设备相互间距和对地间距都严格控制其 A、B、C、D 值。

变电站的带电作业，由于作业人员在作业区域的活动范围，受到变电设备对地距离和相间距离相对紧凑的限制，其带电作业方法、防护措施与输电线路相比没有原则的不同。而其关键的问题是，密切关注作业时其相对地和相间最小安全作业距离和最小组合间隙。而其作业方法与输电线路一样，为等电位、地电位、中间电位以及等电位与地电位相结合的带电作业方法。

二、带电检修作业

（1）绝缘子喷涂硅油。

1）适用范围：35～220kV 变电站瓷套，悬式及支柱绝缘子。

2）作业方式：间接作业法。

3）人员组成：共 3 人。其中工作负责（兼监护）人 1 名，喷涂操作电工 1 名，空压泵操作电工 1 名。

（2）母线构架整串悬垂绝缘子串更换。

1）适用范围：110～220kV 构架中相阻波器整串悬垂绝缘子串。

2）作业方式：等电位与地电位作业相结合的方法。

3）人员组成：共 6 人。其中工作负责（兼监护）人 1 名，等电位电工 1 名，地电位电工 1 名，地面电工 3 名。

（3）断路器、主变压器的充油套管带电加油。

1）适用范围：110～220kV 油断路器、主变压器的充油套管带电加油。

2）作业方式：视现场情况，可采用地电位作业法和等电位作业法进行操作。

3）人员组成：共 4 人。其中工作负责（兼监护）人 1 名，操作电工 1 名，地面电工

2 名。

（4）多油断路器的本体加油。

1）适用范围：$DW_{1.2.8}$—35 油断路器。

2）作业方法：间接作业法。

3）人员组成：共 4 人。其中工作负责（兼监护）人 1 名，中间电位操作电工 1 名，地电位电工 2 名。

（5）少油断路器的本体加油。

1）适用范围：$SN_{1.2.3.4.5.10}$—10 断路器。

2）作业方式：间接作业法。

3）人员组成：共 4 人。其中工作负责（兼监护）人 1 名，地电位电工 3 名。

（6）运行中的隔离开关、油断路器旁路短接。

1）适用范围：35～220kV 隔离开关、油断路器。

2）作业方式：旁路短接操作可采用等电位作业法或间接作业法。

3）人员组成：共 6 人。其中工作负责（兼监护）人 1 名，等电位电工 2 名，地面电工 3 名。

（7）拆装运行中的阻波器。

阻波器串接在导线上，正常运行时，阻波器的本身要通过负荷电流，其两端要产生电压降。所以在拆装阻波器时，为了不中断负荷电流，并使阻波器两端的电压为零，在作业过程中，就必须用分流线把阻波器的两端短接。在短接的一刹那，负荷电流重新分配，这就会造成短接瞬间的操作过电压，而引起电弧。

1）适用范围：更换 110～220kV 阻波器。

2）作业方式：等电位作业法。

3）人员组成：共 6 人。其中工作负责（兼监护）人 1 名，等电位电工 1 名，地电位电工 1 名，地面配合电工 3 名。

（8）更换母线引流线。

1）适用范围：35～220kV 母线联络引线、母线至隔离开关、油断路器至隔离开关引线、母线至避雷器和耦合电容器等设备的引线。

2）作业方式：等电位作业法。

3）人员组成：共 6 人。其中工作负责（兼监护）人 1 名，等电位电工 2 名，配合电工 3 名。

三、带电检测作业

（1）静电电压表法对变电设备核相。

1）适用范围：利用静电电压表对 10～110kV 变电设备进行核相。

2）作业方式：间接作业法。

3）人员组成：共 5～7 名。其中工作负责（兼监护）人 1 名，地电位电工 2～4 名，电试工 2 名。

（2）劣化绝缘子的测量。

1）火花间隙法。良好悬式绝缘子两端在运行中存在电位差，当绝缘子被短路时，在金属短路叉的可调间隙或固定间隙处会发出尖端放电声。该方法虽然分辨能力较差，且不能反映确切的电压值，但因其方法简单，工具轻便，操作灵活而被广泛采用。

　　a. 适用范围：35～220kV 悬式绝缘子。

　　b. 作业方式：间接作业法。

　　c. 人员组成：共 2 名。其中小组负责人（兼监护）1 名；杆上电工 1 名。

　　2）静电电压表法。

　　a. 作业范围：35kV 隔离开关支柱绝缘子（胶合元件）及 10～35kV 悬式绝缘子。

　　b. 作业方式：间接作业法。

　　c. 人员组成：共 4 人。其中工作负责（兼监护）人 1 名，地电位电工 3 名。

四、变电设备断接引

　　耦合电容器、电容式电压互感器、避雷器在运行中需要进行预防性试验等工作，这就要求对其引线进行带电拆搭。该项操作可以从架空线的连接部位处拆搭，亦可从该设备端连接处拆搭。视现场设备状况及使用的工器具，采用等电位作业法或间接作业法进行操作。

　　1. 耦合电容器、电容式电压互感器断接引

　　（1）等电位作业法。

　　1）适用范围：35～220kV 耦合电容器、电容式电压互感器。

　　2）人员组成：共 5 人。其中工作负责（兼监护）人 1 名，构架配合电工 2 名，等电位电工 1 名，地面电工 2 名。

　　（2）地电位作业法。

　　1）适用范围：35～220kV 耦合电容器、电容式电压互感器。

　　2）人员组成：共 5 人。其中工作负责（兼监护）人 1 名，操作电工 1 名，地面配合电工 3 名。

　　2. 避雷器断接引

　　（1）适用范围：10～220kV 避雷器。

　　（2）作业方式：间接作业法，现场条件受到限制可采用等电位作业法。

　　（3）人员组成：共 4 名。其中工作负责（兼监护）人名，操作电工 1 名，地面电工 2 名。

　　3. 避雷器记录器断接引

　　（1）适用范围：35～220kV 避雷器动作记录器。

　　（2）作业方法：地电位作业法。

　　（3）人员组成：共 2 人。其中工作负责（兼监护）人 1 名，操作人员 1 名。

五、带电清扫作业

　　1. 绝缘子清扫

　　（1）刷式清扫（地电位作业）。

　　1）盘形干式擦刷简介：盘形绝缘组合刷一般由四层绝缘刷片组成，刷毛一般采用 3～5cm 长的尼龙或猪鬃，修成与瓷裙内凹面相配的形状。四层刷片按绝缘子高度用环氧树脂板牢固连接，系上横担电工用的提紧绝缘吊绳和杆塔处电工往返牵拉用的绝缘拉绳即成。

　　2）电动刷清扫简介：电动刷有四种型号，可对变电站不同类型的瓷套管、绝缘子分别

进行清扫。有如下优点：

a. 不受时间限制，可随时对污秽绝缘子进行清扫。

b. 成本低、携带方便、操作简单、安全可靠。变电站内不用倒闸操作，减轻了运行人员的劳动强度。

c. 控制了污秽程度，可避免因绝缘子污秽而发生闪络事故。

（2）气吹清扫。气吹清扫绝缘子的基本原理是利用空气压缩机产生的高压气体，经绝缘软管引到辅料罐内将辅料带出，经喷嘴喷出的高压气体，及辅料的冲击摩擦作用，使瓷质表面的浮尘、尘灰、油垢等污秽物清除干净。

1）适用范围：35～220kV 变电站悬式绝缘子、支柱绝缘子、瓷套管。

2）作业方式：间接作业法。

3）人员组成：共 4 人。其中工作负责（兼监护）人 1 名，喷枪操作电工 1 名，空压泵操作电工 1 名，地面配合电工 1 名。

2. 设备清扫

小水量冲洗清扫是经过水电阻测量合格的水，用水泵加压后通过导水管引送到（杆塔上）水枪内，再流经水枪喷嘴（口径小于 3mm）喷射到变电设备上的清洗方法。

（1）适用范围：110～220kV 变电设备外绝缘。

（2）作业方法：间接作业法。

（3）人员组成：共 5 名。其中工作负责人 1 名，杆上电工 2 名，地面电工 2 名。

带 电 作 业 标 准 体 系

第一节 带电作业国家标准、电力行业标准所涉及的领域

一、带电作业标准的要求和等级

按照中华人民共和国标准化法的要求，在带电作业技术领域凡涉及安全要求、工艺技术要求、施工操作方法和相关产品的品种、规格、质量、等级以及产品的设计、生产、检验、包装、储存、运输、使用方法等均应制定标准。

制定标准应当有利于保障安全和人民的身体健康、保护消费者的利益、保护环境。同时还应当有利于合理利用国家资源，推广科学技术成果，提高经济效益，并符合使用要求，有利于产品的通用互换，做到技术上先进，经济上合理。

在电力系统中，带电作业不仅涉及设备安全，更重要的是涉及人身安全，因此带电作业技术领域的标准化工作显得尤为重要。尽管带电作业标准大部分属推荐性标准，但一部分涉及人身安全的基础材料类标准，则属于强制性标准。

中华人民共和国标准化法对带电作业国家标准和带电作业行业标准的划分和归属进行了这样的规定：对需要在全国范围内统一的技术要求，应当制定国家标准，国家标准由国务院标准化行政主管部门制定。对没有国家标准而又需要在全国某个行业范围内统一的技术要求，可以制定行业标准。行业标准由国务院有关行政主管部门制定，并报国务院标准化行政主管部门备案，在公布国家标准之后，该项行业标准即行废止。

按照上述原则，我国的带电作业标准即由一部分带电作业国家标准和另一部分带电作业行业标准所共同组成。

二、带电作业标准的分类

前已述及，带电作业是在电气设备带电的状态下进行的检修、安装、调试、改造及测量工作，它有别于一般意义下，即停电状态下的检修、安装、调试、改造及测量工作。其原因是电气设备处于带电的状态下，作业人员必须在带电作业区域内进行工作，而带电的电气设备所产生的电场、磁场以及电流有可能会对作业人员的身体产生严重影响。因此，必须对进入带电作业区域内进行工作的人员采取有效的防护措施，才能确保在带电作业区域内作业的工作人员的安全。

因此在建立带电作业标准的体系时，应该按照带电作业所涉及的技术领域，分门别类地

建立标准框架，然后填充完善，以形成统一的带电作业标准体系表。

目前的带电作业标准分类如下：

1. 基础性标准

基础性标准包括带电作业技术领域中的通用内容，如带电作业技术领域中的术语、绝缘配合原则、计算方法、工具的基本技术要求、工具的设计方法以及带电作业各分领域的技术导则等。

2. 基本材料类标准

用于制造带电作业工具、装置及设备的绝缘材料，目前主要有两类，一类是硬质绝缘材料，主要是空心绝缘管、泡沫填充绝缘管和实心绝缘棒；另一类是软质绝缘材料，主要是蚕丝绝缘绳、合成绝缘绳和高强度绝缘绳等。因此，基本材料类标准目前是指空心绝缘管、泡沫填充绝缘管和实心绝缘棒这类硬质材料标准以及绝缘绳索材料标准。

3. 工具类标准

带电作业工具主要分为两类，一类为金属工具，另一类为绝缘工具。金属工具类别较少，主要是紧线卡线器和绝缘子卡具，用于承受机械拉力。大量的还是绝缘工具，如绝缘紧线工具、绝缘托瓶架、绝缘滑车、绝缘硬梯等。这类标准主要是带电作业产品类标准。

4. 防护用具类标准

带电作业防护用具也分为两类，一类为个人防护用具，一类为绝缘遮蔽用具。个人防护用具是指作业人员穿戴的屏蔽服装、静电防护服装、绝缘服装、绝缘手套、绝缘袖套和绝缘鞋等；绝缘遮蔽用具是指绝缘毯、导线遮蔽罩、电杆遮蔽罩和绝缘子遮蔽罩等，这类标准也主要是带电作业产品类标准。

5. 装置设备类标准

带电作业工具、装置和设备一般涵盖了带电作业的所有用具，带电作业工具前面已经描述过了，而带电作业装置和设备主要指检测装置和带有转动部件的设备，如验电器、核相仪、清扫机、水冲洗设备和绝缘斗臂车等。

6. 其他类标准

鉴于带电更换330kV线路耐张绝缘子串的特殊性，主要是由于带电作业组合间隙较为紧张，因此编制了DL 784—2001《带电更换330kV线路耐张绝缘子串更换单片绝缘子技术规程》。这类标准要视带电作业的生产实践而定，是继续存在，还是将来有所发展，要依据带电作业的发展水平来决定。

第二节　带电作业 IEC 标准所涉及的领域

一、带电作业 IEC 标准的范围

国际标准化组织（ISO）和国际电工委员会（IEC）是目前世界上最大、最有权威的两个国际标准化组织，我国分别于1978年和1957年加入 ISO 和 IEC 的工作，现在以中华人民共和国国家标准化管理局（SAC）的名义参加 ISO 和 IEC 的工作。IEC 是世界上成立最早的一个国际标准化机构，是制定和发布国际电工电子标准的非政府性国际组织，距今已有102年历史。现有88个技术委员会（TC）、86个分技术委员会（SC），中国全部以积极（P）

成员的身份参加活动。

目前，IEC 的标准制修定任务覆盖了包括电子、电磁、电工、电气、电信、能源生产和分配等所有电工技术领域。此外，在上述领域中的一些通用基础工作方面，IEC 也制定相应的国际标准，如术语和图形符号、测量和性能、可靠性、设计开发、安全和环境等。

IEC/TC78 为带电作业技术委员会，没有设立分技术委员会（SC），但设立了 5 个工作组（WG）。我国的全国带电作业标准化技术委员会秘书处挂靠在国网电力科学研究院，也是 IEC/TC78 国内工作组的归口单位。

IEC/TC78 遵循 IEC 的工作宗旨，所开展的工作目的是：

（1）有效地满足全球市场的需求；

（2）保证在世界范围内最大限度地使用 IEC 标准和 IEC 合格评定计划；

（3）对其标准涉及的产品和服务质量进行评定；

（4）为复杂系统的可操作性提供条件；

（5）提高生产过程中的效率；

（6）改进人类的健康安全；

（7）促进环境保护。

IEC 标准类的出版物分为标准、指南和技术报告等三类，其编号限定在 60 000～79 999 之内。

二、带电作业 IEC 标准的分类

IEC/TC78 即带电作业技术委员会于 1976 年在法国巴黎召开了成立大会和第一次国际会议。为了便于国际标准的制修定工作，该委员会在成立的初期设立了 10 个工作组，工作组的名称和各自的工作任务分别为：

第 1 工作组 名词术语

起草和编写带电作业技术领域中关于基础性的名词术语以及带电作业工具、装置和设备的名词术语和相应的定义。

第 2 工作组 硬质绝缘器件

起草和编写带电作业用硬质绝缘材料和硬质绝缘工具标准，包括空心绝缘管、泡沫填充绝缘管和实心绝缘棒等的绝缘材料类标准以及操作杆端部配件、绝缘硬梯、绝缘托瓶架、硬质遮蔽罩等硬质绝缘工具标准。

第 3 工作组 柔性绝缘器件

起草和编写带电作业用软质绝缘材料和软质绝缘工具标准，包括绝缘绳索等的绝缘材料类标准以及绝缘服、绝缘披肩、绝缘袖套、绝缘手套、绝缘毯、软质遮蔽罩等软质（柔性）绝缘工具标准。

第 4 工作组 绝缘手工工具

起草和编写带电作业用交流 1kV、直流 1.5kV 及以下电压等级的绝缘手工工具标准，这里包括全绝缘和包覆绝缘的手工工具。

第 5 工作组 绝缘高架车

起草和编写带电作业用绝缘斗臂车、起重架、导线飞车、挂车、升降车等装置和设备标准。

第 6 工作组　带电作业用工作服

起草和编写带电作业用屏蔽服（导电服）、防电弧服的产品标准，以及屏蔽服（导电服）、防电弧服的相关试验方法标准。

第 7 工作组　验电器

起草和编写带电作业用验电器、核相仪产品标准，包括电容型验电器、电阻型验电器、两极型验电器、电压探测系统以及接触式核相仪等检测装置。

第 8 工作组　接地及接地短路装置

起草和编写带电作业用个人保安接地装置和短路接地装置的产品标准，以及个人保安接地装置和短路接地装置的相关试验方法标准。

第 9 工作组　带电作业用起吊设备

起草和编写架空输电线路带电安装导则及作业工具设备和架空配电线路带电安装导则及作业工具设备类的标准，包括危及人身和设备安全的因素分析和防治措施等。

第 10 工作组　安全距离计算方法

起草和编写带电作业安全距离计算的原理和具体计算方法标准。

随着时间的推移，在国际标准起草和编制过程中，感觉到按上述 10 个工作组开展工作不尽合理，有些工作组的工作范围过于狭窄，而有些工作组的工作内容又太单一。因此有必要对工作组的名称进行更改，而各组工作范围也作相应的调整。

1996 年 5 月，在美国弗吉尼亚州的州府里斯满（Richmonod）市召开的 IEC/TC78 国际会议上，经过讨论和表决，确定了 IEC/TC78 新的组织结构及各工作组的工作范畴。

在原有 10 个工作组之外再成立 4 个新的工作组和一个顾问组；顾问组的职责主要是监督和指导各工作组及项目负责人的工作，而新成立的 4 个工作组将分工负责今后所有新标准的制定和原有标准的维护工作。

这次全体大会还决定，原有 10 个工作组，在本次会议后各组将继续完成进行中的有关工作。待原定工作结束后，原有的 10 个工作组除第 1 组保留外，其余 9 个工作组将解散。

IEC/TC78 新的组织结构，即 5 个工作组及各工作组的工作职责分别是：

第 1 工作组（WG1）　术语及符号

起草和编写带电作业技术领域中关于基础性的名词术语以及带电作业工具、装置和设备的名词术语和相应的定义。

第 11 工作组（WG11）　技术支撑

起草和编写带电作业技术领域中通用内容的相关标准，类似于我国带电作业标准中的基础性标准，例如：输电线路带电作业安全距离计算方法、带电作业工具装置设备的最低使用要求、带电作业工具装置设备质量保证导则等类标准。

第 12 工作组（WG12）　工具及设备

起草和编写带电作业用工具和设备类标准。工具有两类，一类为绝缘工具，如绝缘手工工具、绝缘杆和带附件的通用工具；另一类为金属工具，如带电作业用底板杆夹头和附件等。设备主要指绝缘斗臂车、输电线路带电安装导则及作业工具设备、配电设备带电安装及作业工具设备、架空光缆带电安装及维修等。

第 13 工作组（WG13）　防护设备

防护设备也分为两类，一类为个人防护用具，一类为绝缘遮蔽用具。个人防护用具是指作业人员穿戴的屏蔽服装、防电弧服装、静电防护服装、绝缘服装、绝缘手套、绝缘袖套和绝缘鞋等；绝缘遮蔽用具是指绝缘毯、导线遮蔽罩、电杆遮蔽罩和绝缘子遮蔽罩等，以及枪刺式接地或接地短路装置和便携式接地或接地短路装置。这类标准也主要是带电作业产品类标准。

第 14 工作组（WG14） 检测装置

检测装置主要指验电器、核相仪产品标准，包括电容型验电器、电阻型验电器、两极型验电器、电压探测系统以及接触式核相仪等检测装置。

上述 5 个工作组的工作范围全部涵盖了 IEC/TC78 制修定国际标准的工作内容。

带电作业相关标准的编制原则及内容解读

制定带电作业标准应当从有利于保障安全和工作人员的身体健康、符合国家利益，保护环境。同时还应当有利于合理利用国家资源，推广科学技术成果，提高经济效益，并符合使用要求，有利于产品的通用互换并做到规格化系列化。对于产品类标准，尤其要做到技术上先进，经济上合理。

目前颁布实施的带电作业标准一共由四十余个，由于本书篇幅的限制，不可能一一详细介绍。但为了使读者了解带电作业标准的主要内容，本书就带电作业的基础性的标准进行较为详细介绍。按照我国已经建立的带电作业标准体系表中的要求，基础性标准包括带电作业技术领域中通用内容，如带电作业技术领域中的术语、绝缘配合原则、计算方法、工具的基本技术要求、工具的设计方法以及带电作业各领域的技术导则等。

第一节 术 语 及 定 义

一、电工术语 带电作业

1.《电工术语 带电作业》编制原则

（1）《电工术语 带电作业》的主要内容。

1）章节内容。编制的原则是等同采用国际标准 IEC 60050 – 651：1999. IEC 60050 – 651：1999 共有 146 条，分为一般术语、绝缘杆、通用工具附件、绝缘遮蔽罩、旁路器具、手工工具、个人防护器具、攀登就位器具、手持器具、检测试验设备、液压设备、支撑装配装置、牵引设备、接地和短路装置、带电清洗等 15 章。较全面地定义了带电作业技术领域中各部分（基础理论、通用工具、专用工具、手工工具、防护器具、测试设备，以及成套装置等），各环节（设计、制造、作业及作业方式）的主要术语。

2）《电工术语 带电作业》与《带电作业工具设备术语》的异同。带电作业技术术语 IEC 有两个标准，一个为 IEC 60050 – 651：1999，另一个为 IEC 60743：1995。两个标准相同的章节共有 11 章。而 IEC 60050 – 651 共有 15 章，"接地和短路设备"及"带电清洗"这两章是 IEC 60743 所没有的，而最新的 IEC 60743 修订时又依据 IEC 60050 – 651 的内容增加了这相应的两章。

纵观两个标准的情况，IEC 60743 与 IEC 60050 – 651 都是涉及带电作业领域的术语，但 IEC 60051 – 651 范围要宽得多，尤其是基础理论范围的术语较为全面，而 IEC 60743 在通用工具及专用工具领域则更为细致。

　　两个标准均由 IEC/TC78WG01 组起草，各有侧重又互相补充，从而较全面地定义了带电作业技术领域所涉及的术语。

　　（2）若干术语介绍。国际标准 IEC 60050 – 651：1999《电工术语　带电作业》是 1999 年 7 月新公布的标准，其定义较为准确。我国的大部分带电作业术语与国际标准《电工术语　带电作业》一致，但也有少量带电作业术语与之在定义及含义方面有较大的差别。为此，该部分术语在含义相同时，采用国际标准《电工术语　带电作业》的术语。在不至于引起误解的情况下，尽量采用我国习惯使用的术语。下面对本标准的一些术语作些说明。

　　1）"电气装备"。国际标准 IEC 60050 – 651 中 "electrical installation" 的定义为 "assembly of electrical equipment which is used for the generation, transmission, conversion, distribution and/or use of electric energy" ［电气装备是指用于发电、输电、转换、配电和（或）电能使用的电气设备组合装置］。此定义中强调了 "electrical equipment"（电气设备），所以 "electrical installation" 条文则应为电气装备较为合理，而不是传统意义上的 "电气设备"。

　　2）屏蔽服。IEC 标准的英文用语为 "conductive clothing"，直译为导电服，定义为由天然或合成材料制成，其内完整地纺织有导电纤维。IEC 标准的原意是根据其制作材料来定义的，因而称其为导电服。然而，对于其用途解释为 "用来防止工作人员受到电场的影响"。因此，从使用功能上讲，该服装穿戴到工作人员身上，是为了屏蔽电场对人体的影响。因此，我国习惯称之为 "屏蔽服"（screening clothing）是很有道理的。此条文，为了不至于引起误解，将其确定为 "屏蔽服"，而将 "导电服" 括在其后。

　　3）间接作业。国际标准 IEC 60050 – 651 中条目为 "hot stick working"（绝缘杆作业），其定义为 "live working carried out according to a method where by the worker remains at a specified distance from the live parts and carries out the work by means of insulating sticks"（指作业人员与带电部件保持一定的距离。用绝缘杆进行的作业），这个定义即是我国一直沿用的 "间接作业" 定义。考虑到我国带电作业术语 "间接作业" 已长期、广泛采用，故在这里条目为 "间接作业"，而将 "绝缘杆作业" 括在其后，这样处理既不会引起误解，又保持了与 IEC 标准的一致。

　　4）直接作业。国际标准 IEC 60050 – 651 中条目为 "insulating glove working"，其定义为 "live working carried out according to a method whereby the worker is electrically protected by insulating gloves and other insulating equipment, and carries out the work in direct mechanical contact with live parts"。IEC 重新定义了直接作业（或称绝缘手套作业）的定义，特指配电线路采用绝缘手套进行的作业，即为直接作业。因此这里将 "直接作业" 作为条目，将 "绝缘手套作业" 括在其后，较为符合我国的习惯。

　　5）等电位作业。国际标准 IEC 60050 – 651 中条目为 "bare had working"，其定义为 "the worker carries out the work in electric contact with live parts, having the potential of the worker's baby raiser to the voltage of the live parts by electric connection and suitably isolated from surroundings at different potentials"（指作业人员通过电气连接使自己身体电位上升至带电体电位，且与周围电位不同）。如果这里用 "徒手作业" 这个条目，容易与 "直接作业" 相混

淆，而此定义正是我国使用已久的"等电位作业"术语。故此处采用"等电位作业"条目为宜。

6）作业监护人。国际标准 IEC 60050 - 651 中条目为"nominated person in control of a work activity"，其定义为"the person who has been nominated to be the person with direct management responsibility for the work activity"（指作业中负责指导、安全、管理责任的人）。我国带电作业中历来有"作业监护人"的设置，因此条目按我国习惯称之为"作业监护人"。

7）托瓶架。国际标准 IEC 60050 - 651 中条目为"insulator cardle"，其定义为"device constructed of insulating tubes or rods of facilitate the handing of a insulator string"（用绝缘管或棒组成，以便对绝缘子串进行操作的装置）。这里 IEC 标准的原意为"绝缘子吊架"这个术语太抽象，且不符合我国带电作业技术领域的习惯，很难被大家认同。故这个条目还是采用"托瓶架"为好，而且与实际操作和使用时的功能相吻合。

2.《电工术语　带电作业》内容解读

（1）一般术语。

1）带电作业（live working; livework）。工作人员接触带电部分的作业或工作人员用操作工具、设备或装置在带电作业区域的作业。

a. 带电作业包括维修、连接和开断等操作。

b. 带电作业所采用的方法是指绝缘杆作业、绝缘手套作业、等电位作业。

2）带电部分近旁作业（working in the vicinity of live parts）。工作人员采用工具或任何其他物件进入带电作业区域近旁进行的作业，但还未进入带电作业区域。

3）带电部分（live part）。在正常运行中可能被加上电压的导线或导电部分，包括中性线，但按惯例不包括 PEN 导线或 PEM 导线以及 PEL 导线。

a. PEN（PEM、PEL）导线是连接保护接地极和中性线的接地导体。

b. 这一概念并不意味着触电的危险。

4）电气装备（electrical installation）。电气装备是指用于发电、输电、变电、配电和（或）使用电能的电气设备组合装置。

这些设施还包括电源，例如：电池、电容器和其他所有储存电能的电源。

5）操作（operation）。在电气装置上进行的作业。

操作包括开关、控制、检测、维修这样一些电气和非电气或两者兼而有之的工作。

6）带电作业区域（live working zone）。指带电部分周围的空间，而防止发生触电是依靠适当的方法来保证的。即使对熟练的工作人员也应限制其接近，保持合适的空气距离并采用工具进行带电作业。

a. 这个距离指从带电部分到带电作业区域的外边界，大于或等于最小作业距离。

b. 带电作业区域和特殊的防范措施，一般通过国家或公司内部的规程来确定。

c. 在某些国家也使用"危险区域"这样的术语来代替"带电作业区域"。

7）邻近区域（vicinity zone）。带电作业区域之外，但还存在触电危险的有限空间。

8）作业位置（work location）。将进行、正在进行或曾经进行过作业的场所。

9）绝缘杆作业（hot stick working）。间接作业（indirect working），作业人员与带电部件

保持一定的距离，用绝缘杆进行的作业。

我国也称此类作业为间接作业。

10）绝缘手套作业（insulation glove working）。作业人员通过绝缘手套和其他绝缘器材进行电气防护而对带电部分进行直接接触所进行的作业。

"直接作业"与"徒手作业"含义是不同的。

11）等电位作业（bare hand working；potential working）。作业人员通过电气连接，使自己身体的电位上升至带电部分电位，且与周围不同电位适当隔离作业人员而直接对带电部分进行作业。

12）电气作业（electrical work）。使用或靠近电气设施，存在触电解除时的作业，应要求工作人员掌握电气技术知识和经验。

a. 电气作业包括：试验和测量、检修、更换、变更、延伸、组立和检查这样一些工作。

b. 工作人员应进行培训，其适宜担任的电气工作由国家规程和法规规定。

13）非电气作业（non-electrical work）。靠近电气设备的作业，但无须工作人员具备电气技术知识和经验。

a. 非电气作业包括：建筑、开凿、清扫、油漆这样一些工作。

b. 非电气作业要求操作人员在作业时，不要过于靠近带电部分，否则会有危险。

14）带电的（用于带电作业）[energized（in live working）]。工作地点的电位与地电位有显著差异，且具有触电解除。

15）非带电的（用于带电作业）[dead（in live working）；de-energized（in live working）]。工作地点为地电位或与地电位没有显著的区别。

16）统计冲击耐受电压（statistical impulse withstand voltage）。一个给定的绝缘结构的耐受概率为例如参考概率90%的冲击试验电压峰值。这一概念适用于自恢复绝缘。

17）带电作业所要求的绝缘水平[required insulation level for working（RILL）]。工作位置所需的，为减少绝缘击穿危险而提出的一个可接受的低水平的统计冲击耐受电压。

通常认为，这一可接受的低水平是指统计冲击耐受电压值大于或等于不超过2%概率的统计过电压值。

18）破坏性放电（disruptive discharge）。伴随介质击穿而建立起电弧通道的放电。

a. 术语"火花放电"使用在气体或注体介质发生破坏性放电时。

b. 术语"闪络"使用在气体或液体介质包围住的固体介质外表面发生的破坏性放电。

c. 术语"击穿"使用在固体介质发生贯穿性击穿放电时。

19）作业距离（working distance）。距带电部分的一段空气距离，是由带电作业所要求的绝缘水平来确定的，以使工作人员在实际操作或靠详细指南能保证安全。

20）最小安全距离（minimum approach distance；minimum working distance）。工作人员身体各部位，包括手持导电工具与不同电位任何部件之间所需保证的最小空气距离。

指选定的电气距离与选定的人体活动距离之和。

21）电气距离（electrical distance）。在带电作业时，带电部分之间和（或）带电部分与接地部件之间，发生放电概率很小的空气间隙距离。

这几个概率很小，相当安全。

22）人机操纵距离［ergonomic distance：ergonomic component（of distance）］。这个空气距离应考虑到在作业过程中无意识的移动和距离判断上的误差。

23）统计过电压（statistical over-voltage）。暂态过电压峰值，其统计概率为2%的过电压值。

24）带电作业工具（tools for live working）。指用于带电作业的工具、器械和设备等。它们是经过特殊设计或改制、试验和保管的。

25）包覆绝缘工具（insulated tool）。由导电材料制造，但全部或局部包覆绝缘材料的工具。

26）绝缘工具（insulating tool）。基本上或全部由绝缘材料制成的工具。

27）手工工具（用于带电作业）［hand tool（in live working）］。用于低电压的采用绝缘手套作业方法进行操作的包覆绝缘或绝缘工具。

这些工具通常是一些普通工具，例如：螺丝刀、钳子、扳手、刀具等。

28）（电气）保护用障碍物［（electrically）protective obstacle］。能防止无意识的直接接触，但不妨碍经考虑后进行直接接触的部件。

29）绝缘隔板（insulating screen）。在特定区域用来限制接近带电部分的绝缘隔离装置。

30）电气危险物（electrical hazard）。存在有害电源的电气装备。

31）电气危险性（electrical risk）。存在着因触电而引发有害的、严重的电气事故的可能。

32）（电气）伤害［（electrical）injury］。由触电引起的电燃烧、电弧、火或者爆炸等造成对人和动物的伤害。

33）（电气）熟练人员［（electrically）SKILLED PERSON；（electrically）qualified person（USA）］。经过适当培训其具有的经验可预知危险，从而可免于遭电击伤害的人。

34）（电气）指导人员［（electrical）instructed person；（electrically）trained person（USA）］。其熟练电气技能能进行详细讲解或指导，可使受训者能预知危险，从而可免于遭电击伤害的人。

35）普通人（ordinary person）。即无经验又未受过训练的人。

36）作业监护人（nominated person in control of work activity；supervisor；acting supervisor）。在带电作业工作中，负责指导、管理和安全责任的人。

在需要时，其部分责任可委派其他人负责。

37）电气装备监护人（nominated person in control of an electrical installation）。对电气装备负有直接管理责任的人。

在需要时，其部分责任可委派其他人负责。

（2）绝缘杆。

1）绝缘杆（insulating stick）。由带端部配件的绝缘管或棒制成的工具。

2）端部配件（end fitting）。绝缘管端部装配的永久性的部件。

3）泡沫（用于带电作业）［foam（in live working）］。由聚氨酯发泡材料制成的密封绝缘材料，可防潮气浸入。

泡沫主要用于填充空管或类似绝缘构件。

4）棒（用于带电作业）［rod（in live working）］。由合成材料制成的实心棒，也可是增强型的。

5）管（用于带电作业）［tube（in live working）］。由合成材料制成的管，通常为增强型，管内亦可填充泡沫。

6）手持区域（用于带电作业）［handing zone（in live working）］。手持区域是标记在包覆绝缘工具或绝缘工具上允许手持该工具的区域。

这个距离能确保工具按照其使用说明使用时，满足最小作业距离的要求。

7）操作杆（hand stick）。手持操作的绝缘杆件。用于在一定距离下对带电部件进行作业。

8）扎线杆（tie stick）。用来在绝缘子上绑扎或解开导线的绝缘杆。

9）钩头杆（hook stick）。用来装、拆或维护线夹且有各种备用孔眼附件的绝缘杆。

10）通用操作杆（universal hand stick）。可连接通用工具的操作杆。

11）万向绝缘扳手（all-angle cog spanner stick）。齿轮全旋绝缘扳手（all-angle cog wrench stick），配以可卸套筒扳手，用于装卸螺栓和螺母的工具。

（3）通用工具附件。

1）可装配的通用工具（用于带电作业）［attachable universal tool（in live working）］。通用操作杆的端部装有通用附件的工具。

这些工具可从事各种作业，例如：

a. 可握住各部件：可调式绝缘子叉、螺栓夹钳、夹销钳。

b. 装设或拔出部件：装销器、拔销器。

c. 操纵有束缚的绑扎：回转片、羊角钩。

2）通用连接器（用于带电作业）［universal adaptor（in live working）］。用于改变通用操作杆上附件的角度的装置。

3）挂钩杆连接器（hook stick adaptor）。一种将挂钩杆与通用附件相连接的装置。

4）绕线器（rotary blade）。连接到通用工具上可用于操作绑扎导线（扎线）的装置。

5）绑线器（rotary prong）。连接到通用工具上可用于操作绑扎导线（扎线）或安装各种附件的装置。

（4）绝缘遮蔽罩。

1）遮蔽罩（protective cover）。由绝缘材料制成。用来罩住带电和（或）不带电部件和（或）邻近的接地部件的硬质或软质的罩，以防止接触这些部件。

遮蔽罩通常设计成仅当工作人员意外触及遮蔽罩，其绝缘水平要求能提供保护作用。遮蔽罩为短时使用。

2）端帽（用于带电作业）［end-cap（in live working）］。用弹性体制成的保护罩，用于覆盖绝缘导线露出的端头。

3）导线罩（conductor cover）。由绝缘材料制成，用于遮蔽导线。

一般而言，线罩可分为软质和硬质。

4）悬垂串遮蔽罩（suspension string cover）。硬质防护罩，用来遮盖悬垂绝缘子串以及线夹。

5）针式绝缘子遮蔽罩（pin-type insulator cover）。用于遮盖针式绝缘子的护罩。

针式绝缘子护罩可以是软质或是硬质型的。

6）绝缘毯（insulating blanket）。由合成绝缘橡胶或塑料制成的软质薄片。用于遮盖导线或遮盖活动的、固定的连接线或接地的金属部分。

7）绝缘垫（insulating matting）。由合成绝缘橡胶制成的软质薄片。用于当工作人员站立于其上时，为工作人员提供脚与大地间的绝缘（这个地表面通常是地电位）。

（5）旁路器具。

1）分流叉（shunting fork）。安装在绝缘杆上的金属叉。用来旁路熔断器或带负荷断开或接通电路。

2）负荷接触跳线（load pick-up jumper）。单芯绝缘电缆，一端装有绝缘线夹，另一端的绝缘线夹含有开合负荷电流的接触装置，但只能关合较小负荷。

（6）手工工具。

1）楔块（用于带电作业）[wedge（in live working）]。用于分开电缆相导线的绝缘工具。

2）撬杆（用于带电作业）[lever（in live working）]。用来撬开电缆的铠装或导线的护层的绝缘工具。

（7）个人防护器具。

1）个人防护器具[personal protective equipment（PPE）]。用于个人穿戴，用来防护或抵御电气危险的服装、器具或装备。

2）安全帽[safety helmet；hard hat（for electrical work）]。由合成材料制成，配有一条可调式头带及脖带，仅限于头部的机械防护。

若安全盔未用合成绝缘材料来制作，则穿戴者的头部也能防护带电的低压导体。

3）防护眼镜（电气作业用）[safety spectacles（for electrical work）]。安全风镜（safety goggles），用防碎镜片和有机材料镜框做成的眼镜或风镜。应能防护紫外线和电弧光。

镜片可以是无色的，也可以是有色的。

4）面罩（电气作业用）[face shield（for electrical work）]。在某些危险情况下，用来保护工作人员的面部，或眼睛除外部分的一种防护器具。当使用适当的材料制作时，面罩还可以防电场、紫外光和电弧光。

面罩可以是无色或有色的。

5）用于电气作业的防护面罩（face screen for electrical work）。由导电的固体或网状材料制成，用于保护工作人员的面部或其一部分不受电场的影响。

6）屏蔽服（screening clothing）。导电服（conductive clothing），用天然或合成材料制成，其内完整地纺织有导电纤维，用来防止工作人员受到电场的影响。

可分离的部分，如：手套或袜子，应能通过导电按扣或类似装置与衣服主体连接。

7）等电位连线（equipotential bonding lead；bonding lead）。由作业人员用于将导电服、护网或屏蔽与设备的导电部分连接或断开的柔软金属连线。

这种连接线不是一种接地装置。

8）绝缘服（insulating clothing）。由绝缘材料制成，用以防止工作人员在低电压时身体触电。

9）绝缘手套（insulating gloves）。用合成橡胶或塑料制成，用来防止工作人员手部触电。

10）绝缘手套护套（insulating-glove cover）。套在手套外，以保护绝缘手套不受机械损伤。

11）机械防护手套（composite gloves）。考虑了手套整体机械防护性的绝缘手套。

12）绝缘袖套（insulating arm sleeve）。用合成橡胶或塑料制成，用来防止工作人员臂部触电。

绝缘袖套通常设计成工作人员仅短暂接触带电部位。

13）绝缘鞋（insulating footwear）。由绝缘材料制成，防止电流从脚部通过人体。

a. 在一些国家，绝缘鞋又称"电阻鞋"。

b. 绝缘鞋能提供完整地或部分地电弧热防护和有限的机械防护。

14）安全靴（safety boots）。配有安全靴头和防滑、防截穿的硬底靴。

15）安全鞋（safety shoes）。配有安全鞋头和防滑、防截穿的硬底鞋。

16）绝缘套鞋（safety overshoes）。由柔软绝缘材料制成，有防滑鞋底的套鞋，防止工作人员不小心踩着带电部件而导致危险的电流流过人体。

（8）攀登就位机具。

1）可移动式升降工作台［mobile evevating working platform（MEWP）］。安装在带底盘的机动车上，具有伸缩式结构，由较小工作平台组成的机具。

这个装置可以是绝缘的或是非绝缘的。

2）工作平台（work platform）。杆制平台，棚栏平台或网状平台，工作人员站立其上并能移动至所要求的工作位置，完成组立、修理、检查及类似的工作。

3）伸缩结构（extending structure）。这一结构安装在带底盘的机动车上，支撑工作平台，工作平台可移动至所要求的位置。

这个结构可以是单体的或嵌入式的、或一种整体臂式、或梯式、或剪式机械装置，或者上述任何形式的结合体，在底盘上能旋转或不能旋转，也可采用绝缘臂。

（9）手持设备。

1）绝缘绳（insulating rope）。由绝缘材料制成的绳索。

2）绝缘子卡具（tool yoke）。用于利用拉杆放松绝缘子串的机械拉力的金属工具。

3）塔臂吊轭（tower arm yoke）。安装在铁塔上，作为提升杆附件的金属工具。

4）带链条的提升式支座（lift-type saddle with chain binder；lever lift with chain binder）。固定在支架上的金属附件，与支杆配套使用，用来提升或降低导线的装置。

5）绳缓冲托架（rope-snubbing bracker）。固定在杆或铁塔上的金属附件，可为滑轮及绳索提供悬挂点的装置。

6）支座（saddle）。一种固定或控制导线支撑杆和其他设备的金属附件。

7）链接器（chain binder）。用来固定作业中支座的金属组件，也可用来扎缚各种型式的支撑设备。

8）自动卡线钳（automatic come-along clamp；wire grip）。用来固定住导线的金属附件。

9）绝缘子叉（insulator fork）。由合成材料或金属制成，用来操作绝缘子串。

（10）检测试验设备。

1）测杆（measuring stick；measuring rod）。用以测量长度或间距的绝缘杆。

2）表面泄漏电流计（surface leakage tester）。用来检测绝缘工具和材料表面泄漏电流的装置。

3）湿度计（moisture tester）。用来检测环境及工具的湿度的装置。

4）验电器（voltage detector）。用于检测工作电压存在与否的便携式装置，并用来确定设备是否可接地。

5）电压检测系统［voltage detecting system（VDS）］。用于检测工作电压存在与否的装置。

a. 有些系统也可用于诸相位比较之类的其他电气试验。

b. 电压探测系统可分类为整体组合式和借助于接口与可动指示器进行固定连接的可分离式系统。

6）电压指示装置［voltage indicating system（VIS）］。仅用于提供一些关于工作电压信息的装置。

与电压指示系统不同的是确定电气设备已从所有供电电源上断开，同时尚未接地。

7）核相仪（phase comparator；phasing tester）。用来确定供电电源相位的便携式装置。

8）指示器（indicator）。电压检测器的一部分，在与电极接触时，指示工作电压存在与否。

9）接触电极（contact electrode）。与被测试的电路元件形成电气连接的裸露的传导元件。

10）明显指示（clear indication）。可清晰指示接触电极上电压的状态。

11）测试元件（testing element）。用以检查探测器功能的内部或外部装置。

（11）液压设备。

1）带附件的绝缘管（insulating hose with fittings）。用来进行液压设备不同电位之间的连接，带有附件的绝缘管。

2）绝缘油（用于液压设备）［insulating liquid（for hydraulic equipment）］。用于不同电位间传递压力的绝缘液体。

（12）支撑装配设备。

1）导线支撑装置（conductor support assembly）。用于导线机械支撑的绝缘工具。

2）紧线器（tension puller；dead end tool）。用来承受导线的机械张力，以便更换绝缘子的拉力装置。

3）绝缘子双拉杆（double stick insulator tool）。用来承受绝缘子串的机械张力，用两根绝缘杆制成的绝缘工具。

4）绝缘子单拉杆（single stick insulator tool）。用来承受双串绝缘子串的机械张力，用单根绝缘杆制成的绝缘工具。

5）悬垂绝缘子工具（suspension insulator tool）。用来承受悬垂绝缘子串机械应力的绝缘工具。

6）绝缘子支撑工具（insulator support assembly）。用来支撑绝缘子串的绝缘工具。

7）辅助臂装置（auxiliary arm assembly）。用来临时支撑导线或旁路电缆的绝缘杆类装置。

8）托瓶架（insulator cradle）。用绝缘管或棒组成，托住绝缘子串以便进行操作的装置。

9）滑轮组件（trolley stick assembly）。由支架、滑轮、杆夹钳和绝缘子叉组成，用来移动绝缘子的装置。

10）绝缘起重机具（insulating gin）。装配在构架适当位置，由不同的支撑绝缘杆和绝缘工具组成的旋转吊臂结构。

它们可以用来起吊绝缘子串，更换损坏的部件，还可以将导线吊离绝缘子串或起吊带电设备。

11）非绝缘起重工具（non-insulating gin）。装配在构架适当位置，用来起吊或支撑不带电设备的非绝缘装置。它可以安装成旋转吊臂结构或刚性结构。

12）支撑杆（support suick）。用于固定或移动导线和其他设备。

13）绝缘组件（insulating assemblies）。用支撑杆附件装配的各种组合件，用来提升、移动或支撑像导线、绝缘子串之类的载荷。

（13）牵引设备。

1）牵引机（tensioner bullwheeolL；break；retarder）。架线作业时，用来保持对牵引绳或导线张力的装置。

a. 通常它是由一对或多对以聚氨酯橡胶或氯丁橡胶为衬里的具有单个或多个凹槽的大型轮子组成，其张力是导线穿过并缠绕在轮子凹槽时的摩擦力产生的。

b. 紧线装置可用于单根或多根分裂导线的架线。

2）移动接地〔unning earth；running ground（USA）〕。用于移动的导线或牵引钢索接地的轻便装置。

a. 这些装置通常安置在邻近于紧线器任何一端的牵引或张力装置的导线或牵引钢索上。它们主要与其他工具一起用来确保作业人员的安全。

b. 在北美，这一术语为"地辊"、"运动接地"、"游移接地"等。

3）架线滑轮组（stringing block）。由单个滑轮或滑轮组安装在一个框架上，可隔开或成组地悬挂起来使用，用来架设导线。

a. 这种装置有时是由牵引绳用的中心滑轮和两个或更多的导线滑轮组成的，用于同时牵引一根以上的导线。为防止导线在作业时损坏，导线滑轮通常以不导电或半导电的氯丁橡胶或聚氨酯作为衬里。

b. 在英语中也使用这样一些术语，即："导线移动滑车"、"台车"、"移出滑车"、"滑轮"、"架线滑轮"、"架线移动机"、"移动机"。

4）连接线板（running board；headboard）。用一根牵引绳可同时牵引几根导线的架线牵引装置。

a. 它的形状是在架线过程中使导线平滑地通过滑轮。连接线板通常在其后部悬挂有一个软的角摆，以防止导线扭卷在一起。

b. 为防止旋转负荷传到连接线板上，导线的牵引绳都是用旋转接头连接到线板上。

5）卷线滑轮组（puller bullwheel）。架线时用来托拽牵引绳和导线的装置。牵引绳在穿过卷线滑轮组后，以较低张力缠绕在收线卷轮上。

收线圈轮可以是卷线器大滑轮的一部分，也可以是单独的机械。

6）张力机（puller drum）。架线时用来托拽牵引绳和导线的装置。牵引绳直接以较高的张力缠绕的卷线鼓上。

a. 可以有多个卷线鼓，每相导线一个。多鼓卷线器通常用于低压配电线路。

b. 英语术语也用"紧线器"、"拔线器"。

（14）地和短路装置。

1）便携式接地短路装置（portable equipment for earthing and short-circuting）。为了接地和短路的目的，通过绝缘部件连接到一个电气设备上的便携式手工操作的接地装置。

一个或多个绝缘部件，例如接地棒，这样的装置构成了接地回路、短路回路。

2）拉地绞线（earthing cable）。与一接地装置相连接的绞线。

3）短路装置（short-circuiting device）。短接回路用的连接装置。

短路装置包括：短路绞线、短路条、连接组、地线线夹和导线线夹。

4）短路绞线（short-circuiting cable）。短路装置的组分部分，用连接线夹接地公共参考点上（例如：一段短路条、一串连接组、一个接地线夹）。

5）短路条（short-circuiting bar）。短路装置的一个部件，条状或管状硬导体。

6）连接组（connecting cluster）。连接短路绞线的元件，可直接或通过连接杆连接，例如：绞线线鼻相互连接到接地绞线或接地线夹。

7）地线线夹（earth clamp）。连接接地绞线、短路绞线或接地导体或接地极的连接组的元件。

8）导线线夹（line clamp）。带有短路线的线夹，用短路条或导出元件直接或通过连杆连接到导体上（导线、母线或载流线）或连接到永久连接点上。

9）永久连接点（permanent connection point）。导线线夹安装连接件的特定部位，连接件如：圆形销、圆形螺钉、蝶形、马镫形双头螺栓。

10）接地棒（earthing stick）。带有一个固定的或可拆卸的连接器的绝缘棒，用来安装导线线夹、短路条或导电元件等接地操作。

11）导电延伸元件（conductive extension component）。位于绝缘棒与导电线夹之间的硬导体，是接地绞线或接地和短路绞线的延伸体。

12）接地和短路装置的确定电流和额定时间（rated current and rated time for earthing and short-circuiting equipment）。给予的电流和时间的一个规定值，或定义为能承受的电流最高有效值及最高焦耳值。

这个额定值仅用于对耐受短路电流部件。

13）枪（接地用）[nce（for earthing）]。用于接地和短路的枪状导电棒，靠它纵向推进并引导进入地中。

接地枪是有一截导电部件和一段用于方向保护的绝缘把手，一个接地棒或隔离绝缘元件的连接器构成的。

（15）带电清洗。

1）固定式清洗系统（fixed washing system）。安装在被清洗的绝缘子附近，供水管和喷嘴为固定安装，能在清洗区域之外的地方操作的一套系统。

2）移动式清洗系统（mobile washing system）。供水管和带喷嘴的喷嘴管等部件均为完全活动式的，当需要时，可移至被清洗的绝缘子附件，且可手工操作控制。

3）清洗区域（washing area；washing zone）。水喷射范围之内的区域。

4）集中喷射（full jet）。由喷嘴以柱状射出且以一定距离单独落下的水的喷射。

当水从喷嘴喷出时，可以看到水像透明的闭合的玻璃棒。

5）发散喷嘴（spray jet）。水由喷嘴射出时即以清晰的发射状射出，以雾状杂乱落下的喷射。

6）集中喷射喷嘴（full jet nozzle）。一种产生水的集束喷射的喷嘴。

7）散射喷嘴（spray nozzle）。一种直接产生水的发散的喷射的喷嘴。

8）喷嘴管（nozzle pipe）。连接喷嘴的部件。

9）多用途喷嘴管（multipurpose nozzle pipe）。能产生散射和直接喷射的喷嘴管。

二、带电作业工具设备术语

1.《带电作业工具设备术语》编制原则

（1）与相关内容的一致性。我国的电力国家标准以及电力行业标准，已建立了标准体系表，标准的相互引用，构成了完整的标准系列。因此，本国家标准应与其他相关的电力国家标准、电力行业标准相一致，尤其是技术要求与技术参数应一致，不要出现矛盾，否则在标准的执行过程中将会出现无所适从的窘境。

（2）修改内容。与 2002 年版的老出版物相比，新的内容做了以下修订。

1）术语的调整。

牵引设备—架线设备；紧线装置—张力机；连接线板—放线连板；转线滑轮组—牵引机；卷线器—牵引机卷筒；延伸元件—导电延伸棒。

2）去掉 IEC 前言。原出版物的编排要求须附 IEC 前言，根据 GB/T 1.1—2000《标准化工作导则　第 1 部分：标准的结构和编写规则》的新规定，出版物结构中不必再引用 IEC 前言，因此此次修订去掉 IEC 前言。

2.《带电作业工具设备术语》内容解读

（1）一般术语。

1）带电作业（live working）。指在带电的电力装置上进行作业或接近带电部分所进行的各种作业，特别是工作人员身体的任何部分或采用工具、装置或仪器进入限定的带电作业区域的所有作业。

2）带电作业区域（live working zone）。

安全区域（safety zone）和保护区域（guard zone），限制无带电作业或维护资格的工作人员进入带电部分周围的空间，有利于注意采取特殊预防措施以确保电气安全。

预防措施包括高压端到接地部分的适当的空气距离和带电作业中使用的特殊绝缘方法。安全区域和特殊的防范措施，一般通过行业或企业的规程来确定。

3）带电部分（live part）。在正常使用中，可能被加上电压的导线或导电部分，包括中性线。但按惯例不包括 PEN 导线。

PEN 导线是连接保护接地极和中性线的接地导体。

4）绝缘杆作业（hot stick working）。间接作业（at a distance working），这种作业方法是指作业人员与带电部分保持一定的距离，用绝缘工具进行作业。

5）绝缘手套作业（insulating glove working）。

橡胶手套作业（rubber working）和直接作业（contact working），这种作业方法是指作业人员通过绝缘手套并与周围不同电位适当隔离保护的直接对带电体进行的作业。

直接作业不等同于无保护的作业。

6）等电位作业（potential working；bare hand working）。这种作业方法是指作业人员通过电气连接，使自己身体的电位上升至带电体的电位，且与周围不同电位适当隔离而直接对带电体进行作业。

7）强场区（high electric area）。在带电部分周围具有较高电场强度的区域。

8）地电位（earth potential）。电位与大地相等的电位。

9）高电位（high potential）。对两个及以上的电位而言，处于相对高的电位称为高电位。

10）电位转移（shift of potential）。带电作业时，作业人员由某一电位转移到另一电位。

11）带电综合检修（synthetic live-line overhaul）。利用带电作业方法对带电设备同时进行多种项目的检修。

12）静电感应（electrostatic induction）。在电场作用下，导体上电荷分离的现象。

13）安全电压（safety voltage）。人体能承受而不造成伤害的最高电压。

14）带电测试（live testing）。在不停电的条件下，作业人员对电力设备进行的测试。

15）等电位电工（equal potential operator）。带电作业时，与带电体处于同一电位的作业人员。

16）人体体表电场（electric field outside body）。人体处在强电场中，人体皮肤表层附近的电场。

17）人体电阻（body resistance）。人体上最远两点之间的电阻，包括皮肤电阻和躯体电阻。

18）人体阻抗（body impedance）。人体电阻与容抗的相量和。

19）人体电流（body current）。通过人体阻抗流过人体的电流。

20）人体安全电流（body safety current）。使人不发生心室颤动的最大人体电流。

21）摆脱电流（let-go current）。人能忍受并能自主摆脱带电体的最大人体电流。

22）致命电流（deadly current）。在较短时间内危及生命的最小人体电流。

23）感知电流（sensory current）。能够引起人们感觉的最小人体电流。

24）泄漏电流（leakage current）。流经绝缘体的体积及表面的电流。

通常泄漏电流可区分为体积泄漏电流和表面泄漏电流。

25）主绝缘（main insulation）。隔离电位起主要作用的电介质。

26）辅助绝缘（supplementary insulation）。除主绝缘外，为了安全另增加的独立绝缘。

27）组合间隙（complex gap）。由两个及以上绝缘（空气）间隙串联组合的总间隙。

28）整体电压试验（normal voltage test）。按试验电压标准，对绝缘工具的整体进行的电压试验。

29）分段电压试验［piece by voltage（piecewise test）］。对绝缘工具分段、按规定系数加电压的试验。

（2）作业工具和作业距离。

1）带电作业工具（toots for live working）。经过特殊设计、制造、试验以及维护的用于带电作业的工具、设备或器械。

2）包覆绝缘工具（insulated tool）。由导电材料制成，且全部或部分包覆有绝缘材料的工具。

3）绝缘工具（insulating tool）。全部或主要由绝缘材料制成的工具。

4）端头配件（end fitting）。永久装配在绝缘操作杆端部的部件（一般为金属）。

5）泡沫（foam）。由聚氨酯发泡材料组成的密封绝缘材料，可防潮气浸入。

泡沫主要用于填充空管或类似的绝缘构件。

6）棒（rod）。由合成绝缘材料制成的实心棒。可以是增强型的。

7）绝缘杆（insulating pole）。绝缘杆是由带或不带端头配件的绝缘管或棒制成，可以是操作杆，也可以是支拉吊线杆。

8）操作杆（hand pole）。手工操作的绝缘杆，用于在一定距离外对带电部分进行作业。

9）可连接的通用工具（attachable universal tool）。可安装在通用操作杆端头的连接工具。

10）支撑杆（support pole）。用于支持或移动导线或其他设备的绝缘杆。

11）绝缘组件（insulating assemblies）。指支撑杆和附件的不同组合，以便用来起吊、移动和（或）支撑导线和绝缘子等载荷。

12）保护罩（protective cover）。由绝缘材料制成，用来罩住带电和（或）不带电部件和（或）临近的接地部件的硬质或软质的罩，以防止接触这些部件。

保护罩一般设计用于短暂接触。

13）屏蔽服（screening clothing）。导电服（conductive clothing），由天然或合成材料制成，其内完整地编织有导电纤维，用来防止工作人员受到电场影响。可分离的部分如手套或袜子应能通过导电按扣或类似装置与衣服主体连接。

14）绝缘斗臂车（aerial device with insulating boom；insulating aerial device）。带电作业中用来把操作人员和设备送到指定位置的有绝缘斗臂的高空作业装置。它可以安装在一个固定地点或拖车上或在带底盘的机动车上。

15）最小作业距离（minimum working distance）。最小作业距离是工作人员身体的任何部位或手持的导电工具与带电或接地的不同电位的任何部分之间的最小空气距离。这个最小距离是电气距离和人机操纵距离之和。

16）电气距离（electrical component；electrical distance）。是指带电和（或）接地部件的电极间的最小距离。它须确保当遭受规定条件下最严重的过电压时发生电气击穿的概率是很小的。

17）人机操纵距离（ergonomic component；ergonomic distance）。当需要在最小作业距离

处进行所要求作业时，考虑了移动和判断距离的有限误差的空气距离。这一距离必须考虑人本身及其所使用和操纵的工（机）具的活动范围。

18）人体允许活动范围（limit acting distance of worker working）。带电作业时，人体允许活动的最小距离。

19）手持区域（handing zone）。手持区域是标记在包覆绝缘工具或绝缘工具上允许手持该工具的区域。

这个区域能确保工具按照其使用说明使用时，满足最小作业距离的要求。

（3）绝缘杆。

1）扎线杆（tie pole；tie stick）。用来在绝缘子上绑扎或解开导线的操作杆。

2）钩头杆（hook pole）。伸缩式钩头杆（retractable hook stick），用来装、拆或维护带电线夹和各种备有孔眼的附件的操作杆。

3）加长钩头杆（hook pole extension）。伸缩式加长钩头杆（retractable hook stick extension），为加大工作范围而特制的加长式或伸缩式的操作杆。

4）通用操作杆（universal hand pole；universal hand stick）。两个端头都能加装可连接通用工具的操作杆。

5）提线杆（wire holding pole；wire holding stick）。用于收紧或放松导线或导体的绝缘操作杆。

6）销键钳（pliers stick）。装在操作杆前端，用于夹紧或装拆各种小零件的钳。

7）绝缘加油杆（insulating oil pole；insulated oil stick）。用来施加润滑油或生锈渗透剂的绝缘杆。加油管可由其内通过，也可由其外通过。

8）剪线杆（wire cutter pole）。用于剪断导线带剪的绝缘柄（杆）。

9）扎线剪（binding-wire cutter pole）。用于剪绑扎线的带绝缘柄（杆）的剪。

10）万向绝缘扳手（all-angle cog spanner pole）。齿轮全旋绝缘扳手（all-angle cog wrench），装在绝缘杆前端配有可卸套筒扳手，用于装卸螺栓和螺母的工具。

11）可弯绝缘扳手杆（flexible insulated spanner pole）。两用杆（flexible insulated wrench），配以可卸套筒扳手，用于握紧及装卸螺栓和螺母的操作杆。

12）电流表固定杆（clip-on ammeter meter pole）。固定电流表的工具。

13）伸缩式通用操作杆（extendable universal hand pole；stick）。由一个或多个构件组装的可伸缩的操作杆。

14）导线支摊杆（conductor support pole；wire support stick）。用于移动或固定导线的绝缘杆件。

15）可调拉杆（adjustable tension pole；adjustable strain stick）。装有各种附件的支承工具，可用来举起或拉动导线的绝缘杆件。

16）槽榫接头杆（clevis/tenon pole；clevis/tongue sticks）。配有合适的连接头，可进行各种操作的一种支撑工具。

17）带拉环支杆（tension link pole；tension link stick）。用于传递拉力到构件（或导线）的绝缘杆件。

18）滚珠支杆（roller link pole；roller link stick）。装有滚珠的支杆，它可沿导线移动。

19）转向环拉杆（swivel link pole；stick）。一端或两端都装有转向环的拉杆。

20）螺旋杆（spiral link pole；stick）。一头配有螺旋环（羊角）的拉杆。

（4）通用工具附件。

1）挂钩杆连接器（hook pole adaptor；retractable hook stick adaptor）。一种将挂钩杆与通用附件相连接的装置。

2）通用连接器件（universal adaptor）。用于改变通用操作杆上附件的角度的装置。

3）扎线定型工具（formed-wire tool）。用于定型或预定型扎线的定位及绑扎的工具。

4）定位销（locating pin；locating drift）。用来校准两孔或推出销子的工具。

5）导线清洁刷（conductor cleaning brush）。用于清擦导线的工具。

6）油壶（oilcan）。用于加润滑油或防锈剂的器皿。

7）棘轮扳手（ratchet spanner；ratchet wrench）。带可卸套筒。用于松紧螺母和螺栓的工具。

8）扳手（spanner；wrench）。用于松紧螺母和螺栓的工具。

9）凸式夹钳拉头（positive grip clamp pole heed；positive grip clamp stick head）。用于固定带环构件的工具。

10）绝缘子托（shepherd's hook）。用于托住绝缘子的工具。

11）拔销器（split pin remover；cotter key remover）。用于拔出配件或金具中的开口销的工具。

12）碗头调整器（ball socket adjuster）。用于装卸绝缘子时握住碗头。

13）托叉（holding fork）。用于保持某一部件原来位置不变的工具。

14）双齿耙（fixed-double-prong head）。用来装拆针式绝缘子扎线的工具。

15）装销器（split-pin installer；cotter key installer）。用于安装开口销、W形销（弹簧销）等的工具。

16）开口销装拆器（split-pin installer-remover；cotter key installer-remover）。用来安装或拔出开口销、W形销（弹簧销）等的工具。

17）线切线器（binding wire cutter blade；tie wire cutter）。用于切断扎线的工具。

18）回转片（rotary blade）。用于绑扎线的工具。

19）羊角钩（rotary prong）。用于绑扎扎线或绝缘包皮的工具。

20）绝缘子球头定位器（insulator ball guide）。用于装拆碗头与球头销件的工具。

21）钳工锤（hammer）。用于敲打的锤子。

22）熔丝装拆器（self-aligning fuse puller）。用于夹持、装拆熔断器的工具。

23）螺钉夹钳（screw clamp）。用可调钳口夹持定位绝缘子帽的工具。

24）可调小钳（adjustable pliers）。用于夹持小零件的工具。

25）虎夹钳（vice grip pliers）。用于夹持各种部件的工具。

26）可调式绝缘子叉（adjustable insulator fork）。用于安装或拆卸绝缘子，带有可调的绝缘钳口的工具。

27）万向钳（all-angle pliers）。可用各种角度夹持卸开零件的工具。

28）夹销钳（pin holder）。用于夹持销子的工具。

29）万向套筒扳手（flexible spanner head；flexible wrench head）。用来松紧螺母、螺栓的工具，它配有可卸套筒。

30）电流表托架（ammeter holder）。用来夹持托住电流表的工具。

31）抗干扰编织层敷设器（anti-interference braid applicator）。用于绝缘子和导线夹之间的抗静电编织层的器具。

32）旋式拆卸器（spiral disconnect）。用于装拆带环的各类器件的工具。

33）钢锯（hack saw）。用于锯金属件的弓形锯。

34）手板锯（pruning saw）。用于修整树枝的工具。

35）打磨器（conductor sander）。用于磨光导体表面的工具。

36）镜子（mirror）。安装在通用操作杆上，用来观察不能直接看到零件部位的工具。

37）槽眼附件（clevis eye attachment）。用来将槽形杆转接在支承杆上的工具。

38）舌形拉杆附件（tension link tongue attachment；strain link tongue attachment）。用来将摔头杆转换成拉杆的部件。

39）槽—榫转接器（clevis-tenon adapter；clevis-tongue adapter）。用来将槽形接头杆转换成榫形接头杆的部件。

40）槽—榫延伸接头（clevis-tenon extension；clevis-tongue extension）。用于延长槽接头的部件。

41）滚柱—榫头附件（roller tenon attachment；roller-tongue attachment）。用来将槽－榫连接头转换成旋转连接头的部件。

42）螺旋槽口连接器（clevis screw addapter）。接入棘轮以改变机械负荷的装置。

（5）绝缘罩及类似组件。

1）绝缘软管（hose）。用来遮蔽导线的绝缘软管。

2）端相（end-cap）。由橡胶或合成材料制造，用于遮蔽绝缘导线露出的端头。

3）导线遮蔽罩（conductor cover；line hose）。由绝缘材料制成，用于遮蔽导线。根据使用的材料，可分为软质和硬质。

4）耐张串遮蔽罩（tension string cover；dead-end cover）。用来遮盖耐张绝缘子串的绝缘罩。

5）耐张线夹遮蔽罩［tension（dead-end）clamp cover］。用来遮盖耐张线夹的绝缘罩。

6）悬垂串遮蔽罩（suspension string cover）。用来遮盖悬垂绝缘子串的绝缘罩。

7）针式绝缘子遮蔽罩（pin type insulator cover）。用来遮盖针式绝缘子的绝缘罩。可以是软质或是硬质的。

8）绝缘挡板（barrier）。在特定区域用来限制接近带电部分的绝缘装置。

9）绝缘袋（bag）。用绝缘材料制成，用来覆盖导电部件的绝缘工具。

10）胶带（tape）。用来绝缘带电导体或各种部件的绝缘黏胶带。

11）绝缘毡（flexible cover）。由合成绝缘橡胶或塑料制成，用来绝缘导线或带电、不带电或其他接地的金属部分的软质薄片。

（6）旁路器具。

1）分流叉（shunting fork）。装在绝缘杆上，用来旁路熔断器或带负荷接通或断开电路的金属叉。

2）负荷开关（make-switch；load break）。带负荷接通或断开线路的单相开关。

3）旁路熔断器跳线（fused by-pass jumper）。用于检修熔丝或维修各种类似装置的带熔丝的单芯绝缘电缆。

4）旁路跳线（by-pass jumper）。在维修各种装置时，可用硬质管保护单芯电缆。

（7）专用小手工具。

1）楔块（wedge）。用于分开电缆相导线的工具。

2）撬杆（lever）。用来撬开电缆的铠装或导线护层的工具。

3）平口钳（flat or round nose pliers）。处理导线的工具。

4）冲子（punch）。带金属尖的工具，用来拆开固体绝缘材料。

5）剪切钳（cutting nipper）。具有金属刃口的工具。

6）活口钳（slip joint pliers；adjustable pliers）。用来夹住、松紧各种零件的工具，其钳口大小可调。

7）单头扳手（engineers wrench；single head）。用来松紧螺栓、螺母的工具，一端有扳头，另一端为柄。

8）梅花扳手 [box（ring）wrench，single end，deep offset or not]。用来松紧螺母和螺栓的工具，扳头为多边形。

9）活扳手（adjustable wrench；open end）。用来松紧螺母和螺栓的工具，扳头尺寸可调节。

10）刮刀（stripping knife）。用来刮去导线的绝缘层的刀具。

11）切割钳（cutting nipper）。用于切割的工具。

12）电缆钳（cable cutter）。用来切断电缆的工具。

13）钢丝钳（engineers pliers；combination pliers）。用于夹住各种小件或切断导线的工具。

14）尖嘴钳（long-nose pliers with or without side cutter）。用来夹住、拧紧零件或剪切的工具。

15）圆头钳（round-nose pliers）。用来夹住或拧弯零件的工具。

16）电压引出穿孔器（voltage take-off punch）。配有金属顶针螺栓的夹钳，用来顶触包覆绝缘的带电导线。

17）螺丝刀（screwdriver）。用以拧紧或取下螺钉的工具，其末端可有不同形状。

18）套筒扳手（socket wrench；spin type）。用于拧紧或取下螺钉、螺母和螺栓的工具。

19）六角插孔 T 型扳手（tee wrench；socket single hexagon）。用于拧紧螺钉、螺母和螺栓的工具。

20）棘轮手柄（ratchet handle，reversible or not）。把棘轮装入套筒，用于拧紧或取下螺钉、螺母和螺栓的工具，只能在一个方向旋进。

21）延伸杆（extension bar）。用以连接棘轮手柄和套筒的工具。

22）套筒扳手（socket wrench，hexagon or square drive）。与棘轮手柄和延伸杆配套使用，用于拧紧螺钉、螺母和螺栓的工具。

23）镊子（tweezers）。用以拾起小部件的夹紧器具。

（8）个人器具。

1）安全靴（safety boots）。配有安全鞋头和防滑、防戳穿的硬底靴。

2）安全帽（safety helmet）。由合成材料制成，有一条脖带和可移动的带头。

3）安全带［safety belt（body belt）］。由皮革或合成材料制成，有可移动的安全带或吊带。

4）安全鞋（safety shoes）。带有安全鞋头和防滑、防戳穿的硬底鞋。

5）绝缘手套护套（insulating-glove cover）。用以保护绝缘手套不受机械损伤的手套护套。

6）绝缘套鞋（insulating overshoes）。由柔软绝缘材料制成，带有防滑鞋底，用来防止工作人员脚部触电。

7）绝缘靴（insulating boots）。由绝缘材料制成，带有防滑鞋底的靴，用来防止工作人员脚部触电。

8）绝缘手套（insulating gloves）。由绝缘橡胶或绝缘合成材料制造，用来防止工作人员手部触电的手套。

9）绝缘袖套（insulating arm sleeves）。由绝缘橡胶或绝缘合成材料制造，用来防止工作人员臂部触电的袖套。

10）等电位连接线（bonding lead）。由作业人员用于将其导电服、护网或屏蔽与设备的导电部分连接或断开的金属连线。

该连线不是接地装置。

11）绝缘服（insulating clothing）。由绝缘材料制成，用以防止作业人员身体触电的服装。

12）用于电气作业的安全眼镜和风镜（safely spectacles and goggles for electrical work）。用防碎镜片和有机材料镜框制成，镜片可以是无色的，也可以是有色的，应能防护紫外线和电弧光。

13）用于电气作业的防护面罩（face shield for electrical work）。在某些危险情况下，可起到保护穿戴者面部的一种防护器具。当使用适当的材料制作时，面罩还可以防电场、紫外光和电弧光。面罩可以是无色的或有色的。

14）用于电气作业的防护面革屏（face screen for electrical work）。由导电的固体或网状材料制成，用以保护面部或其他部分不受电场的影响。

（9）攀登就位机具。

1）绝缘梯（insulating ladder）。由绝缘材料制成的梯子。

2）伸缩梯（extending ladder；extension ladder）。可通过滑动部分伸缩的梯子。

3）拼接梯（spliced ladder）。由金属或合成材料制成的多节部件拼接的梯子。

4）挂梯（hook ladder）。装有可拆换或不可拆换挂钩的梯子，挂钩可为固定式，也可为转动式。

5）加长梯（ladder extension）。一个可以拼接到另一梯子上的附加梯子。

6）坐椅（seat）。悬挂于杆塔或构架上，供操作人员坐下操作的椅子。

7）三角梁（triangular beam）。由绝缘管制成的操作平台。附有绳滑轮、座架等构件，给操作人员提供工作位置。

8）平台支点固定装置（platform pivot attachment）。安装在构架上的金属附件，它能使平台或梁架移至工作位置。

9）梁架悬挂附件［girder clamp（saddle）suspension attachment］。固定在构架上的一个金属结构，用来悬吊座椅、梯子等。

10）平台（platform）。由增强合成材料或木材制成的操作平台，固定在支架上，给操作人员提供工作位置。

（10）装卸和锚固器具。

1）绳（rope）。由绝缘材料或非绝缘材料制成的索状工具。

2）吊绳（sling）。一种用于传递工具、材料的绳索工具。

3）绳滑轮组（rope block）。使用绳索进行装卸、起吊、装配的滑轮设备。

4）滑轮（block）。在吊装中用于绳索导向或承担负载的工具。

5）提升吊轭（lifting yoke）。通常由金属制成，为提升重物的滑轮提供挂点。

6）直线卡具（suspension string holder；tool yoke）。通过拉杆放松绝缘子上机械拉力的金属工具。

7）塔臂吊轭（tower arm yoke）。安装在铁塔上，作为提升杆附件的金属工具。

8）耐张卡具（tension string holder anchor）。用来放松耐张串的机械张力的工具。

9）支杆抱箍（support-pole stirrup；wire tong stirrup）。安装在支杆上的金属箍，用来提供辅助接点。

10）带链条的提升式支座［lift-type saddle（lever lift）with chain binder］。固定在支架上的金属附件，与支杆配套使用，用于提升或降低导线。

11）锁定支座（block saddle）。固定在塔上的金属组件，用于系安全绳。

12）圆环支座（ring saddle；rope-snubbing bracket）。固定在支架上的金属组件，可为滑轮或绳索提供悬挂点。

13）支座（saddle）。一种用来固定或控制导线支撑杆（线夹）的金属组件。

14）链接器（chain binder）。用来固定作业杆支座的金属组件，也可用来扎缚各种型式的支撑设备。

15）杆抱箍（pole clamp；stick clamp）。与支撑杆（棒）或支座配套的金属箍，用来夹持或固定工作杆（棒）。

16）伸缩链（chain extension）。用以延长捆扎链的金属链条。

17）伸缩支座（saddle extension）。与杆支座（棒支座）配套的金属座，用来增大间隙距离。

18）闭锁杆抱箍（locking pole clamp；locking stick clamp）。与支撑杆（棒）或支座配套的金属抱箍，用来固定或控制杆件（棒），包括闭锁装置。

19）双杆抱箍（double-pole clamp；double-stick clamp）。用来把两根杆固定在一起的金属箍。

20）自动卡线钳（automatic come-along clamp；wire grip）。用于卡牢导线的金属钳。

21）偏置环（offset eye）。与杆（棒）对接环相连的金属环，以提供吊孔。

22）绝缘叉（insulator fork）。用来固定绝缘子串的工具。通常由合成材料或金属材料制成。

（11）测量试验设备。

1）测力计（dynamometer）。通过计算器或换算表，用来测量机械张力或导线上机械张力变化的仪器。

2）线规［conductor（wire）gauge］。用以测量导线直径的工具。

3）隙规（gap gauge）。用绝缘材料制成，装在万用工作杆上，用于检查和椎定灭弧角间隙距离的工具。

4）测杆（measuring pole or rod；stick）。用于测量长度或间隙距离的绝缘杆。

5）核相仪（phasing tester）。固定在通用操作杆上，用来检查相位的测量工具。

6）表面泄漏电流计（surface leakage tester）。用来检查绝缘工具和材料表面泄漏电流的仪器。

7）验电器（voltage detectors）。用以检查电压是否存在的仪器。

8）无电显示器（no voltage detectors）。当失压时给出可听或可见信号的仪器。

9）湿度计（moisture tester）。用来检测湿度的计量仪表。

10）火花间隙（spark-gap）。用来检测低、零值绝缘子的装置。

（12）液压设备及其他。

1）液压剪（hydraulic cutter）。用液压传动，用以切断导线的工具。

2）液压泵（hydraulic pump）。为各种工具提供液压源的设备。

3）液压钳（hydraulic compression head）。用来压接各种套管和连接管的压力钳。

4）液压软管（hydraulic hose）。液压装置用的弹性软管。

5）带电接头（live line connector；hot line connector）。用来连接引线和导线的接头。

6）反扣接头（tie-back connector）。用来固定导线端头的接头。

7）包带卷绕器（chafe tape winder；armortape winder）。用来给导线敷设金属包带的工具。

8）绑扎线（binding wire；tie wire）。用来把导线可靠地固定到绝缘子上的，与导线材料一致的金属丝。通常是多股导线中的一股线。

9）剥线钳（wire stripper）。用来剥去导线绝缘外皮的工具。

10）绝缘挂钩（insulating hanger）。一端为机械接头，另一端为金属挂钩的管子，用来临时架接跳线。

11）绝缘夹（insulating blanket clamp；clothes pin）。带弹簧的木夹或塑料夹，用于固定绝缘层。

12）工具架（tool rack）。用来整齐地搁置棒、杆等绝缘工具的支架。

（13）支撑装置。

1）提线工具（conductor support assembly）。对导线进行机械支撑的绝缘工具。

2）紧线器（tension puller；dead-end tool）。用来承受导线的机械拉力，以便更换耐张绝缘子串的装置或工具，通常分为液压收紧和螺栓收紧两种方式。

3）绝缘子双拉杆（double tension pole insulator tool）。用来承受绝缘子串机械拉力的绝缘工具，由两根绝缘拉杆组成。

4）绝缘子单拉杆（single tension pole insulator tool）。用来承受双串绝缘子机械拉力的绝缘工具，仅有一根绝缘拉杆。

5）悬垂绝缘子工具（suspension insulator tool）。用来承受悬垂绝缘子串的机械拉力的绝缘工具。

6）绝缘子支撑工具（insulator support assembly）。用来支撑绝缘子串重量的绝缘工具。

7）辅助臂装置（auxiliary arm assembly）。用来临时支撑导线或旁路电缆的杆状装置。

8）防震跳线安装工具（antivibration jumper installation tool）。由绝缘管和金属叉组成，用来与绝缘绳连接，对防震装置进行操作和安装的器具。

9）绝缘托瓶架（insulator cradle）。用绝缘管或棒组成，以便对绝缘子串进行操作的装置。

10）滑轮组件（trolley pose assembly）。由鞍座、滑轮、杆夹钳和绝缘子叉组成，用来移动绝缘子的支撑杆装置。

11）绝缘起重机具（insulating gins）。装配在构架适当位置，由不同的支撑绝缘杆和绝缘工具组成的绝缘旋转吊臂装置。

它们可以用来起吊绝缘子串，以便更换损坏的部件，还可以将导线吊离绝缘子串或起吊带电设备。

12）非绝缘起重机具（non-insulating gins）。装配在构架适当位置，用来起吊或支撑不带电设备的非绝缘装置。它可以安装成旋转吊臂结构或刚性结构。

（14）架线设备。

1）张力机（tensioner；bullwheel；brake；retarder）。架线作业时，用来保持对牵引绳或导线张力的装置。

紧线装置可用于单根导线或多根分裂导线的架线。

2）移动接地（running ground；ground roller；moving ground；rolling ground；fravelling ground；running earth tension pole insulator tool）。用于移动的导线或牵引（引导）钢索接地的轻便装置。

这些装置通常安装在临近位于紧线器任何一端的牵引和张力装置的导线或牵引钢索上。它们主要与其他工具一起，用来确保作业人员的安全。

3）架线滑轮组（string block；block conductor running block；docly，running-out block sheare；stringing sheave；stringing traveller）。由单个或一组滑轮组装成的装置，可单独或成组地使用并悬挂在构架上，以架设导线。

这种装置有时是由牵引绳用的中心滑轮和两个或更多的导线滑轮组成的，用于同时牵引一根以上的导线。为防止导线在作业时损坏，导线滑轮通常以不导电或半导电的氯丁橡胶或聚亚胺脂作为衬里。

4）放线联板（running board；headboard）。架线时用来使一根牵引绳可同时牵引儿根导线的装置。它的形状应是可以在牵引过程中平滑地通过滑轮。连接线板通常在其后部悬挂有一个软的尾摆，以防止导线扭转结在一起。

为防止旋转负荷传到连接线板上，导线和牵引绳通常都是用旋转接头连接到线板上。

5）牵引机（puller；bullwheel）。架线时用来拖拽牵引绳或导线的一种装置。牵引绳在穿过卷线滑轮组后，以较低张力缠绕在收线卷轮上，收线卷轮可以是卷线器大滑轮的一部分，也可以是单独的机械。

6）牵引机卷筒（puller；drum；hoist tugger）。架线时用来拖拽牵引绳或导线的装置。牵引绳直接以较高的张力缠绕在卷线鼓上。可以有多个卷线鼓，每相导线一个。

多鼓卷线器通常用于低压配电线路（交流 1000V 以下）。

（15）接地和短路装置。

1）接地绞线（earthing cable）。与一接地装置相连接的绞线。

2）短路装置（short-circuiting device）。短接回路用的连接装置。

短路装置包括：短路绞线、短路条、连接组、地线线夹和导线线夹。

3）短路绞线（short-circuiting cable）。短路装置的组成部分，用连接线夹接到公共参考点上（例如：一段短路条、一串连接组、一个接地线夹）的绞线。

4）短路条（short-circuiting bar）。短路装置的一个部件，条状或管状硬导体。

5）连接组（connecting cluster）。连接短路绞线的元件，可直接或通过连接杆连接，例如：绞线线鼻相互连接到接地绞线或接地线夹。

6）地线线夹（earth clamp）。连接接地绞线、短路绞线或接地导体或接地极的连接组的元件。

7）导线线夹（line clamp）。带有短路线的线夹，用短路条或导电元件直接或通过连杆连接到导体上（导线、母线或载流线）或连接到永久连接点上。

8）接地棒（earthing stick）。带有一个固定的或可拆卸的连接器的绝缘棒，用来安装导线线夹、短路条或导电元件。

9）导电延伸棒（conductive extension component）。位于绝缘棒与导电线夹之间的硬导体，是接地绞线或接地和短路绞线的延伸体。

10）枪（接地用）［lance（for earthing）］。用于接地和短路的枪状导电棒，靠它纵向推进并引导进入地中。

接地枪是有一截导电部件和一段用于方向保护的绝缘把手，一个接地棒或隔离绝缘元件的连接器构成的。

（16）带电清洗。

1）固定式清洗系统（fixed washing system）。安装在被清洗的绝缘子附近，供水管和喷嘴为固定安装，能在清洗区域之外的地方操作的一套系统。

2）移动式清洗系统（mobile washing system）。供水管和带喷嘴的喷嘴管等部件均为完全活动式的，当需要时，可移至被清洗的绝缘子附近，且可手工操作控制。

3）清洗区域（washing area；washing zone）。水喷射范围之内的区域。

4）集中喷射（full jet）。由喷嘴以柱状射出且以一定距离单独落下的水的喷射。

当水从喷嘴喷出时，可以看到水像透明的闭合的玻璃棒。

5）集中喷射喷嘴（full jet nozzle）。一种产生水的集束喷射的喷嘴。

6）散射喷嘴（spray nozzle）。一种直接产生水的发散的喷射的喷嘴。

7）喷嘴管（nozzle pipe）。连接喷嘴的部件。

8）多用途喷嘴管（multipurpose nozzle pipe）。能产生散射和直接喷射的喷嘴管。

三、其他标准中的专用术语

1.《带电作业工具基本技术要求与设计方法》中的术语

（1）一般工具类。

1）硬质绝缘工具（insulating rigid tool）。以硬质绝缘板、管、棒及各种异型材为主构件制成的工具，包括通用操作杆、承力杆、硬梯、托瓶架、作业平台、滑车、斗臂车、抱杆等。

2）软质绝缘工具（insulating flexible tool）。以柔性绝缘材料为主构件制成的工具，包括各种绳索及其制成品和各种软管、软板、软棒的制成品。

（2）防护用具类。

1）防护用具（protecting tool）。带电作业人员使用的安全防护用具的总称，包括绝缘遮蔽用具、绝缘防护用具和电场屏蔽用具。

2）绝缘防护用具（insulating protecting tool）。用绝缘材料制成的供带电作业人员专用的安全防护用品，包括绝缘手套、绝缘袖套、绝缘鞋、绝缘毯等。

3）电场屏蔽用具（electric field shielding tool）。用导电材料制成的屏蔽强电场的用品，包括屏蔽服装、防静电服装、导电鞋、导电手套等。

4）绝缘遮蔽用具（insulating cover）。用于隔离操作者与带电体，并满足一定绝缘水平的遮蔽用具，包括各种软、硬质的遮蔽罩、挡板、绝缘覆盖物等。

（3）其他类别。

1）绝缘杆（insulating pole）。杆状结构的绝缘件，分为承力杆及操作杆两类。

承力杆是承受轴向导、地线水平张力或垂直荷重的工具，例如紧线拉杆、吊线杆等。

2）载人器具（worker-bearing tool）。承受作业人员体重及随身携带工具重量的承载器具，例如软梯、硬梯、吊篮、斗臂车等。

3）牵引机具（towing tool）。手动或机动产生机械牵引力、起吊力的施力机具，例如紧线丝杠、液压收紧器、卷扬机等。

4）固定器具（卡具）（holding tool）。在承力系统中起锚固作用的非运动器具，例如翼型卡、夹线器、角钢固定器等。

5）载流器具（current-passing tool）。导通交、直流电流的接触线夹及导线的组合体，例如接引线夹、直联线等。

6）消弧工具（arc suppression tool）。具有一定载流量和灭弧能力的携带型开合器具，例如消弧绳、气吹消弧棒等。

7）雨天作业工具（raining working tool）。能在一定淋雨条件下带电作业时使用的专用工具，例如雨天操作杆、防雨吊线杆、水冲洗杆等。

（4）各类系数。

1）安全系数（n）（safety coefficient）。材料的极限应力与许用应力之比，即为安全系数。

2）分配系数（K_f）（distribution coefficient）。两个或两个以上并列受力部件，理论上分配总荷载的系数。

3）不均衡系数（K_b）（unbalance coefficient）。修正均匀分配荷载中可能出现不均衡受力的系数。

4）冲击系数（K_c）（shock coefficient）。在静荷载基础上考虑因运动、操作而产生横向或纵向冲击作用力叠加效果的系数。

2.《交流线路带电作业安全距离计算方法》中的术语

（1）最高运行电压 U_m（highest voltage of a system between two phases）。在正常运行条件下，系统中出现的最高运行电压的有效值（相—相）。

（2）统计过电压 $U_{2\%}$（two per cent statistical overvoltage）。发生概率为2%的过电压。

（3）50%闪络电压 $U_{50\%}$（fifty percent disruptive discharge voltage）。绝缘呈现50%概率闪络的冲击电压峰值。

（4）90%统计耐受电压 $U_{90\%}$（ninety percent statistical impulse withstand voltage）。绝缘呈现90%概率耐受的冲击电压峰值。

（5）最小电气安全距离 D_U（electrical distance necessary to obtain $U_{90\%}$）。能够保证作业间隙呈现90%概率冲击耐受的最小间隙距离。

（6）人体活动范围 D_E（dimension, in the direction of the gap axis, of the operator in the air gap）。人体处于作业间隙的部分在间隙轴线上的投影长度。

（7）最小安全距离 D（minimum approach distance）。作业间隙距离的最小允许值，由最小电气安全距离与人体活动范围组成。

（8）中间电位导体占位长度 F（sum of all dimensions, in the direction of gap axis, of the floating objects in the air gap）。作业间隙中处于中间电位的导体在间隙轴线上的投影长度。

（9）最小组合间隙 S（minimum complex gap）。作业间隙中出现中间电位导体时，该导体占位长度、该导体距等电位间隙距离以及该导体距地电位间隙距离之和的最小允许值。

（10）相地2%统计过电压倍数 k_e（per unit value of the two per cent statistical overvoltage phase to earth）。发生概率为2%的相地过电压倍数。

（11）相间2%统计过电压倍数 k_p（per unit value of the two per cent statistical overvoltage between two phases）。发生概率为2%的相间过电压倍数。

（12）统计安全系数 k_s（statistical safety factor）。带电作业安全距离计算中的统计安全系数。

（13）综合系数 k_t（factor combining different considerations influencing the strength of the gap）。综合表征各种影响间隙绝缘强度因素的系数。

（14）标准偏差系数 k_d（standard statistical deviation factor）。操作冲击放电标准偏差系数。

（15）间隙系数 k_g（gap factor）。表征间隙结构对绝缘强度影响的系数。

（16）海拔修正系数 k_a（atmospheric factor）。表征海拔对绝缘强度影响的系数。

（17）中间电位导体影响系数 k_f（factor consideration influencing the strength of the gap by the floating objects in the air gap）。表征中间电位导体对间隙放电特性影响的系数。

3.《带电作业绝缘配合导则》中的术语

（1）带电作业所要求的绝缘水平（required insulation level for live working）。工作位置所

需的、为减少绝缘击穿危险而提出的一个可接受的低水平的统计冲击耐受电压。

通常认为，这一可接受的低水平是指统计冲击耐受电压值大于或等于不超过2%概率的统计过电压值。

（2）自恢复绝缘（self-restoring insulation）。是指在施加电压而引起破坏性放电后能完全恢复其绝缘性能的绝缘。例如，空气介质就是一种自恢复绝缘。

（3）非自恢复绝缘（non-self-restoring insulation）。是指在施加电压而引起破坏性放电后即丧失或不能完全恢复其绝缘性能的绝缘。例如，环氧玻璃纤维材料就是一种非自恢复绝缘。

（4）统计冲击耐受电压（statistical impulse withstand voltage）。一个给定的绝缘结构的耐受概率为例如参考概率90%的冲击试验电压峰值。

这一概念适用于自恢复绝缘。

（5）统计过电压 U_s（statistical over-voltage）。发生概率为2%的过电压。

4.《带电作业工具、装置和设备质量保证导则》中的术语

（1）抽样方案（sampling plan）。被测样本大小的组合以及相关联的可接受标准。

（2）检查水平（inspection level）。确定产品批量和样品数量之间关系的水平。

（3）危险缺陷（critical defect）。根据判断和经验表明这种缺陷很可能导致使用、维修或依赖这种产品的人处于危险或不安全环境，或这种缺陷很可能影响主要端部零配件，诸如带电作业工器具的工作性能。

（4）主要缺陷（major defect）。与危险缺陷不同，这种缺陷可能会导致失效或大大降低产品原有的使用功能。

（5）次要缺陷（minor defect）。这类缺陷不大可能导致产品原有性能的严重受损，它与已有的相关标准有一定的偏差，而对产品的有效使用或运行稍有影响。

（6）质量验收水平［acceptance quality limit（AQL）］。抽检样品中次品的最大百分比（或每100个试品中出现次品的最大数目）作为产品的平均水平，它是令人满意的。

（7）批量大小（lot size）。与标准相一致的一个批量被评估的单元数量。

（8）样品单元（sample item）。一个同类单元总体里的单独单元之一，或一个单体的一部分，是在同一地点同一时间抽取的。这些样品单元是被随机选出，而不涉及其品质优劣。

（9）样品大小（sample size）。样品单元的数量。

（10）型式试验（type test）。对一个或多个产品样本进行的试验，以证明产品符合设计任务书的要求。

（11）例行试验（routine test）。对每一产品在制造中或制造后所进行的试验，以确定其符合设计标准与否。

（12）抽样试验（sampling test）。对样品进行的试验。

（13）验收试验（acceptance test）。用以向用户证明产品符合其技术条件中的某些条款而进行的一种合同性的试验。

5.《带电作业工具、装置和设备预防性试验规程》中的术语

（1）预防性试验（preventive test）。为了发现带电作业工具、装置和设备的隐患，预防发生设备或人身事故，对工具、装置和设备进行的检查、试验或检测。

（2）交流耐压试验（a. c. withstand voltage test）。是指对绝缘施加一次相应的额定工频耐受电压（有效值）。交流耐压试验分为短时耐受试验和长时间耐受试验，一般220kV及以下电压，采用短时工频耐受电压试验；330kV及以上电压，采用长时间工频耐受电压试验。

（3）直流耐压试验（d. c. withstand voltage test）。是指对绝缘施加一次相应的额定直流耐受电压，其持续时间一般为3min。

（4）操作波耐压试验（switching impulse withstand voltage test）。是指对绝缘施加规定次数和规定值的操作冲击电压。需要施加较多次数的操作冲击电压，以检验在可接受的置信度下实际的统计操作冲击耐受电压不低于额定操作冲击耐受电压。试验时对绝缘施加15次规定波形为250/2500μs的额定冲击耐受电压，在绝缘上未出现破坏性放电，则试验通过。

（5）泄漏电流试验（leakage current test）。是检查绝缘内部缺陷的一种试验，施加的电压可以为交流或直流，通常泄漏电流的测量与耐压试验同时进行，泄漏电流用毫安表或微安表测量。

（6）静负荷试验（quiet load test）。为了考核带电作业工具、装置和设备承受机械载荷（拉力、扭力、压力、弯曲力）的能力所进行的试验。静负荷一般指额定负荷。

（7）动负荷试验（shock load test）。在静荷载基础上考虑因运动、操作而产生横向或纵向冲击作用力的机械载荷试验。

（8）整体电压试验（normal voltage test）。按试验电压标准，对绝缘工具整体进行的电压试验。

（9）分段试验（piecewise test）。对绝缘工具分段、按规定系数施加电压的试验。

第二节　方法与要求

一、带电作业工具基本技术要求与设计方法

1. 《带电作业工具基本技术要求与设计方法》编制原则

《带电作业工具基本技术要求与设计方法》适用于以绝缘管、绝缘杆和绝缘板为主绝缘材料制成的硬质绝缘工具和以绝缘绳索为主绝缘材料制成的软质绝缘工具。《带电作业工具基本技术要求与设计方法》规定了绝缘工具的技术要求、试验方法、检验规则、保管及储存等。

（1）GB 13398—2003《带电作业用空心绝缘管、泡沫填充绝缘管和实心绝缘棒》和GB/T 13035—2003《带电作业用绝缘绳索》标准，主要规定了制作带电作业工具的绝缘材料要求，以及材料的电气性能和机械性能试验方法。而两标准中不再涉及不同电压等级的绝缘工具的最小长度要求及成型工具的电气、机械试验。而《带电作业用绝缘工具的技术要求及试验方法》主要涉及不同电压等级的成型工具的电气和机械试验要求和方法。

（2）结合我国输电线路的发展，该标准相应增加了500kV直流线路和750kV交流线路带电作业绝缘工具的最小有效绝缘长度及电气试验。在型式试验中，包括工频耐压试验、操作冲击耐压试验、泄漏电流试验。在预防性试验中，包括工频耐压试验和操作冲击耐压试验。

（3）对10～500kV交流带电作业工具，最小有效绝缘长度的规定与DL 409—1991中

的规定相同。而对于 500kV 直流和 750kV 交流带电作业工具的最小有效绝缘长度，是通过大量的试验和安全性计算校核得出。规定 500kV 直流工具的绝缘长度分别为：操作杆的绝缘长度为 3.7m，承力工具的绝缘长度为 3.4m。750kV 交流工具的绝缘长度分别为：操作杆为 5.0m，承力工具为 5.0m。

（4）对 10～220kV 电压等级的绝缘工具，与 DL 409—1991 中的规定相同，不进行操作冲击耐压试验。试验长度及耐压时间与 DL 409—1991 中的规定相同。对防潮型绝缘工具，在型式试验中还需进行泄漏电流试验。

（5）对 330～750kV 超高压线路带电作业用绝缘工具，需进行工频耐压和操作冲击耐压试验。根据 IEC 对工具进行耐压试验的相关标准《绝缘试验导则》，在预防性试验中，耐压时间由原来的 5min 改为 3min，之所以减少到 3min，除了与国际标准的规定相一致外，还考虑到由于绝缘工具在长期的例行性试验之后，由高电场的长期积累效应可能导致工具的老化，造成工具的绝缘性能下降。因此，对 330kV 及以上电压等级的交直流绝缘工具，在预防性试验中，不仅耐压值降低，而且耐压时间减少；而在型式试验中的耐压时间仍保持为 5min，因为型式试验是对工具的结构、材料、尺寸的综合考核，需通过更严格条件下的考核，以发现潜在的故障和缺陷。而且进行过型式试验的样品也不再在工作中应用，对防潮型硬质绝缘工具，在型式试验中还需进行泄漏电流试验。

（6）对组合绝缘的水冲洗工具、清扫工具，应在模拟实际工作状况下进行电气试验。与 DL 409—1991 中的规定相同，施加电压为 $\sqrt{3}U_{ph}$，在 5min 的耐压试验中，泄漏电流应小于 1mA。

（7）在 500kV 直流带电作业工具的操作冲击试验中，考虑最高工作电压（极电压）为 515kV，最大过电压倍数为 1.7p.u.，海拔修正系数为 0.91（海拔 1000m 及以下），另在型式试验中，型式试验系数为 1.1。因此，确定型式试验中施加操作冲击耐受电压为 1060kV，预防性试验中操作冲击耐受电压为 970kV，冲击次数为 15 次，波形为标准操作冲击波。在直流耐受试验和泄漏电流试验中，考虑最高工作电压并进行海拔校正后，型式试验耐压值为 622kV，耐压时间为 5min；预防性试验耐压值为 565kV，耐压时间为 3min。

（8）在 330～750kV 带电作业工具的试验中，需进行操作冲击耐压和工频耐压试验。在操作冲击试验中，最高工作电压分别取 363、550、800kV，最大过电压倍数分别为 2.2、2.18、1.8p.u.。海拔修正系数为 0.91（海拔 1000m 及以下），型式试验系数为 1.1，耐压次数 15 次。在工频耐压试验中，根据大量的计算及实测数据，取线路上的工频暂时过电压为 1.4～1.5 倍最高运行相电压，再取 10% 的安全裕度，以确定工频耐压试验值。耐压时间为：型式试验 5min，预防性试验 3min。

（9）根据 GB 16927.1～2—1997《高电压试验技术》的规定，考核 3～220kV 设备在暂时过电压和操作过电压下的绝缘性质，一般用短时（1min）工频试验来校核。在本标准中，对 3～220kV 绝缘工具的试验，仍然采用与 DL 409—1991 中同样的规定，不作增补和变动。

（10）对绝缘工具机械性能的试验，明确规定了型式试验和预防性试验的不同要求。在型式试验中，仍采用与 DL 409—1991 中相同的规定。对于预防性试验，规定静负荷试验为 1.2 倍额定负荷，动负荷试验为 1.0 倍额定负荷下操作 3 次。要求机构动作灵活，无卡住现象。对于各种专用工具，其抗拉、抗扭、抗弯、抗挤压等的试验方法，参照各专用工具的试验标准。

（11）参照 GB 16927.1—1997《高电压试验技术　第1部分：一般试验要求》，对工频耐压、操作冲击耐压、淋雨试验等试验方法给出了具体说明，对试验条件和试验要求也给出了具体规定。

（12）另外，本标准还对绝缘工具的检验规则、包装、保管及储存等给出了具体的规定。

2.《带电作业工具基本技术要求与设计方法》内容解读

（1）带电作业工具选材原则。

1）绝缘材料电气性能指标要求。本方法推荐环氧树脂玻璃纤维增强型复合材料和蚕丝绳、锦纶（尼龙）绳等作为制作带电作业工具的主绝缘材料；推荐橡胶、硅橡胶、塑料及其制成品等作为带电作业工具的辅助绝缘材料，表3-1~表3-9列出了部分绝缘材料的主要电气性能指标。

a. 绝缘板材。绝缘板材的主要电气性能指标见表3-1。

表3-1　　　　　　　　　　绝缘板材电气性能指标要求

参　　数		指　　标
表面电阻系数 （Ω）		常态≥1.0×10^{13}
		浸水≥1.0×10^{11}
体积电阻系数 （Ω·cm）		常态≥1.0×10^{13}
		浸水≥1.0×10^{11}
平行层向绝缘电阻 （Ω）		常态≥1.0×10^{10}
		浸水≥1.0×10^{8}
50Hz 介质损失角正切		<0.01
垂直层向击穿强度[①] （kV/mm）	厚度为0.5~1mm	≥22
	厚度为1~2mm	≥20
	厚度为2.1~3mm	≥18
	厚度>3mm	≥17
平行层击穿强度[①]　（kV）		≥30

① 置于90℃±2℃的变压器油中。

b. 绝缘管材。绝缘管材的主要电气性能指标见表3-2。

表3-2　　　　　　　　　　绝缘管材电气性能指标要求

参　　数	指　　标
体积电阻系数 （Ω·cm）	常态≥1.0×10^{12}
	浸水≥1.0×10^{10}
平行层向绝缘电阻 （Ω）	常态≥1.0×10^{10}
	浸水≥1.0×10^{7}
50Hz 介质损失角正切	<0.01

续表

参　数		指　标
垂直层向 5min 耐受电压[①] （kV/mm）	壁厚为 1.5mm	>7[②] >12[③]
	壁厚为 2.0mm	>10[②] >14[③]
	壁厚为 2.5mm	>13[②] >16[③]
	壁厚为 3.0mm	>15[②] >18[③]

[①] 置于 90℃±2℃的变压器油中。

[②] 绝缘管材内径为 6～25mm。

[③] 绝缘管材内径不小于 26mm。

　　c. 泡沫填充绝缘管。泡沫填充绝缘管的主要电气性能指标见表 3 - 3。

表 3 - 3　　　　　　　　　　泡沫填充绝缘管电气性能指标要求

参　数	指　标	参　数	指　标
干燥状态泄漏电流[①] （μA）	<10	1h 淋雨试验[③]	无滑闪、击穿、烧伤及 明显温升
168h 受潮后泄漏电流[②] （μA）	<21		

[①] 100kV，管径 32mm，管长 300mm。

[②] 100kV，管径 32mm，管长 300mm。

[③] 100kV，管长 1m，雨量 1～1.5mm/min，水电阻率 100Ω·m。

　　d. 绝缘棒材。绝缘棒材的主要电气性能指标见表 3 - 4。

表 3 - 4　　　　　　　　　　绝缘棒材电气性能指标要求

参　数	指　标	参　数	指　标
平行层向绝缘电阻 （Ω）	常态≥1.0×10¹⁰	平行层击穿强度[①] （kV）	>15
	浸水≥1.0×10⁷		

[①] 置于 90℃±2℃的变压器油中。

　　e. 绝缘绳索。绝缘绳索的主要电气性能指标见表 3 - 5。

表 3 - 5　　　　　　　　　　绝缘绳索电气性能指标要求

参　数	指　标	参　数	指　标
常规型绝缘绳索高湿度下泄漏电流[①] （μA）	≤300	防潮型绝缘绳索浸水后工频泄漏电流[③] （μA）	≤500
防潮型绝缘绳索持续高湿度下 工频泄漏电流[②]（μA）	≤100	防潮型绝缘绳索淋雨工频闪络电压[④] （kV）	≥60

续表

参　数	指　标	参　数	指　标
防潮型绝缘绳索50%断裂负荷拉伸后，高湿度下工频泄漏电流[②]（μA）	≤100	防潮型绝缘绳索经磨损后，高湿度下工频泄漏电流[②]（μA）	≤100
防潮型绝缘绳索经漂洗后，高湿度下工频泄漏电流[②]（μA）	≤100	工频干闪电压[⑤]（kV）	≥170

① 相对湿度90%，温度20℃，24h，施加工频电压100kV，试品长度0.5m。
② 相对湿度90%，温度20℃，168h，施加工频电压100kV，试品长度0.5m。
③ 水电阻率100Ω·m，浸泡15min，抖落表面附着水珠，施加工频电压100kV，试品长度0.5m。
④ 雨量1~1.5mm/min，水电阻率100Ω·m。
⑤ 试品长度0.5m。

　　f. 绝缘橡胶。绝缘橡胶的主要电气性能指标见表3-6。

表3-6　　　　　　　　　　　　绝缘橡胶电气性能指标要求

参　数	指　标		参　数	指　标	
交流耐受电压（kV）	厚度为1.4mm±0.3mm	>10	直流耐受电压（kV）	厚度为1.4mm±0.3mm	>40
	厚度为2.2mm±0.3mm	>20		厚度为2.2mm±0.3mm	>40
	厚度为2.8mm±0.3mm	>30		厚度为2.8mm±0.3mm	>70

　　g. 热塑性塑料。热塑性塑料的主要电气性能指标见表3-7。

表3-7　　　　　　　　　　　　热塑性塑料电气性能指标要求

参　数	指　标	参　数	指　标
表面电阻系数（Ω）	≥1.0×10^{12}	50Hz介质损失角正切	<0.01
体积电阻系数（Ω·cm）	≥1.0×10^{11}	击穿强度（kV/mm）	>15

　　h. 高分子聚合物塑料薄膜。高分子聚合物塑料薄膜的主要电气性能指标见表3-8。

表3-8　　　　　　　　　　　高分子聚合物塑料薄膜电气性能指标要求

参　数	指　标
体积电阻系数（Ω·cm）	≥1.0×10^{15}

　　i. 绝缘漆。绝缘漆的主要电气性能指标见表3-9。

表3-9　　　　　　　　　　　　绝缘漆电气性能指标要求

参　数	指　标	参　数	指　标
表面电阻系数（Ω）	≥1.0×10^{12}	体积电阻系数（Ω·cm）	常态≥1.0×10^{14}
			浸水≥1.0×10^{13}

2）绝缘材料理化指标要求。

a. 密度。带电作业常用的环氧树脂玻璃纤维增强复合型绝缘材料的密度，是间接反映同类型材料机电性能的综合性指标。制作带电作业工具的这类材料的密度，一般不得低于表3-10的要求。

表3-10　　　　　　　　　　　绝缘材料密度指标要求

参　　数		指　　标
承力、载人器具的主绝缘部件密度（g/cm³）	板材	≥1.8
	管材	≥1.6
	棒材	≥1.7

b. 吸水性。绝缘材料的吸水性要求见表3-11。

c. 马丁耐热性。绝缘材料的丁耐热性要求见表3-12。

表3-11　绝缘材料吸水性指标要求　　%

种　　类	指　　标
绝缘板、棒材	≤0.1
绝缘管材	≤0.2
雨天作业工具的外表材料	≤0.02

表3-12　绝缘材料马丁耐热性指标要求　　℃

种　　类	指　　标
承力、载人器具的绝缘材料	≥200
非承力工具的主绝缘材料	≥100

d. 绝缘绳索的初始延伸率。软梯、滑车组、保护绳用绝缘绳索的初始延伸率要求见表3-13。

满足上述初始延伸率的绳索，应施加2.5倍以上使用荷载拉出初伸长，卸载后的残留延伸率不得超过表3-14数值。

表3-13　绝缘绳索初始延伸率指标要求　　%

种　　类	指　　标
天然纤维绳索	≤20～44
合成纤维绳索	≤40～58
高机械强度绝缘绳索	≤20

表3-14　绝缘绳索残留延伸率指标要求　　%

种　　类	指　　标
软梯、滑车组用绝缘绳索	≤10
保护绳、传递绳	≤15
拉、吊绳	≤20

3）绝缘材料机械性能指标要求。

a. 制作承力及载人工具的绝缘板材。制作承力及载人工具的绝缘板材的机械性能指标要求见表3-15。

表3-15　　　　　　　　　　　绝缘板材机械性能指标要求

参　　数	指　　标	参　　数	指　　标
抗张强度（N/cm²）	纵向≥35 000	抗冲击强度（N·cm/cm²）	纵向≥1500
	横向≥2500		横向≥1000
抗弯强度（N/cm²）	纵向≥40 000		
	横向≥3000		

b. 制作承力及载人工具的绝缘管材。制作承力及载人工具的绝缘管材的机械性能指标要求见表 3-16。

c. 制作承力及载人工具的绝缘棒材。制作承力及载人工具的绝缘棒材的机械性能指标要求见表 3-17。

表 3-16　绝缘管材机械性能指标要求

N/cm²

参　　数	指　　标
抗张强度	≥18 000
抗弯强度	≥1500
抗压强度	≥7000

表 3-17　绝缘棒材机械性能指标要求

N/cm²

参　　数	指　　标
抗张强度	≥20 000
抗弯强度	≥35 000

d. 绝缘绳索的抗张强度。绝缘绳索的抗张强度要求见表 3-18。

表 3-18　　　　　各类绝缘绳索抗张强度要求

N/cm²

种　　类	指　　标	种　　类	指　　标
天然纤维绳索	≥8300	高机械强度绝缘绳索	≥22 100
合成纤维绳索	≥11 000		

e. 制作绝缘防护用具的高分子聚合物塑料薄膜。高分子聚合物塑料薄膜的机械性能指标要求见表 3-19。

表 3-19　　　　　高分子聚合物塑料薄膜机械性能指标要求

参　　数	指　　标
抗张强度（N/cm²）	≥1000

4）选材原则。

a. 承力工具。

a）用于承力工具的层压绝缘材料，其纵向和横向都应具有较高的抗张强度，但横向强度可略低于纵向，两者之比可控制在 1.5∶1 以内。

b）用于承力工具的绝缘材料，应具有较好的纵向机械加工和接续性能，在连接方式确定后，材料应具有相应的抗剪、抗挤压及抗冲击强度。

c）绝缘承力部件只能选用纵向有纤维骨架（玻璃纤维或其他高强度不导电纤维）的层压及模压、卷制及引拔工艺生产的环氧树脂复合材料。严禁使用无纤维骨架的纯合成树脂材料（例如塑料硬板）制作承力部件。

d）用于承力工具的金属材料，除高强度铝合金外，不允许使用其他脆性金属材料（例如一般铸铁）。

b. 载人器具。

a）承受垂直荷重的部件（例如挂梯、软梯、蜈蚣梯）应选用有较高抗张强度（抗压强度）的绝缘材料制作，承受水平荷重的横置梁型部件（例如水平硬梯、转臂梯）则应选用具有较高抗弯强度的绝缘材料制作。

b）硬质载人工具，推荐采用环氧树脂玻璃布层压板、矩形管及其他模压异形材制作，严禁使用无纤维骨架的绝缘材料制作载人工具。

c）软质载人工具及其配套索具，推荐采用具有一定阻燃性、防水性的桑蚕丝绳索、锦纶绳索及锦纶帆布制作。

d）载人工具的承力金属部件也应按承力工具的要求选材。

e）斗臂车的动力底盘应有良好的稳定性、越野性，在海拔1000m以上地区使用的斗臂车还应具备在高原行驶和作业中不会熄火的性能。

f）斗臂车的绝缘臂应选择绝缘性能优良、吸水性低的整体玻璃钢管（圆形或矩形）制作；在高原地区使用的斗臂车，海拔每增加1000m，整体绝缘水平应相应增加10%。

g）斗臂车的液压动力装置应具备回转、伸缩、变幅等两种以上同时工作的操作性能，各种操作具有良好的微调性和稳定性。

c. 托瓶工具。制作托瓶工具材料的选用原则，可参照上述硬质载人工具的有关要求。

d. 牵引机具。

a）金属机具的承力部件（例如丝杠的螺旋体和螺线，液压工具的活塞杆）应选用抗张强度高、有一定冲击韧性及耐磨性的优质结构钢制作，其他非承力部件（例如外壳、手柄），可选用较轻便的铝合金制作。

b）绝缘机具应按其发力方式（例如杠杆装置、扁带收紧装置、滑车组），选用有相应机械强度的绝缘材料制作主要发力部件（例如滑车的承力板及带环板应用3240绝缘板制作）。

e. 固定器具（卡具）。

a）凡具有双翼力臂的卡具，除个别荷载较小的允许使用绝缘材料制作外，一般都应选用高强度铝合金或结构钢制作。

b）由塔上电工和等电位电工安装使用的卡具，应优先选用轻合金材料（例如高强铝合金）制作。

c）无强力臂作用或塔下电工安装使用的各类固定器，可选用一般金属材料制作，但不允许使用铸铁等脆性材料（可锻铸铁除外）。

f. 绝缘操作杆（含绝缘夹钳）。

a）较长的操作杆可选用不等径塔型连接方式的环氧树脂玻璃布空心管及泡沫填充管制作，短的操作杆则可用等径圆管制作。

b）绝缘操作杆的接头及堵头应尽可能使用绝缘材料（例如环氧树脂玻璃布棒）制作。一般也允许使用金属制作活动接头，其选材应注重耐磨性及防锈蚀性。

c）10kV及以下电压等级的手持操作杆应考虑全部使用绝缘材料制作（销钉等较小部件除外）。

g. 通用小工具。一般小工具应根据工具的功能选用金属或绝缘材料制作。有冲击性操作的小工具（例如开口销拔出器）应选用优质结构钢制作。1kV及以下电压等级通用小工具应尽可能使用绝缘材料制作，或者采用金属骨架外包覆绝缘护套的方法制作。

h. 载流工具。

a）接触线夹应按其接触导线的材质分别选用铸造铝合金或铸造铜基合金制作，接触线夹的螺栓部件可选用防蚀性较好的结构钢制作。

　　b）载流导体通常选用编织型软铜线或多股挠性裸铜线制作。10kV 及以下电压等级的载流引线应使用有绝缘外皮的多股软铜线制作。

　　i. 消弧工具。

　　a）消弧绳一般选用具有阻燃性、防潮性的桑蚕丝绳索或锦纶绳索制作，其引流段应选用编织软铜线制作，导电滑车应全部选用导电性能良好的金属材料制作。

　　b）自产气消弧棒的产气管体一般选用有机玻璃管或其他产气管（例如刚纸管）制作。依靠外施压缩空气消弧者，应采用耐内压强度高的绝缘管材制作绝缘储气缸。

　　j. 索具。作主绝缘的索具应选用桑蚕丝绳索或锦纶复丝绳索制作；专用绝缘滑车套推荐选用编织定型圆绳制作；地面使用的围栏绳可采用塑料绳或其他绳索。

　　k. 水冲洗工具及雨天作业工具。可使用玻璃纤维引拔棒 – 硅橡胶复合型绝缘管制作工具主体，主体工具上的防雨罩可选用硅橡胶等材料制作。

　　l. 绝缘遮蔽用具。

　　a）硬质绝缘隔板推荐采用环氧树脂玻璃布层压板及玻璃纤维模压定型板制作。

　　b）软质绝缘隔板、罩及覆盖物，推荐采用绝缘性能良好、非脆性、耐老化的橡胶制作。低压（220V 及以下）隔离套可用一般绝缘橡胶制作。

　　m. 电场屏蔽用具。

　　a）屏蔽服装及防静电服装应选用不锈钢纤维（或其他导电纤维、导电细金属丝）与阻燃性良好的天然纤维或合成纤维的衣料制作。

　　b）屏蔽服装的上衣、裤子、帽子、手套、袜子及导电鞋垫，均应选用屏蔽效率高、电阻小、有足够载流量的屏蔽衣料制作。导电鞋的鞋底应采用导电橡胶制作。

　　c）屏蔽服装各部的导电连接线应采用有足够机械强度、足够载流量及防锈蚀性好的多股软铜线制作。

　　n. 绝缘防护用具。

　　a）绝缘服、绝缘披肩、绝缘毯外表层应选用憎水性好、防潮性能好、沿面闪络电压高并具有足够机械强度的材料；内衬材料应选用高绝缘性能（特别是层向击穿电压高）、憎水性好、柔软并具有一定机械强度的塑料薄膜材料。

　　b）绝缘袖套、绝缘手套、绝缘靴、橡胶绝缘毯（垫）一般应选用绝缘性能良好、耐老化、具有足够机械强度的橡胶类材料制成。

　　（2）机械设计原则及要求。

　　1）带电作业气象条件组合。组合气象条件是带电作业工具机械设计的主要依据，合理选择气象条件组合，可提高工具的通用性，降低工具的重量。

　　带电作业工具一般按下列三类组合气象区进行机械设计，特殊地区可按具体情况另行组合。全国通用的带电作业工具，则应按表 3 – 20 中三个气象区中最苛刻的气象条件作设计。

表 3 – 20　　　　　　　　　　　各气象区气象条件

气象区域	Ⅰ	Ⅱ	Ⅲ	气象区域	Ⅰ	Ⅱ	Ⅲ
最低气温（℃）	－25	－15	－5	最大风速（m/s）	10	10	10

使用在覆冰地区的带电作业工具，机械设计中还应适当考虑一定厚度的覆冰后的综合风压。

2）工具额定设计荷重。工具的机械强度按额定设计荷重设计、验算。额定荷重按工具预期适用范围确定，并尽可能形成系列。不能形成系列的额定设计荷重按以下推荐的方法确定。

a. 紧线工具的额定设计荷重（P_s）。本标准推荐按导线机械特性曲线确定常规紧线工具额定荷重的计算方法（一般情况下，可不再考核过牵引引起的附加荷重）。

a）代表档距（L_D）。按工具的预期通用范围（以导线总张力为基础）选择有代表性的典型线路或线段，根据其线路档距明细表选取满足 95% 通用范围（除个别孤立档外）并最接近临界档距的代表档距 L_D，作为确定带电作业中最大导线应力（σ_d）的依据。

b）导线应力及其修正。若导线特性曲线中"安装条件"下的气象条件与带电作业组合气象条件相差无几时，可直接使用安装曲线按 L_D 确定最大导线张力 σ_d（N/mm²），若两种条件相差较大，则将两种气象条件的参数代入导线状态方程修正应力，表达为

$$\sigma_d \frac{L_D^2 g_d}{24\beta\sigma_d^2} = \sigma \frac{L_D^2 g}{24\beta\sigma^2} - \frac{\alpha}{\beta}(t_d - t) \qquad (3-1)$$

式中　σ_d、g_d、t_d 和 σ、g、t——分别为"带电作业"和"安装条件"两种组合气象条件下的应力、导线比载、气温；

α 和 β——导线温度线膨胀系数和弹性伸长系数。

c）悬挂点应力修正。导线弛度点的应力一般较导线悬挂点低 6%～8%，可乘以 1.1 系数予以修正。

d）工具额定设计荷重 P_s 按式（3-2）计算并取为整数

$$P_s = 1.1nS\sigma_d \qquad (3-2)$$

式中　S—— 一条导线的全截面积（钢芯铝绞线则为铝部与钢芯两部分截面之和，即综合截面积）；

n——作用于工具上的导线根数。

e）孤立档或大跨越档紧线工具特殊荷重的确定原则。一般孤立档的张力不会超过紧线工具的额定设计荷重（但应经过验算），该工具可在孤立档上通用。特殊大跨越耐张段的工具，应根据大跨越段的实际张力确定设计荷重，设计专用的紧线工具。

b. 吊线工具的额定设计荷重（Q_S）。本导则推荐按线路最大垂直档距中的垂直及水平荷重确定吊线工具额定设计荷重的方法（即水平荷重不按水平档距确定）。

a）垂直档距（L_C）按吊线工具预期通用范围选择典型线路或线段（大跨越除外）的最大垂直档距，作为确定导线最大垂直荷重及水平荷重的依据。

b）垂直荷重按导线自重比载 g_1（或覆冰时的综合比载 $g_1 + g_2$）依式（3-3）计算

$$G = g_1 L_C \text{ 或 } G = (g_1 + g_2)L_C \qquad (3-3)$$

c）风压荷重按 10m/s 风速计算导线的风压比载 g_3（含覆冰层增加的风压比载）依式（3-4）计算

$$T = g_3 L_C \qquad (3-4)$$

d）工具额定设计荷重按式（3-5）计算取整数

$$Q_S = \sqrt{G^2 + T^2} \qquad (3-5)$$

　　e）大跨越档内使用的吊线工具，按实际荷重参照以上步骤确定额定设计荷重，设计专用吊线工具。

　　c. 载人工具的额定设计荷重（Q_{rs}）。

　　a）人体重量，按每人 $G_1 = 700N$ 标准体重计算。

　　b）携带工具用品的重量，按每人 $G_2 = 150N$ 计算。

　　c）载人工具的冲击系数 K_c，一般按表 3-21 取值。

表 3-21　　　　　　　　　　　载 人 工 具 冲 击 系 数

载 人 工 具	冲 击 系 数	载 人 工 具	冲 击 系 数
垂直攀登	1.6~2.0	骑飞车	1.8
水平迁移	1.5	机动提升	2.5

　　d）载人工具的荷重按 $Q_r = (70 + 15)n = 85n$ 计算。其中，n 为工具允许载人的人数。

　　e）载人工具的额定设计荷重按式（3-6）计算取整数

$$Q_{rs} = K_c Q_r \qquad (3-6)$$

　　f）斗臂车的额定设计荷重在考虑以上人体和随身携带工具的荷重外，还应考虑作业斗的自重。斗臂车若兼作起重吊车（包括允许带电起吊导线工作），应按照额定起吊重量和冲击系数的乘积作为额定设计荷重。

　　d. 托瓶架的额定设计荷重（Q_{ts}）。

　　a）绝缘子串自重按预期通用范围内的最高吨位绝缘子的自重 G_j 及最大串长片数 n，取整数。

　　b）冲击系数 K_c 按表 3-22 取值。

表 3-22　　　　　　　　　　　托瓶架荷重冲击系数

设 备 名 称	冲击系数	设 备 名 称	冲击系数
在托瓶架上单个更换绝缘子	1.1	在托瓶架上整串拖动绝缘子（滑动）	1.6
在托瓶架上整串拖动绝缘子（滚动）	1.2	随托瓶架整体起落绝缘子	1.8~2.0

　　c）托瓶架的额定设计荷重按式（3-7）计算取整数

$$Q_{ts} = K_c n G_j \qquad (3-7)$$

　　e. 其他工具的额定设计荷重。

　　a）与承力工具配套的牵引机具，按以上 a 项及 b 项确定的额定设计荷重加大 1.2 倍确定额定设计荷重，其他牵引机具可向有关工具的系列额定荷重标准靠拢确定。

　　b）与承力工具配套的卡具、夹具，按以上 a 项及 b 项确定的额定设计荷重确定，其他卡具、夹具向有关工具的系列额定荷重标准靠拢确定。

　　c）手持操作工具的额定冲击荷重根据经验按表 3-23 取值。

表 3-23　　　　　　　　　手持操作工具额定冲击荷重　　　　　　　　　N·cm

操 作 工 具	额定冲击荷重	操 作 工 具	额定冲击荷重
拔开口销	1000	敲击性工作	500

d）手持操作工具额定扭转荷重根据经验按表 3 – 24 取值。

表 3 – 24　　　　　　　　　　手持操作工具额定扭转荷重　　　　　　　　　　N·cm

操　作　工　具	额定扭转荷重	操　作　工　具	额定扭转荷重
拆装螺母	1000	取弹簧销（旋转型）	300
拧绑线结	300	扳动紧线丝杠	2500

e）手持操作工具（夹钳）的额定握力为 1000N。

3）各种材料的许用应力。

a. 塑性材料与脆性材料。按材料延伸率 δ 的数值划分，$\delta \leqslant 5\%$ 的为脆性材料，$\delta > 5\%$ 的为塑性材料。带电作业经常使用的玻璃纤维 – 环氧树脂复合材料一般作为脆性材料对待，绝缘绳索和塑料薄膜为塑性材料，$LC_4 C_5$ 铝合金的 $\delta = 5\%$，视为脆性材料。

b. 各种安全系数 n 取值。

a）塑性材料取屈服极限 σ_s（或条件屈服极限 $\sigma_{0.2}$）为极限应力计算许用应力，即 $[\sigma] = \sigma_s / n_s$，$n_s$ 为塑性材料安全系数，可按表 3 – 25 取值。

表 3 – 25　　　　　　　　　　塑 性 材 料 安 全 系 数

种　　类	安 全 系 数	种　　类	安 全 系 数
轧、锻件	1.5 ~ 2.2	铸钢件	1.8 ~ 2.5

当构件承受动荷重或冲击荷重时，n_s 取值还应再增加 1.5 ~ 2 倍。

b）脆性材料取拉伸破坏强度 σ_b 为极限应力计算许用应力，即 $[\sigma] = \sigma_b / n_c$，$n_c$ 为脆性材料安全系数，一般取 $n_c = 2.0 ~ 3.5$。

当构件承受动荷重或冲击荷重时，n_c 取值还应再增大 1.5 ~ 2.0 倍。

c）绝缘绳索因延伸率较大，一般安全系数取 $n = 4 ~ 5$，取绳索的额定拉断应力为极限应力计算许用应力。

c. 分配系数 K_f 取值。在 n 个并列件均匀分配总荷重时的取 $K_f = 1/n$；2 个并列件不均匀分配总荷重时，K_f 按并列件的计算力臂比取值。

d. 不均衡系数 K_b 取值。一般取 $K_b = 1.1$，受力部件按总荷重作 n 次分配时，取 $K_b = 1.1^n$。

冲击效应一般可在确定材料安全系数时考虑（详见 b 项）。个别情况下也可在确定构件荷重时考虑。冲击受力特别严重的部件必要时可作双重考虑。冲击系数一般取值为 $K_c = 1.2 ~ 1.8$。

金属材料的剪切、挤压、弯曲、扭转等许用应力一般应按照生产厂家或有关技术手册提供的具体数据计算确定。特殊情况可按拉伸许用应力与这些应力间的近似关系参照表 3 – 26。

表 3 – 26　　　　　　　　　　许 用 应 力 近 似 关 系

材料性质	弯曲 $[\sigma_w]$	剪切 $[\tau_q]$	挤压 $[\tau_{jy}]$	扭转 $[\tau_1]$
塑料材料	1.0 ~ 1.2 $[\sigma]$	0.6 ~ 0.8 $[\sigma]$	1.5 ~ 2.5 $[\sigma]$	0.5 ~ 0.6 $[\sigma]$
脆性材料	1.0 $[\sigma]$	0.6 ~ 0.8 $[\sigma]$	0.9 ~ 1.5 $[\sigma]$	0.8 ~ 1.0 $[\sigma]$

绝缘层压板、卷制管、引拔棒及其他异型材，如果制造厂已给出拉伸、挤压、弯曲、剪切强度指标，其相应的许用应力可按极限应力值除以安全系数的方法推算；制造厂没有给出这些指标时，不可草率参照 d 项的有关近似关系推算，必须按绝缘材料的实际受力情况作强度试验，按试验数据确定这些材料的许用应力。

4）机械强度验算。以下（8）项提供了部分带电作业常用工具构件的机械强度验算项目及公式。特殊构件的机械强度验算项目（例如斗臂车的稳定性计算）可参照有关机械设计手册进行。

（3）电气设计原则及要求。

1）电气强度设计中的有关参数。

a. 气象参数。

a）标准气象条件。带电作业绝缘工具的绝缘强度及有关作业距离的电气试验，均在标准气象条件下进行，标准气象条件如表 3 - 27 所示。

表 3 - 27   标 准 气 象 条 件

气　象	条　件	气　象	条　件
气温	20℃	湿度	$11g/m^3$
气压	0.101 3MPa		

在非标准条件下使用的带电作业绝缘工具的绝缘强度，应按 GB311.1—1997《高压输变电设备的绝缘配合》修正试验数据。

b）雨天带电作业工具电气试验的淋雨条件见表 3 - 28。

表 3 - 28   带电作业工具电气试验淋雨条件

参　　数	条　件	参　　数	条　件
雨水电阻率	20℃时，$100\Omega \cdot m \pm 15\Omega \cdot m$	淋雨角度	淋雨方向与水平面近似成45°
淋雨强度	垂直与水平分量平均值各为 1.0~2.0mm/min		

b. 人体感知电流水平。人体感知电流的水平见表 3 - 29。

表 3 - 29   人体感知电流水平值

种　　类	电流值	种　　类	电流值
稳态交流电	1mA	稳态直流电	5mA

c. 人体感知工频电场水平。人体感知工频电场水平 2.4kV/cm。

2）带电作业工具的电气强度设计依据。

表 3 - 30 ~ 表 3 - 36 中的数值适用于海拔 1000m 及以下地区，海拔 1000m 以上地区应作相应的海拔校正。

a. 设计中起控制作用的内部过电压水平。电力系统各电压等级的内部过电压水平见表 3 - 30。

表3－30 各电压等级内部过电压水平

电压 等 级 （kV）	内部过电压水平	电压 等 级 （kV）	内部过电压水平
10 及以下	44kV	330	$2.38U_{ph}$
35 ~ 66（非直接接地系统）	$4U_{ph}$	500	$2.18U_{ph}$
110（非直接接地系统）	$3.5U_{ph}$	± 500（DC）	$1.7U_g$
110 ~ 220（直接接地系统）	$3U_{ph}$	750	$1.8U_{ph}$

注 U_{ph}为系统最高运行相电压；U_g为最高运行极电压。

b. 空气间隙的安全值。电力系统各电压等级安全距离见表3－31 ~ 表3－34。

a）单间隙。各电压等级安全距离值见表3－31。

表3－31 各电压等级安全距离值

电压等级 （kV）	相对地安全距离 （cm）	相间安全距离 （cm）	电压等级 （kV）	相对地安全距离 （cm）	相间安全距离 （cm）
6 ~ 10	40	60	330	260	350
35	60	80	500	340	500
63（66）	70	90	± 500（DC）	340	—
110	100	140	750	430	650
220	180	250			

b）组合间隙。各电压等级组合间隙值见表3－32。

表3－32 各电压等级组合间隙值

电压 等 级 （kV）	组合间隙 （cm）	电压 等 级 （kV）	组合间隙 （cm）
110	120	500	400
220	210	± 500（DC）	380
330	310	750	440

c）电位转移间隙。各电压等级人体面部对带电体最小距离见表3－33。

表3－33 各电压等级人体面部对带电体最小距离

电压 等 级 （kV）	人体面部对带电体最小距离 （cm）	电压 等 级 （kV）	人体面部对带电体最小距离 （cm）
35 ~ 63（66）	20	± 500（DC）	40
110 ~ 220	30	750	50
330 ~ 500	40		

d）保护间隙整定值。各电压等级保护间隙整定值见表3－34。

表 3 - 34   **各电压等级保护间隙整定值**

电压等级 （kV）	间隙尺寸 （cm）	电压等级 （kV）	间隙尺寸 （cm）
220	70 ~ 80	500	160 ~ 250
330	100 ~ 110		

e）自恢复绝缘（空气间隙）放电危险率（R）的安全指标。带电作业工具若涉及空气间隙的安全考核，一般以 $R = 10^{-5}$ 为判据。间隙在过电压下经过海拔修正后的放电危险率 $R \leqslant 10^{-5}$ 时被认为是安全的。

c. 有效绝缘长度

a）绝缘工具。绝缘工具的有效绝缘长度见表 3 - 35。

表 3 - 35   **绝缘工具有效绝缘长度**

电压等级 （kV）	操作杆有效 绝缘长度（cm）	支、拉、吊、紧线杆及 绳索有效绝缘长度（cm）	电压等级 （kV）	操作杆有效 绝缘长度（cm）	支、拉、吊、紧线杆及 绳索有效绝缘长度（cm）
10	70	40	330	310	280
35	90	60	500	400	370
63（66）	100	70	±500（DC）	370	340
110	130	100	750	500	500
220	210	180			

b）良好绝缘子最少片数。各电压等级良好绝缘子最少片数见表 3 - 36。

表 3 - 36   **良好绝缘子最少片数要求**

电压等级 （kV）	绝缘子型号	良好绝缘子 最少片数要求（片）	电压等级 （kV）	绝缘子型号	良好绝缘子 最少片数要求（片）
35	XP - 70	2	330	XP - 100、XP - 160	16
63（66）	XP - 70	3	500	XP - 160、XP - 210	23
110	XP - 70	5	±500（DC）	XZP1 - 160	22
220	XP - 70	9	750	XWP - 210（170mm）	26

注 其他型号绝缘子片数可根据良好绝缘子总长进行换算。

3）绝缘工具的电气强度设计计算。

a. 绝缘工具的操作冲击耐受水平。330kV 及以上交流系统绝缘工具的操作冲击耐压强度，按耐受 15 次操作冲击电压设计（220kV 及以下绝缘工具不考核操作冲击强度）。操作冲击的峰值电压 U_{cz}，按式（3-8）计算，计算结果向标准系列电压值靠拢取整

$$U_{cz} = \frac{\sqrt{2}}{\sqrt{3}K_2} U_N K_1 K_3 \tag{3-8}$$

式中　U_N——系统额定电压；

　　　K_1——过电压倍数，按表 3 - 30 规定取值；

K_2——海拔修正系数，例如 1000m 时取 $K_2=0.91$；

K_3——安全裕度系数，一般取 $K_3=1.1$。

b. 绝缘工具的工频耐受水平。

a）220kV 及以下绝缘工具的工频耐压强度按 1min 工频耐受电压设计。1min 工频耐受电压为 250kV/m 平均电位梯度和有效绝缘长度的乘积。

b）330kV 及以上绝缘工具的工频耐压强度按 5min 工频耐受电压设计。5min 工频耐受电压 U_{GP} 按式（3-9）计算，向系列电压值靠拢取整

$$U_{GP}=\frac{U_H}{\sqrt{3}K_2}K_3K_GK_X \tag{3-9}$$

式中 K_G——工频动态过电压倍数，均取 $K_G=1.5$；

K_X——形式试验系数，取 $K_X=1.1$。

c. 绝缘工具长度的设计。绝缘工具的总长度 L_Z 按式（3-10）设计

$$L_Z=L_1+L_2+L_3+\Delta L \tag{3-10}$$

式中 L_1——有效绝缘长度，按表 3-35 规定取值；

L_2——握手长度，操作杆的握手长度一般取 60cm 为基本长度，随电压等级上升按绝缘工具的总长度适当加长［参照以下（9）项］，绝缘紧线杆、绝缘吊线杆等承力工具，不考虑握手长度；

L_3——金属接头长度（包括端部金具长度），纯绝缘接头不计接头长度，可作为有效绝缘对待；

ΔL——调整长度，在杆塔净空距离较大的地方，为方便工具安装、操作而增加的工具长度，虽然这部分长度并不作为有效绝缘长度，但仍需使用绝缘材料制作。

d. 绝缘工具表面泄漏距离的设计。一般按以上 c 项设计的绝缘工具，其表面泄漏距离都能满足正常气候条件（无雨、雾）的安全要求（泄漏电流远远小于 1mA）。为了提高绝缘工具作业中遇到意外降雨时的湿闪电压，通常采用绝缘工具加装防雨罩，来增大绝缘杆泄漏距离，提高绝缘工具的湿闪电压。

a）防雨绝缘承力工具及操作杆可在一般绝缘杆件（管或板）外表包裹硅橡胶外套并加装硅橡胶防雨罩，按 1.6cm/kV 泄漏比距设计防雨罩个数。

b）塑料绝缘件加装防雨罩（一般在"短水枪"水冲洗工具中采用），即在用聚碳酸酯工程塑料制作的水枪上加装若干个聚乙烯防雨罩，可降低水冲洗组合绝缘的泄漏电流。

e. 载流工具的设计。

a）以载流工具预期适用的最大截面导线的允许工作电流（工作温升不超过 85℃）为载流工具的额定流量，按额定载流量选择过引线截面积。

b）接触线夹按被接最大导线的外径设计活动接触面，该接触面的宽度应大于该导线直径的 1.5 倍。线夹与过引线的固定接触面按照载流工具采用的导线截面设计，一般采用 1～3 枚螺栓（视导线载流量大小而定）压紧。

c）载流工具的规格应形成系列，按适用导线截面积分段确定型号，前一规格与后一规格的适应范围应适当重叠。

f. 绝缘遮蔽用具的绝缘设计。

a）以绝缘板、管作为主绝缘的绝缘遮蔽用具，其直接接触带电体的绝缘部件的层间绝缘水平应满足表 3 - 30 的要求。橡胶、塑料等材料的击穿强度随其厚度的增加而提高，但应注意击穿强度的提高小于材料厚度的变化比例。

b）绝缘遮蔽用具的外表面，应标明允许作业人员接触的区域，该区域至带电体的沿面闪络电压也应满足表 3 - 30 的要求。

c）与带电体保持一定距离的绝缘隔离用具，该距离（空气间隙）的绝缘与绝缘板、管的层间绝缘组成了组合绝缘，其绝缘强度应满足表 3 - 30 要求。

d）使用塑料薄膜叠层作绝缘覆盖物，应尽量采用同一种材料制作，需要使用不同材质叠层（即串联组合）时，应注意这些材料的介电常数不要相差太大。

g. 保护间隙的绝缘设计。

a）固定型保护间隙的对地绝缘水平应满足表 3 - 30 要求，其保护间隙的尺寸可按表 3 - 34 整定试验。

b）携带型保护间隙投入前后，操作人员握手点至保护间隙与带电体接触点间的绝缘水平，应满足表 3 - 30 的要求。

c）根据保护间隙放电试验数据，计算带电作业加装保护间隙前、后的危险率（R_0 与 R_1），R_1 应满足带电作业的安全水平要求〔参照以上 b 项中 e）的要求〕；保护间隙本身的放电危险率 R_2 的数值也不可太低，避免增加电力系统的跳闸率。

d）在逐步积累经验的基础上，完善保护间隙动热稳定设计及指标。

h. 绝缘梯的绝缘设计。绝缘梯的绝缘水平除满足一般绝缘工具的要求外，还应考虑作业人员在等电位过程中，人体短接并不断移动的尺寸和电位转移时的火花放电距离，即绝缘梯的最小长度 L_{min} 应满足式（3 - 11）的要求

$$L_{min} \geqslant L_1 + L_r + S_f \qquad (3 - 11)$$

式中　L_1——有效绝缘长度，参照表 3 - 35 的数值；

L_r——人体在绝缘体短接的尺寸，在水平梯上 $L_r = 60cm$，在软梯等垂直状态绝缘梯上 $L_r = 180cm$；

S_f——电位转移距离，参照表 3 - 33 的数值。

i. 绝缘工具接头的电性能设计。

a）绝缘接头在电气上不直接降低绝缘工具的绝缘水平。空心绝缘管的绝缘接头应尽量采用封闭式接头，封闭式接头应能防止潮气及灰尘侵入；如采用开敞式接头，其接头结构应方便于管内的定期清扫及管内壁的干燥工作，必要时应设计配套的专用检测装置。

b）金属接头的纵向尺寸应尽可能地短，接头的结构应尽可能防止发生尖端放电和电晕；接头的体积也应尽可能地小，减轻杂散电容造成的分布电压不均匀程度。

c）绝缘板的螺栓式接头上的金属螺栓，其两端的棱角应尽可能光滑，螺栓在绝缘板两侧不要过于突出，处于带电体一端的螺栓部件，必要时可加装屏蔽环，防止绝缘端部电场过强而出现局部放电。

j. 屏蔽工具的设计。

a）屏蔽服的屏蔽效率按 40dB、屏蔽面罩屏蔽效率按 20dB 设计制作。

b）屏蔽服的载流量按 5A 进行设计制作。

c）屏蔽服加筋线在满足载流量要求的基础上，还应考虑足够的机械强度。

k. 绝缘防护用具的绝缘设计。对于成品绝缘服，为了防止因连接而造成局部的绝缘性能下降，应采取必要的措施加强电气绝缘性能，可以采用特殊的压接工艺或采用复叠方式。

（4）工艺结构设计要求。

1）器具的工艺设计要求。

a. 搬运长度。根据作业人员携带工具在高秆农作物田地、树林等地区行走方便的需要，对工具正常分解后的纵向长度按表 3 - 37 的要求。

表 3 - 37　　　　　　　　　　　　可搬运工具长度要求　　　　　　　　　　　　m

可 搬 运 工 具	长 度 要 求	可 搬 运 工 具	长 度 要 求
单人携带（包括乘公用交通车辆）	≤1.8	两人搬运（普通货车运输）	≤2.5

b. 单元工具重量。为了减轻作业人员负重行走、登坡和高空作业的体能消耗，工具正常分解后的单元工具重量按表 3 - 38 的要求。

表 3 - 38　　　　　　　　　　　　单元工具重量要求　　　　　　　　　　　　N

单 元 工 具	重 量 要 求	单 元 工 具	重 量 要 求
单人使用及安装	≤100	高空等电位人员使用及安装	≤50
两人使用及安装	≤150		

c. 高空作业状态下单人使用、组装的工具，其部件的连接结构应设计成易于装拆并在连接过程中不出现分离件（例如螺栓、螺母、开口销等），地面使用或两人以上共同安装使用的工具可不受此限。

d. 铝合金工具的结构尺寸变化宜圆弧过渡，避免尺寸直角过渡造成应力集中。

e. 设计、使用绝缘子卡具应避免采用瓷件直接受压、受挤的工况。绝缘子钢帽受集中压力的区域，应验算钢帽的挤压应力，防止因钢帽局部变形损伤内部瓷件或浇铸物。

f. 以导线或绝缘子连接金具的销杆为支持点的卡具，必须验算卡具工作中给该销杆增加剪切荷重是否超载（与销杆承受的起始荷重叠加后判断）。

g. 直接卡在导线上的握着型夹具，必须验算夹具产生的挤压力是否会导致导线线股的永久变形，同时判断夹具是否会发生沿面滑动而刮伤导线。

h. 各种杆塔上使用的工具，设计中应有意识地预留供传递绳索捆绑的孔或钩。

i. 设计高强度铝合金 Ω 形翼形卡具，应提出锻造工件毛坯的技术要求，保证金属纤维不会因机械切割而发生断裂，其他铝合金翼形卡具，应根据卡具造型确定是否需要锻造毛坯。

2）通用性与轻便化原则。通用性体现"一具多用、一具广用"的原则，轻便化体现"单元工具或组合工具重量轻、安装使用方便"的原则，工具的通用性与轻便化应按以上原则综合考虑。

功能相近的工具（例如紧线拉杆与吊线杆；同一吨位的瓷质绝缘子卡具与玻璃绝缘子长具；双串直线绝缘子的前、后卡具与耐张二联串绝缘子的前、后卡具等），应尽量设计成通用型工具。

功能相同，纵向尺寸不同的工具（例如不同长度绝缘子串上使用的紧线拉杆），应尽量设计成积木式组合工具，用调整组合件数的方法做到一具广用。

纵向尺寸长、横向尺寸宽的工具，应尽量采用折叠式结构，在不增加装拆工作量前提下方便工具组装、运输和保管。

绝缘结构件以减轻重量为目的的"漏空"设计应慎重采用。只有在不降低受力件截面机械强度，不过多增加受力件横切割面的条件下才能考虑使用这种减轻办法。

带电作业工具的金属部件，在满足机械强度的前提下，应尽量采用轻合金材料（例如超硬铝合金）制作。

各种通用工具的接口（例如操作杆前端工具座和接头），应尽量采用耐磨性好、结合缝隙小、接拆快捷、互换性强的标准接口件（例如锁销型、花键型接头）。

在机械强度允许的情况下，应尽量采用适用范围广、便于携带的绳索—滑车组作为牵引装置。

3）工具的表面处理。

a. 金属部件的表面处理。黑色金属部件的表面处理按不同部位可采用表 3 – 39 的处理工艺。

表 3 – 39　　　　　　　　　　　　　金属部件的表面处理工艺

金 属 部 件	表面处理工艺	金 属 部 件	表面处理工艺
公差配合精的部件（例如丝杆有丝母）	发蓝或发黑	卡具及绝缘构件的配件等	热镀锌
经常触摸的部件（例如操作把、柄）	镀铬抛光	经常接触地面的部件（例如地锚杆）	热镀锌

铝合金工具的表面处理，接不同部位可采用表 3 – 40 的处理工艺。

表 3 – 40　　　　　　　　　　　　　铝合金工具的表面处理工艺

铝 合 金 工 具	表面处理工艺	铝 合 金 工 具	表面处理工艺
耐磨工作面	硬质阳极化	腐蚀环境用的器具	涂防腐漆
一般卡具、器具	彩色阳极化		

b. 绝缘工具的表面处理。

a）绝缘板经机械切割的断面，应涂刷、浸渍 1～2 次绝缘漆，绝缘材料未受破损的原有光滑表面，不作浸漆处理。

b）绝缘管、棒的车削加工面，不论内壁、外壁需作 1～2 次浸漆处理（视原表面状况而定）。

c）玻璃纤维引拔棒的表面一般应采用硅橡胶密封处理，也可采用浸渍绝缘漆处理工艺。

d）工程塑料模压件的表面去除毛刺后，不需再作表面处理。

e）操作杆上的安全警戒标志线，应采用绝缘性能好的红色绝缘漆喷刷（在绝缘杆表面处理后喷刷）。

4）工具系列化要求。型号的标志法：

定型工具的型号用三位以下汉语拼音字母和二位以数字表达工具名称和规范，组成型号的首部；在"—"号后由不超过三位的数字和字母表达工具的特征，组成型号的尾部，其结构如下：

名称　规范　特征

名称举例：操作杆—CZG；

　　　　　测试杆—CSG；

　　　　　绝缘滑车—JH；

　　　　　绝缘子自封门卡具—JZK；

　　　　　三角紧线器—SJQ。

型号举例："CSG22 – 3.4Z"　　　表示 220kV 测试杆，长度 3.4m，锥形管；

　　　　　"JH5 – 1B"　　　　　表示 5t 绝缘滑车，单滑轮，闭合金属钩；

　　　　　"SJQ5 – 70"　　　　　表示三角紧线器，适用于 25 ~ 70mm² 导线。

通用性强的绝缘操作杆、测试杆，按电压等级、标称长度、管型形成系列［详见以下（9）项］。

通用性强的绝缘滑车，按额定荷重、滑轮个数、挂钩型式形成系列［详见以下（9）项］。

通用性强的绝缘子卡具，按额定荷重、封门方式形成系列；用于首、末端绝缘子的配套卡具，按额定荷重、适用金具型号、封门方式归入绝缘子卡具系列内［详见以下（9）项］。

通用性强的三角紧线器，按适用导线截面区域形成系列［详见以下（9）项］。

其他通用型工具可参照以上 1）项 a ~ e 原则形成系列。类别繁多、通用性差的工具暂不形成系列。

（5）包装设计要求。绝缘工具、轻合金工具及具有活动部件的机具，在设计工具时应同时设计其包装物。

1）防潮包装。绝缘工具、铝合金工具及具有活动部件的机具在出厂时应用聚乙烯或其他吹塑薄膜的热合封口包装。

每件绝缘工具均应设计与工具外形相适应的、便于装取的帆布工具袋。工具袋应备有封口盖及供使用者背、扛、提、拿的背带或提梁。

两件及以上部件组成的细长工具，在表 3 – 38 中重量范围内按整套组合工具设计工具袋，每件工具间应设隔离垫，工具袋展开后可兼作现场铺地的苫布使用。

绝缘绳索应具有背包型软包装袋，其容积应按表 3 – 38 中的重量要求设计。

绝缘绳索还应配备供现场使用的防潮、防污塑料硬桶，作业人员可将地面上多余的绳索盛入桶内。塑料桶应设提梁，用完后能叠套在一起运输、保管。

2）运输包装。绝缘工具长途运输（包括汽车、火车托运）应使用专用的木箱包装，按长度及有关运输规章所限定的重量设计木箱的容量。每件工具在箱内应加以固定，包装箱上应有明显的"防潮"、"轻放"标志。出厂运输的包装箱上还应标明工具名称、规范、数量、出厂日期、重量等。

铝合金工具、表面硬度较低的卡具、夹具及不宜磕碰的金属机具（例如丝杠）、运输时应有专用的木质或皮革工具箱，每箱容量以一套工具数量为限，零散部件在箱内应予固定。

一般金属器具，可使用草绳作运输包装，有条件时也可设计通用的木质包装箱。

通用小工具的包装物应设计成便于操作者在杆塔上使用的背带包，包内能定位摆放整套的小工具。工具袋使用后可兼作运输包装物。

（6）工具库房的设计。设计成套带电作业工具时要配套设计工具库房，工具库房的设计应满足 DL/T 974—2005《带电作业用工具库房》的规定。

（7）工具试验。

1）带电作业工具产品试验分为型式试验、出厂试验及抽查试验；有下列情况之一的工具应进行型式试验：

a. 新产品定型。

b. 定型产品转厂生产。

c. 结构设计有重大变动的产品。

出厂试验应逐件进行，试验合格后出具产品合格证书。

用户购买产品发现有质量问题，有权要求生产厂家进行抽查试验，在用户的参与下由有关技术监督部门仲裁结论。

2）带电作业工具试验项目及方法按有关试验标准进行，试验结果应符合工具设计要求。

（8）关于工具的机械验算。本章仅提供常用工具构建机械验算项目及公式，其他项目的验算可参照有关机械设计手册进行。

1）螺栓联结承拉板件的强度验算。

a. 单孔联结见表 3 - 41。

表 3 - 41　　　　　　　单孔联结示意

项　目	危险断面积计算公式	强　度　条　件	示　意　图
拉伸	$S_L = (b-d)a$	$P_s/S_L \leq [\sigma]$	
挤压	$S_r = ad$	$P_s/S_r \leq [\sigma_{jr}]$	
剪切	$S_q = 2at$	$P_s/S_q \leq [\tau_q]$	

b. 单排双孔及多孔联结（孔数 $=n$）见表 3 – 42。

表 3 – 42　　　　　　　　　　　单排双孔及多孔联结示意

项 目	危险断面积计算公式	强 度 条 件	示 意 图
拉伸	$S_{11} = (b-d)a$	$\sigma_{11} = P_s/S_{11} \leqslant [\sigma]$	
挤压	$S_r = nad$	$\dfrac{K_f^{n-1} P_s}{S_r} \leqslant [\sigma_{jr}]$	
剪切	$S_q = 2nat$	$\dfrac{K_f^{n-1} P_s}{S_q} \leqslant [\tau_q]$	

注　单排多孔联结只能加大挤压和剪切面积，降低材料挤压、剪切应力，不能改善承拉板的拉伸强度。由于金属螺栓增加会降低电性能，故应慎用。

c. 双排四孔联结见表 3 – 43。

表 3 – 43　　　　　　　　　　双 排 四 孔 联 结 示 意

项 目	危险断面积计算公式	强 度 条 件	示 意 图
拉伸	$S_{11} = (b-d)a$	$\sigma_{11} = P_s/P_{11} \leqslant [\sigma]$	
	$S_{22} = (b-2d)a$	$\sigma_{22} = 3P_s/4S_{22} \leqslant [\sigma]$	
挤压	$S_r = 4ac$	$\dfrac{K_f^3 P_s}{S_r} \leqslant [\tau_{jr}]$	
剪切	$S_q = 14at$	$\dfrac{K_f^3 P_s}{S_q} \leqslant [\tau_q]$	

注　双排四孔联结对降低材料的剪切应力效果明显，但会降低电性能，故应慎用。

2）螺栓联结承拉管材的强度验算。

a. 圆管双孔联结见表 3 – 44。

b. 篇管双孔联结见表 3 – 45。

3）螺扣联结承拉棒材强度验算见表 3 – 46。

4）楔型联结承拉引拔棒的强度验算见表 3 – 47。

5）弯曲杆件的强度验算。

a. 弯曲梁集中受力见表 3 – 48。

b. 简支梁均压受力见表 3 – 49。

c. 悬臂梁集中受力见表 3 – 50。

d. 悬臂梁均匀受力见表 3 – 51。

表 3-44　　　　　　　　圆 管 双 孔 联 结 示 意

项　目	危险断面积计算公式	强 度 条 件	示 意 图
拉伸	$S_L = \dfrac{\pi}{4}(D^2 - d^2)$ $- d_1(D - d)$	$\sigma_{11} = \dfrac{P_s}{S_L} \le [\sigma]$	
挤压	$S_r = (D - d)d_1$	$\dfrac{K_f P_s}{S_r} \le [\sigma_{jr}]$	
剪切	$S_q = 4(D - d)t$	$\dfrac{K_f P_s}{S_q} \le [\sigma_q]$	

表 3-45　　　　　　　　篇 管 双 孔 联 结 示 意

项　目	危险断面积计算公式	强 度 条 件	示 意 图
拉伸	$S_L = \dfrac{\pi}{4}(D^2 - d^2)$ $\times (b - d_1)(D - d)$	$\dfrac{P_s}{S_L} \le [\sigma]$	
挤压	$S_r = (D - d)d_1$	$\dfrac{K_f P_s}{S_r} \le [\sigma_{jr}]$	
剪切	$S_q = 4(D - d)t$	$\dfrac{K_f P_s}{S_q} \le [\sigma_q]$	

表 3-46　　　　　　　　螺 扣 联 结 承 拉 棒 材 强 度 验 算 示 意

项　目	危险断面积计算公式	强 度 条 件	示 意 图
拉伸	$S_L = \dfrac{\pi}{4}d^2$	$\dfrac{P_s}{S_L} \le [\sigma]$	
牙部挤压	$S_r = \dfrac{\pi H}{4t}(d_2^2 - d_1^2)$	$\dfrac{P_s}{S_r} \le [\sigma_{jr}]$	
牙部剪切	$S_q = \pi d_1 H$	$\dfrac{P_s}{S_q} \le [\tau_q]$	
牙部弯曲	$W = \dfrac{n\pi d_1 h^2}{6}$	$\dfrac{P_s(d_2 - d_1)}{4W} \le [\sigma_W]$	$n = \dfrac{H}{t}$ ——螺纹圈数; t——牙锋宽，即螺距; h——螺扣牙根宽（$d \le d_1$）; t、h 在图中不便于表示

注　螺扣联结承拉圆管件的强度验算。

表 3 - 47　　　　　　　　　**楔型联结承拉引拔棒的强度验算示意**

项　目	危险断面积计算公式	强 度 条 件	示 意 图
拉伸	$S_L = \dfrac{\pi}{4}d^2$	$\dfrac{P_s}{S_L} \leq [\sigma]$	
挤压	$S_r = \dfrac{\pi H}{2\cos\alpha}(D + d)$	$\dfrac{P_s}{S_r} \leq [\sigma_{jr}]$	
剪切	$S_q = \pi d H$	$\dfrac{P_s}{S_q} \leq [\tau_q]$	$d = \arctan\left(\dfrac{D-d}{2H}\right)$

表 3 - 48　　　　　　　　　　　**弯曲梁集中受力示意**

项　目	计 算 公 式			强度条件	示 意 图
弯矩	$M_x = \dfrac{Q_s x(L-x)}{L}$　　$M_{max} = \dfrac{Q_s L}{4}$				
截面积及截面系数	断面	F	W	$\dfrac{M_{max}}{W} \leq [\sigma_W]$	
	矩形	bh	$\dfrac{bh^2}{6}$		
	圆形	$\dfrac{\pi}{4}d^2$	$\dfrac{\pi}{32}d^3$		
	圆环	$\dfrac{\pi}{4}(D^2 - d^2)$	$\dfrac{\pi}{32D}(D^4 - d^3)$		
	方管	$BH - bh$	$\dfrac{BH^3 - bh^3}{bH}$		
剪力	$Q = \dfrac{Q_s}{2}$			$\dfrac{Q}{F} \leq [\tau_q]$	
最大弧垂	$f_{max} = \dfrac{Q_s L^3}{48EJ_z}$			$f_{max} [f]$	

注　该方法适用于两端有支持物的水平梯及水平轨道等工具的验算。

表 3 - 49 　　　　　　　　　　　　简支梁均压受力示意

项　目	计　算　公　式	强　度　条　件	示　意　图
弯矩	$M_x = \dfrac{qL}{2}x - \dfrac{q}{2}x^2$ $M_{max} = \dfrac{qL^2}{8}$	$\dfrac{M_{max}}{W} \leq [\sigma_W]$ $Q = \dfrac{qL}{2}$	
截面积及截面系数	参照表 3 - 48	$\dfrac{Q}{F} \leq [\tau_q]$	
最大弧垂	$f_{max} = \dfrac{5qL^4}{384EJ_z}$	$f_{max} \leq [f]$	

注 该方法适用于桥式托瓶架等工具。

表 3 - 50 　　　　　　　　　　　　悬臂梁集中受力示意

项　目	计　算　公　式	强　度　条　件	示　意　图
弯矩	$M_x = -Q_s x$ $M_{max} = -Q_s L$	$\dfrac{M_{max}}{W} \leq [\sigma_W]$	
截面积及截面系数	参照表 3 - 48	$\dfrac{Q_s}{F} \leq [\tau_q]$	
挠度	$f_{max} = \dfrac{Q_s L^3}{3EJ_z}$	$f_{max} \leq [f]$	

注 该方法适用于无吊绳转臂水平梯等工具。

表 3 - 51 　　　　　　　　　　　　悬臂梁均匀受力示意

项　目	计　算　公　式	强　度　条　件	示　意　图
弯矩	$M_{max} = -\dfrac{qL^2}{2}$	$\dfrac{M_{max}}{W} \leq [\sigma_W]$	
截面积及截面系数	参照表 3 - 48	$-\dfrac{qL}{F} \leq [\tau_q]$	
挠度	$f_{max} = \dfrac{qL^4}{8EJ_z}$	$f_{max} \leq [f]$	

注 该方法适用于单吊点的托瓶架等工具。

6）兼受两种负荷杆件的强度验算。

a. 拉伸—弯曲组合受力见表 3 – 52。

表 3 – 52　　　　　　　　　　　　　拉伸—弯曲组合受力示意

项　目	计 算 公 式	强 度 条 件	示 意 图
力矩	$M_{\max} = \dfrac{qL^2}{8}$	$\dfrac{M_{\max}}{W} + \dfrac{P_s}{F} \leqslant [\sigma]$ $\dfrac{qL}{F} \leqslant [\tau_q]$	
截面积及截面系数	参照表 3 – 48		
挠度	参照表 3 – 49	$f_{\max} \leqslant [f]$	

注　该方法适用于紧线拉杆兼托瓶架形式的工具。

b. 拉伸—扭转组合受力见表 3 – 53。

表 3 – 53　　　　　　　　　　　　　拉伸—扭转组合受力

项　目	公　　式			强 度 条 件	示 意 图
	断面	F	W_n		
截面积及抗扭截面模数		bh	—	$\dfrac{M_n}{W_n} < [\tau]$ $\dfrac{P_s}{F} < [\sigma]$	
		$\dfrac{\pi}{4}d^2$	$\dfrac{\pi}{16}d^3$		
		$\dfrac{\pi}{4}(D^2 - d^2)$	$\dfrac{\pi}{16D}(D^4 - d^4)$		

注　该方法适用于丝杠与丝杠联结无防扭措施的紧线杆、吊线杆等工具。

7）双翼卡具强度验算。

a. 绝缘子前（后）卡具（以前卡为例）见表 3 – 54。

b. Ω 形双翼卡具见表 3 – 55。

c. 分离式螺栓对接双翼卡具见表 3 – 56。

8）紧线丝杠强度验算。

a. 实心丝杠（T 型扣）见表 3 – 57。

b. 空心丝杠（T 型扣）见表 3 – 58。

c. 筒丝母见表 3 – 59。

表 3 – 54　　　　　　　　　　　　　绝缘子前（后）卡具示意

项　目	计　算　公　式	强度条件	示　意　图
弯曲	$M_m = \dfrac{P_s L}{4}$ $M_n = \dfrac{P_s(L-D)}{4}$	$\dfrac{M_m}{W_m} < [\sigma_w]$ $\dfrac{M_n}{W_n} < [\sigma_w]$	
牙根部剪切	$S_{j1} = \dfrac{\pi d h}{K_1}$ $(K_1 = 1.0 \sim 1.5)$	$\dfrac{P_s}{S_{j1}} < [\tau_q]$	
端部剪切	$S_{j2} = (a - d_2)b$	$\dfrac{KP_s}{S_{j2}} < [\tau_q]$	
耳孔剪切	$S_{j3} = 4(d_3 - d_4)t$	$\dfrac{K_2 P_s}{S_{j3}} < [\tau_q]$ $(K_2 = 0.5 \sim 1.0)$	
端孔挤压	$S_{r2} = 2 d_2 b$	$\dfrac{P_s}{S_{r2}} < [\sigma_{jr}]$	
耳孔挤压	$S_{r3} = 4 d_4 t$	$\dfrac{K_2 P_s}{S_{r3}} < [\sigma_{jr}]$	

d——钢帽突台外径；
d_2——端孔外径；
d_3——耳缘直径；
d_4——耳孔直径；

注　1. 双翼 A、B 若采用异形断面，应抽查验算某断面的弯曲程度（取危险断面，例如托瓶架安装孔的断面）。

　　2. 根据具体结构，酌情增减验算项目。

　　3. K_1 及 K_2 是牙根及钢帽外张力负载分担系数，具体取值时应说明依据。

　　4. 双翼上的托瓶孔的垂直荷重 Q_T 和 P_s 相差 90°，若该荷重过大，应增加该方向的弯曲验算项目。

表 3 – 55　　　　　　　　　　　　　Ω 形 双 翼 卡 具 示 意

项　目	计　算　公　式	强　度　条　件	示　意　图
弯曲	$M_m = \dfrac{P_s L}{4}$ $M_n = \dfrac{P_s(L-a)}{4}$	$\dfrac{M_m}{W_m} < [\sigma_w]$ $\dfrac{M_n}{W_n} < [\sigma_w]$	
端孔剪切	参照表 3 – 54	参照表 3 – 54	
端孔挤压	参照表 3 – 54	参照表 3 – 54	

注　下部穿销一般仅作保险装置，弯曲验算时可以考虑它分配的弯曲荷载。若用作受力部件，则应增加相应的验算项目（例如用于倒装线夹的 Ω 形卡具）。

表 3 - 56　　　　　　　　　　　　　**分离式螺栓对接双翼卡具示意**

项 目	计 算 公 式	强 度 条 件	示 意 图
弯曲	$M_m = \dfrac{P_s}{4}(L - \delta - 2b)$	$\dfrac{M_m}{W_m} < [\sigma_w]$	
螺栓孔剪切	$S_{j1} = 2(a - d_2)b$	$\dfrac{P_s}{S_{j1}} < [\tau_q]$	
螺栓拉伸	$T = \dfrac{P_s \ (L - \delta)}{8H}$ $S_L = \dfrac{\pi}{4}d^2$	$\dfrac{K_j T}{S_L} < [\sigma]$	
端孔剪切与挤压	参照表 3 - 54	参照表 3 - 54	

注　1. W_m 截面系数计算按有关手册进行。
　　2. 螺栓压紧力用 K 加以修正，K 取 1.1 ～ 1.2。

表 3 - 57　　　　　　　　　　　　　**实 心 丝 杠 示 意**

项 目	计 算 公 式	强 度 条 件	示 意 图
拉伸	$S_L = \dfrac{\pi}{4}d_1^2$	$\dfrac{P_s}{S_L} < [\sigma]$	
螺扣剪切	$S_j = n\pi d_1 b$	$\dfrac{P_s}{S_j} < [\tau_q]$	
螺扣弯曲	$M_k = \dfrac{P_s(d - d_1)}{4}$ $W_k = \dfrac{n\pi d_1 b^2}{6}$	$\dfrac{M_k}{W_k} < [\sigma_w]$	
螺面挤压	$S_r = \dfrac{n\pi}{4}(d^2 - d_1^2)$	$\dfrac{P_s}{S_r} < [\sigma_{jr}]$	$n = H/t$——工作图数； $b = 0.6t$——牙根宽； t——螺距； α——螺纹升角，$\alpha = \arctan\dfrac{t}{\pi d}$；
螺杆扭转（扳把）收紧力矩	摩擦力 $F_1 = (f_1\cos\alpha + f_2)\,P_s$ 提升力 $F_2 = P_s\sin\alpha$ 扳把操作力 $P = \dfrac{(F_1 + F_2)\,d_1}{2L}$ 扭力 $M_n = PL$	$\dfrac{M_n}{W_n} < [\tau]$ $\left(W_n = \dfrac{\pi}{16}d_1^3\right)$	f_1——螺扣间摩擦系数； f_2——丝杠 g 座间摩擦系数； d_1——螺纹均径，$d_t = d - \dfrac{t}{2}$； L——扳把有效长度

表 3 – 58　　　　　　　　　空 心 丝 杠 示 意

项 目	计 算 公 式	强 度 条 件	示 意 图
拉伸	$S_L = \dfrac{\pi}{4}(d_1^2 - d_2^2)$	$\dfrac{P_s}{S_L} < [\sigma]$	
其余项目同表 3 – 57	参照表 3 – 57	参照表 3 – 57	

注　筒丝杠与实心丝杠配套时，只验算 S_L 较小者。

表 3 – 59　　　　　　　　　筒 丝 母 示 意

项 目	计 算 公 式	强 度 条 件	示 意 图
拉伸	$S_L = \dfrac{\pi}{4}(D_1^2 - d_1^2)$	$\dfrac{P_s}{S_L} \leqslant [\sigma]$	
螺扣剪切及挤压 螺扣弯曲 扭转	参照表 3 – 57（计算摩擦力 F 时没有 f_2 的影响）	参照表 3 – 57 及表 3 – 58，其中：$W_n = \dfrac{\pi}{16D}(D^4 - d_1^4)$	

注　该方法适用于双向收紧丝杠的筒丝母。

9）销杆的强度验算。

a. I 型插销（普通型）见表 3 – 60。

表 3 – 60　　　　　　　　　I 型 插 销 示 意

项 目	计 算 公 式	强 度 条 件	示 意 图
剪切	$S_{jA} = S_{jB} = \dfrac{\pi}{4}d^2$ $S_j = 2S_{jA} = \dfrac{\pi}{d}d^2$	$\dfrac{P_s}{S_j} \leqslant [\tau_q]$	
挤压	$\left.\begin{array}{l} S_{r1} = 2da \\ S_{r2} = 2db \end{array}\right\}$ 取较小者验算	$\dfrac{P_s}{S_r} \leqslant [\sigma_{jr}]$	

b. II 型插销（特殊型）见表 3 – 61。

表 3 – 61　　　　　　　　　II 型 插 销 示 意

项 目	计 算 公 式	强 度 条 件	示 意 图
剪切	$S_{jA} = S_{jB} = S_{jC} = S_{jD} = \dfrac{\pi}{4}d^2$ $S_j = 4S_{jA} = \pi d^2$	$\dfrac{P_s}{S_j} \leqslant [\tau_q]$	
挤压	$S_r = 2bd$	$\dfrac{P_s}{S_r} \leqslant [\sigma_{jr}]$	$A'AB-B'$ 视图

注　该方法适用于有凸台的承拉件穿销。

10）其他受力强度验算。

a. 受扭杆件见表 3 – 62。

表 3 – 62 受 扭 杆 件 示 意

项 目	计 算 公 式	强 度 条 件	示 意 图
杆件	$W_{\mathrm{n}} = \dfrac{\pi}{16} D^3$	$\dfrac{M_{\mathrm{n}}}{W_{\mathrm{n}}} \leqslant [\tau]$	
管件	$W_{\mathrm{n}} = \dfrac{\pi}{16D}(D^4 - d^4)$		

注 该方法适用于操作杆拧螺母，缠绕器内旋杆等，其扭矩值参照表 3 – 24。

b. 吊瓶钩见表 3 – 63。

表 3 – 63 吊 瓶 钩 示 意

项 目	计 算 公 式	强 度 条 件	示 意 图
$A – A$ 截面	$F_{\mathrm{A}} = ab$	$\dfrac{2Q_{\mathrm{s}}e}{F_{\mathrm{A}}K_{\mathrm{A}}D} \leqslant [\sigma_{\mathrm{w}}]$	
$B – B$ 截面	$F_{\mathrm{B}} = AB$	$\sigma_{\mathrm{b}} = \dfrac{Q_{\mathrm{s}}e}{F_{\mathrm{B}}K_{\mathrm{B}}D}$ $\tau_{\mathrm{B}} = \dfrac{Q_{\mathrm{s}}}{2F_{\mathrm{B}}}$ $\sigma = \sqrt{\sigma_{\mathrm{B}}^2 + \tau_{\mathrm{B}}^2} \leqslant [\sigma]$	e——截面重心至内边距离

注 该方法适用于各类吊瓶钩、钩瓶钩、绝缘滑车绝缘钩等。吊耳（$d_1 \times d_2$）验算可参照表 3 – 62。

c. 三角吊架见表 3 – 64。

d. 直立支持件的纵弯曲见表 3 – 65。

（9）主要工具的系列。

1）通用性的绝缘操作杆，按电压等级及标称杆长形成系列。

a. 圆管（包括泡沫填充管）操作杆见表 3 – 66。

b. 锥形管测试杆见表 3 – 67。

2）通用性强的绝缘滑车可按额定荷载、滑轮个数及钩形形状形成系列见表 3 – 68。

表 3－64　　　　　　　　　　　　　　　　　三 角 吊 架 示 意

项　目	计 算 公 式	强 度 条 件	示 意 图
AB 件拉伸	$F_{AB} = Q_s$ （按 $\theta = 60°$ 考虑）	$\dfrac{F_{AB}}{S_{AB}} \leq [\sigma]$	
BC 件压缩	$F_{BC} = Q_s$ （按 $\theta = 60°$ 考虑）	$\dfrac{F_{BC}}{S_{BC}} \leq [\sigma]$	
AC 件	无拉线时（按 $\theta = 60°$） $M_c = F_{AB}\cos30° L_{AB}$ 有双拉线时（压缩） $F_{AC} = Q_s$	$\dfrac{M_C}{W_{AC}} \leq [\sigma_W]$ $\dfrac{F_{AC}}{S_{AC}} \leq [\sigma]$	

注　该方法适用于转臂吊瓶架，吊、支杆组合受力件等。

表 3－65　　　　　　　　　　　　　　　直立支持件的纵弯曲示意

项　目	计 算 公 式	强 度 条 件	示 意 图
下端固定 上端铰链 （A）	$P_c = \dfrac{2\pi^2 EJ}{H^2}$	$Q_r \leq \dfrac{P_c}{n}$ （$n = 1.8 \sim 3.0$）	
下端固定 上端自由 （B）	$P_c = \dfrac{\pi^2 EJ}{4H^2}$		E——材料的弹性模量； J——断面 AA 的惯性矩

注　1. 项目（A）相当于下端有固定座或插入泥土地，上端打拉线的直立硬梯、扒杆及蜈蚣梯。项目（B）相当于垂直升降台（无挂绳）及人字梯的梯身等。

　　2. 有拉绳者，拉绳的拉力 T 折算成垂直压力 $T\cos\theta$，应视作 Q_s 的一部分。

表 3－66　　　　　　　　　　　　　圆管（包括泡沫填充管）操作杆规格

型　号	电压等级 （kV）	标称杆长 （m）	握手部分 （m）	管 内 径（mm）			
				第一节	第二节	第三节	第四节
CZG1－1.3	10	1.3	0.6	$\phi20/\phi26$	—	—	—
CZG3－1.6	35	1.6	0.6	$\phi20/\phi26$	—	—	—

续表

型　号	电压等级（kV）	标称杆长（m）	握手部分（m）	管　内　径（mm）			
				第一节	第二节	第三节	第四节
CZG6 – 2.0	60	2.0	0.6	$\phi23/\phi29$	—	—	—
CZG11 – 2.6	110	2.6	0.7	$\phi20/\phi26$	$\phi23/\phi29$	—	—
CZG22 – 3.6	220	3.6	0.9	$\phi20/\phi26$	$\phi23/\phi29$	$\phi27/\phi29$	—
CZG33 – 3.6	330	4.8	1.0	$\phi20/\phi26$	$\phi23/\phi29$	$\phi27/\phi29$	—
CZG50 – 6.5	500	6.5	1.5	$\phi20/\phi26$	$\phi23/\phi29$	$\phi27/\phi29$	$\phi30/\phi36$
CZG75 – 7.5	750	7.5	1.5	$\phi20/\phi26$	$\phi23/\phi29$	$\phi27/\phi29$	$\phi30/\phi36$
CZG100 – 9	1000	9	1.5	$\phi20/\phi26$	$\phi23/\phi29$	$\phi27/\phi29$	$\phi30/\phi36$

表 3 – 67　　　　　　　　　　　　　锥 形 管 测 试 杆 规 格

型　号	电压等级（kV）	标称杆长（m）	握手部分（m）	管首端直径（mm）			
				第一节	第二节	第三节	第四节
CSG22 – 3.4	220	3.4	0.9	$\phi18$	$\phi30$	—	—
CSG33 – 4.5	330	4.5	1.0	$\phi18$	$\phi30$	$\phi40$	—
CSG50 – 6.5	500	6.5	1.5	$\phi18$	$\phi30$	$\phi40$	$\phi50$

表 3 – 68　　　　　　　　　　　　　绝 缘 滑 车 规 格

型　号	额定荷载（kN）	滑轮个数	挂　钩　结　构
JH5 – 1B	5	1	闭合钩（金属）
JH5 – 1K	5	1	开口钩（金属）
JH5 – 2D	5	2	短钩（金属）
JH5 – 2X	5	2	钩导线（金属）
JH5 – 2J	5	2	绝缘钩
JH5 – 3D	5	3	短钩（金属）
JH5 – 3X	5	3	钩导线（金属）
JH10 – 2D	10	2	短钩（金属）
JH10 – 2C	10	2	长钩（金属）
JH10 – 3D	10	3	短钩（金属）
JH10 – 3C	10	3	长钩（金属）
JH15 – 5D	15	4	短钩（金属）
JH15 – 4C	15	4	长钩（金属）
JH20 – 4D	20	4	短钩（金属）
JH20 – 4C	15	4	长钩（金属）

　　3）通用性强的绝缘子卡具，可按额定荷载及封门方式形成系列，用于首末端与绝缘子卡具配套的卡具，按适用金具型号及封门方式和额定荷载，划入绝缘卡具类形成系列见表 3 – 69。

表 3－69　　　　　　　　　　　　　　绝 缘 子 卡 具 规 格

型　号	额定荷载（kN）	适用绝缘子卡具及金具型号	封 门 方 式
JZK－20	20	XP－6，XP－7，LXP－7	自封门
JJK－20	20	XP－6，XP－7，LXP－7	间接自封门
ZHK－20	20	Z－69 直角挂板，WS 双联碗头	活页封门
LXK－20	20	L－118 二联板	斜插入
JZK－45	45	XP－16，XP－21，LXP－30	自封门
JJK－45	45	XP－16，XP－21，LXP－30	间接自封门

4）通用性强的三角紧线器，按适用导线截面积形成系列见表 3－70。

表 3－70　　　　　　　　　　　　　　三 角 紧 线 器 规 格

型　号	适用导线牌号或截面积	导线外径（mm）	型　号	适用导线牌号或截面积	导线外径（mm）
SJQ－70	LGJ－25，LGJ－70	12～14	SJQ300	LGQ－300，LGJJ－300	26～28
SJQ95－120	LGJ－95，LGJ－120	16～20	SJQ400	LGJQ－400，LGJJ－400	30～32
SJQ150－240	LGJ－150，JGJ－185，LGJ－240	22～24			

（10）关于带电作业间隙的海拔校正。

海拔校正因数的表达式如下

$$K_a = \frac{1}{1.0 - mH \times 10^{-4}}$$

式中　　H——海拔，m；

m——操作冲击的海拔校正因数的修正因子。

不同海拔的带电作业间距校正步骤如下：根据间隙在标准气象条件下的操作冲击放电电压值，计算得出不同海拔下的校正因数 K_a。将各带电作业间隙的放电电压值乘以海拔校正因数 K_a，再求得相应海拔下的带电作业间隙距离。

二、交流线路带电作业安全距离计算方法

1.《交流线路带电作业安全距离计算方法》编制原则

《交流线路带电作业安全距离计算方法》参照 DL 409—1991，结合国内各单位的试验数据、带电作业工作经验，在综合分析的基础上予以制定。

（1）给出了交流线路带电作业安全距离计算方法，规定了安全性评估判据、间隙系数、标偏系数、气象参数等。适用于 110～750kV 交流线路带电作业安全距离的计算和核算，计算的结果可供设计、试验和检修作业中参考使用。

（2）给出了带电作业最小电气距离和最小安全距离的定义。最小电气距离是指在带电作业期间，可防止发生电气击穿的最小间隙距离，它可以通过试验得出，也可以在试验数据回归分析基础上由经验公式计算得出。最小安全距离是指带电作业最小电气距离与附加距离之和，附加距离主要考虑人员活动范围的影响。

（3）在我国确定带电作业安全距离时，基本上是根据系统中可能发生的最大过电压来确定。如：我国确定500kV线路带电作业安全距离时，是按系统的统计过电压2.0p.u.来确定。实际上，由于操作过电压的幅值取决于不同线路的电气参数和断路器的性能，不同系统的过电压值是不一样的。如果装有合闸电阻或在带电作业时已停用自动重合闸，带电作业时的实际过电压倍数将较最大过电压低。因此，在计算带电作业安全距离时，应根据带电作业时系统的实际过电压倍数确定，不同工作状态下的过电压值可通过暂态网络分析仪（TNA）或数字计算机应用专用程序计算求得。

（4）最小电气距离的计算公式中，综合系数考虑了间隙系数、标偏系数、海拔修正系数等方面的综合影响，结合我国各单位的试验数据及运行经验，在500kV系统统计过电压2.0p.u.时，计算得出最小电气距离为3.2m，在330kV系统统计过电压2.2p.u.时，计算得出最小电气距离为2.1m，在220kV系统统计过电压3.0p.u.时，计算得出最小电气距离为1.8m，与修改后的DL 409—1991规定的带电作业安全距离基本一致。

（5）与DL 409—1991原规定不同的是，该标准规定：当线路的过电压倍数不同时，最小电气距离也随之改变，而在DL 409—1991原规定中是不考虑系统、设备、线路长短等因素，一律按系统可能出现的最大过电压来确定，而对于部分小塔窗线路、紧凑型线路、升压改造线路，就给带电作业的开展带来了困难。实际上，当线路长度不一样、系统结构不一样、设备不一样、操作方式不一样时，不同线路的操作过电压倍数会有较大差别。因此有必要根据线路的实际情况及过电压的实际倍数来确定安全距离。在实际操作中，如果无该线路的操作过电压计算数据和测量数据，则仍应按照系统可能出现的最大过电压倍数来预定安全距离。如果通过计算和测量已知该线路的实际过电压倍数，则可根据本标准中推荐的计算方法进行计算，也可参考采用表3-13中针对不同过电压倍数给出的安全距离值。另需说明的是，对于特定的塔型结构或作业方式，也可在参照本标准中给出的安全距离值后，再通过真型塔的试验校核来加以确定。

（6）在GB/T 18037—2000《带电作业工具基本技术要求与设计导则》中规定，带电作业期间，间隙放电的危险率应小于1.0×10^{-5}，即十万分之一的放电概率，这是指间隙电气击穿的概率。如果再考虑到带电作业时，恰逢操作波出现的概率，则带电作业的危险率将更小，可确保作业人员的安全。因此，该标准中可接受的危险率水平仍规定为小于1.0×10^{-5}。

（7）规定在计算中的标偏系数取$k_d = 0.936$。在试验中，由于存在一定的分散性，也会出现$[\sigma]$大于5%的数据，但综合国内各地的试验数据，基本上是小于5%，故取标偏系数为0.936。

（8）在确定最小安全距离时，需考虑人体活动范围。最小安全距离应是最小电气距离与人体活动范围距离之和。对于不同的作业方式，其人体活动范围是不一样的。我国有关规程中规定人体活动范围为0.3～0.5m，一般情况取0.5m，在大部分作业中，此规定可满足人体活动的要求。对于特殊的作业，可根据人体所需的实际活动范围再加上最小电气距离，最后校核确定最小安全距离。

（9）在确定最小安全距离时，需对环境因素可产生的影响加以考虑和限制。遇雷、雨、雪、雾天气不能进行带电作业。另外，当风力大于10m/s时，一般不宜进行带电作业。另外，在实际带电作业中校核确定最小安全距离时，必须考虑到导线风偏等的影响。在计算得出的最小安全距离的基础上，加上实际作业时导线风偏可能摆动的距离，作为实际作业时的安全间隙。

（10）采用本方法计算得出的结果可供设计和研究中参考使用。对于特定的塔型结构和作业方式，可通过计算得出最小安全距离值后，再通过在真型塔上模拟带电作业实际工况来试验校核，当计算值与试验值有差异时，以真型塔的试验为准。

2. 《交流线路带电作业安全距离计算方法》内容解读

（1）线路操作过电压的计算。

1）线路相地2%统计操作过电压倍数 k_e。操作过电压的幅值可通过暂态网络分析仪（TNA）或数字计算机计算求得。如果无线路过电压的计算研究值，根据 DL/T 620—1997《交流电气装置的过电压保护及绝缘配合》，在确定带电作业安全距离时可参照表3-71中列出的相地统计过电压 $U_{2\%}$ 倍数 k_e。

表3-71　　　　　　　　　　　相地2%统计过电压倍数 k_e 值

系统额定电压 （kV）	k_e	系统额定电压 （kV）	k_e
110（非直接接地系统）	3.5	500	2.0
110～220（直接接地系统）	3.0	750	1.8
330	2.2		

如果装有合闸电阻或在带电作业时已停用自动重合闸，过电压倍数可能较表3-71中所列值低。在计算带电作业安全距离时，应根据该线路在带电作业时可能出现的实际过电压倍数来确定。

2）相间2%统计过电压倍数 k_p。相间统计过电压倍数 k_p 可通过式（3-12）求得

$$k_p = 1.33k_e + 0.4 \tag{3-12}$$

（2）计算方法。

1）作业位置的统计过电压 $U_{2\%}$。

a. 相—地

$$U_{2\%} = k_e U_m \sqrt{2}/\sqrt{3} \tag{3-13}$$

b. 相—相

$$U_{2\%} = k_p U_m \sqrt{2}/\sqrt{3} \tag{3-14}$$

2）绝缘间隙的统计耐受电压 $U_{90\%}$

$$U_{90\%} = k_s U_{2\%} \tag{3-15}$$

3）最小电气安全距离

$$D_U = 2.17\left[e^{U_{90\%}/(1080k_t)} - 1\right] \tag{3-16}$$

4）最小安全距离

$$D = D_U + D_E \tag{3-17}$$

5）最小组合间隙

$$S = k_f D_U + F \tag{3-18}$$

采用本方法计算得出的结果可供设计和试验中参考使用。对于特定的塔型结构和作业方

式,可通过计算得出最小安全距离值后,再通过在真型塔上模拟各种带电作业工况来试验校核确定。当计算值与试验值有差异时,以真型塔的试验值为准。

(3)系数的计算及取值。

1)人体活动范围 D_E。人体活动范围 D_E,由作业人员体型、作业姿态、间隙形状等因素决定,其参考取值范围为 $0.2 \sim 1.0$m。

2)中间电位导体占位长度 F。中间电位的导体包括处于作业间隙中的人员、工具中的金属部分等。中间电位导体占位长度 F 的取值由作业人员的体型与姿势、工具形式、等电位进入方法等因素决定,其参考取值范围为 $0.2 \sim 1.0$m。

3)统计安全系数 k_s。表征计算结果中保留的安全裕度。其参考取值为 1.1。

4)中间电位导体影响系数 k_f。表征中间电位导体对间隙放电特性影响。其参考取值范围为 $1.0 \sim 1.2$。

5)间隙系数 k_g。电极的形状和尺寸对间隙的电气强度有明显的影响。在正极性操作冲击电压下,棒—板结构的放电电压最低,其间隙系数为 1.0。对于其他不同的电极结构,可用不同间隙系数来表征其对电气强度的影响。一般情况下,相地间隙 $k_g = 1.0 \sim 1.2$,相间间隙 $k_g = 1.45$。另外可通过真型试验求出不同电极结构下的间隙系数。

6)标准偏差系数 k_d

$$k_d = (1 - 1.28[\sigma_d]) \qquad (3-19)$$
$$[\sigma_d] = 5\% ; \ k_d = 0.936$$

7)海拔修正系数 k_a。海拔修正系数 k_a 见表 3-72。

表 3-72 不同海拔和 $U_{90\%}$ 值的海拔修正系数 k_a

海拔 (m)	$U_{90\%}$ 的范围 (kV)						
	<200	200~399	400~599	600~799	800~999	1000~1200	>1200
0	1.000	1.000	1.000	1.000	1.000	1.000	1.000
100	0.990	0.992	0.993	0.995	1.000	0.998	0.999
300	0.970	0.975	0.980	0.984	0.998	0.992	0.995
500	0.950	0.958	0.966	0.973	0.980	0.985	0.991
1000	0.901	0.916	0.931	0.944	0.955	0.966	0.976
1500	0.853	0.875	0.894	0.912	0.928	0.943	0.956
2000	0.807	0.833	0.857	0.879	0.899	0.917	0.933
2500	0.763	0.792	0.820	0.845	0.868	0.888	0.908
3000	0.720	0.752	0.782	0.810	0.835	0.858	0.880

(4)危险率计算。

1)绝缘间隙的 $U_{50\%}$。杆塔绝缘间隙的 $U_{50\%}$ 放电电压可通过试验得出,在无试验数据时,也可以根据式(3-20)进行估算。

$$U_{50\%} = k_g 1080\ln(0.46D + 1) \qquad (3-20)$$

式中　D——绝缘间隙总长度；

　　　　k_g——间隙系数。

2）危险率。带电作业的危险率可由式（3-21）计算求得

$$R_0 = \frac{1}{2}\int_0^\infty P_0(U)P_d(U)\,du \tag{3-21}$$

$$P_0(U) = \frac{1}{\sigma_0\sqrt{2\pi}} \cdot e^{-\frac{1}{2}\left(\frac{U-U_a}{\sigma_0}\right)^2} \tag{3-22}$$

$$P_d(U) = \int_0^u \frac{1}{\sigma_0\sqrt{2\pi}} \cdot e^{-\frac{1}{2}\left(\frac{U-U_{50\%}}{\sigma_d}\right)^2}\,du \tag{3-23}$$

式中　$P_0(U)$——操作过电压幅值的概率密度函数；

　　　　$P_d(U)$——空气间隙在幅值为 U 的操作过电压下击穿的概率分布函数；

　　　　U_a——操作过电压平均值，kV。

操作过电压平均值可由式（3-24）计算

$$U_a = \frac{U_{2\%}}{1 + 2.05[\sigma_0]} \tag{3-24}$$

式中　$[\sigma_0]$——过电压的相对标准偏差，取 12%。

根据 GB/T 18037—2000 规定，可接受的危险率水平应小于 1.0×10^{-5}。

（5）环境的影响。当确定最小安全距离时，需对环境因素可能产生的影响加以考虑和限制。

1）风力大于 5 级或 10m/s 以上时，一般不宜进行带电作业。

2）遇雷、雨、雪、雾天气，不得进行带电作业。

（6）计算举例。取 $k_g = 1.129$，$k_d = 0.936$，$k_s = 1.1$，$k_f = 1.07$，$D_E = 0.5$，$F = 0.5$，在海拔为 1000m 时，求得不同电压系统的带电作业最小安全距离与组合间隙计算值，分别见表 3-73 中。

表 3-73　　　　　　　　　　　安全距离与组合间隙计算值

额定电压 （kV）	最高运行电压 （kV）	$U_{2\%}$ 统计过电压倍数 （p.u.）	最小电气安全距离 D_U （m）	最小安全距离 D （m）	最小组合间隙 S （m）
110	121	3.0	0.8	1.3	1.36
		3.3	0.9	1.4	1.46
		3.5	1.0	1.5	1.57
220	242	2.6	1.52	2.02	2.13
		2.8	1.65	2.15	2.27
		3.0	1.80	2.3	2.43
330	363	2.2	2.1	2.6	2.75
		2.5	2.4	2.9	3.07
		2.7	2.6	3.1	3.28

额定电压 （kV）	最高运行电压 （kV）	$U_{2\%}$ 统计过电压倍数 （p. u.）	最小电气安全距离 D_U （m）	最小安全距离 D （m）	最小组合间隙 S （m）
500	550	1.8	2.8	3.3	3.50
		2.0	3.2	3.7	3.92
750	800	1.7	4.3	4.8	5.10
		1.8	4.8	5.3	5.64

三、带电作业用工具、装置和设备使用的一般要求

1. 《带电作业用工具、装置和设备使用的一般要求》编制原则

（1）编写原则。

1）转化先进标准。转化和参考国际上的先进标准，尤其是国际电工委员会的标准要加快转化速度，是我国标准制、修订工作的基本原则。IEC 在 2002 年公布实施了 IEC 61477：2002《带电作业用工具、装置和设备使用的一般要求》。这是带电作业专业领域中的一个通用性的基础标准。为加快与国际接轨的速度，应迅速将此标准转化为我国标准，以指导我国的带电作业工作，经研究，决定等同采用这个 IEC 标准。

2）鼓励科技进步。该标准为通用性的基础标准，既要考虑到目前我国生产带电作业工具、装置和设备的最新水平，但同时又要兼顾我国各地和区域性的一些特点。而重要的是，随着我国的生产发展以及科技进步，我国不少制造厂能生产达到 IEC 标准的绝缘材料、工具、装置和设备，而我国的带电作业技术也已经有了长足的飞跃发展，因而应当鼓励科技进步，肯定先进的生产流程，将质量好的带电作业用绝缘材料、工具、装置和设备引入电力系统。而对于那些生产工艺落后，质量较差的带电作业用绝缘材料以及落后的操作方法则应拒之门外。因此应全面引入 IEC 标准中先进的技术要求，工具特性、使用条件以及保养条件等。

3）规范较为成熟的技术。遵循我国现行的技术经济政策，注意总结我国开展带电作业近 50 年来带电作业方法的精髓，生产和使用各类带电作业工具、装置和设备产品的较为成熟的生产实践。例如，我国在带电作业领域中所使用的绝缘材料，主要是空心绝绝缘管、泡沫填充绝缘管和实心绝缘棒，而异形管（包括椭圆管）、板材，我国也有使用，而我国生产的空心管，填充管及实心棒，较 IEC 标准中的规格还齐全。因而将规格系列齐全且成熟的产品列入标准是合适的。由于本标准没有涉及具体的带电作业方法，而只是规范了工具、装置和设备使用过程中的关键和重点，因此，本标准是带电作业工具、装置和设备使用的全过程，它涵盖了工器具的特性、使用条件、维修条件及储存和运输条件。

4）与相关标准的一致性。我国的电力国家标准以及电力行业标准，已建立了标准体系表，标准的相互引用，构成了完整的标准系列。因此，该电力行业标准应与其他相关的电力国家标准、电力行业标准相一致，尤其是技术要求与技术参数应一致，不要出现矛盾，否则在标准的执行过程中将会无所适从。该标准的第 4 章为工器具的特性，所涉及的内容与 GB/T 18037—2000 有一些交叉，在等同采用的过程中，我们注意了其技术内容的协调一致。

a. 标记、图形符号，IEC 已经统一了标准，即采用双三角符号。我国 2000 年以后的带

电作业产品标准中（包括等同和修改采用 IEC 标准的）也都大部分采用了双三角符号的规定。

b. 工具的尺寸和重量，强调工具的总体重量要轻，要使工作人员操作时感觉方便、灵巧，确保安全，尤其要注意工具的活动末端与手握区之间的距离，要考虑带电作业区域，留有一定的裕度。

c. 电气特性，要注意工具所采用的材料。绝缘材料和包覆绝缘材料其绝缘强度有很大的不同，不同电压等级的工具，其起控制作用的电压种类是不一样的，这一点，DL/T 867—2004《带电作业绝缘配合导则》规定了范围 I 和范围 II 的绝缘配合原则，本标准中不详述，只是交代了一句话，以期引起大家的注意。

d. 机械特性，对于工具，在作业中所有外力要通过其传递，因此工具所受到的拉力、挤压力、抗弯力、牵引力和剪切力，应综合起来考虑；对于个人防护用具，主要应有一定的机械强度要求，那么，其抗刺穿、抗切割、抗撕裂和抗磨损等特性应一并要求。本标准只是进行归类和强调，而各类工具、装置和设备的技术要求数值在 GB/T 18037—2000《带电作业工具基本技术要求与设计导则》中均有详细的规定。

e. 耐热特性，对于便携式接地短路装置和屏蔽服装等个人防护用具要考虑电弧燃烧引起的热危害，尤其是屏蔽服装的阻燃特性，应给予特别的关注。

（2）适用范围。规定了带电作业工具、装置和设备的制造、选择、使用和维修的最低要求。所谓最低要求，实际上是一般要求，即应达到的起码要求。这里强调的是有资格又能熟练地从事带电作业工作的工作人员，如果要安全地使用带电作业工具、装置和设备，则必须掌握本标准，详细了解工具、装置和设备的特性、使用条件、维修条件、储存运输条件以及使用说明书等。

（3）技术内容。

1）使用条件。

a. 使用说明书。工具的使用应明确使用范围，尤其是限定条件和注意事项，例如，在特殊场合，带电水冲洗和采用直升机进行水冲洗，对工具的使用应严格按使用说明的要求进行。

b. 关注使用环境。工具的使用环境，应重视污秽、气温、雾、海拔以及湿度等的影响。工具的使用者应熟悉设备及装配说明书、操作说明书。浓雾和高湿度环境使用时，要注意带电作业工具、装置和设备绝缘部分的泄漏距离是否足够，作业地点的海拔与带电作业工具、装置和设备的绝缘长度是否匹配。尤其对诊断装置要着重了解其功能原理以及限制条件，对成熟的诊断方式要做到心中有数。

c. 工具使用之前的检查。这里还强调了工具使用之前的检查，工具表面应是清洁的且应无孔洞、无撞伤、无裂缝，工具是完整的、洁净的应能正确操作，无卡涩现象。

2）维修。维修的定义是：为消除带电作业工具、装置和设备的缺陷和异常以维持工具、装置和设备的正常使用寿命而进行的清洗、检测和修理工作。因此，维修工作应包括 3 部分内容。

a. 清洗。

a）专用清洗剂。各产品标准对于所采用的各类绝缘材料进行表面清洗，都有推荐的专用清洗剂，其原因是要求这些清洁剂产品不应对工具绝缘部件表面带来损伤及劣化，例如 DL/T 854—2004《带电作业用绝缘斗臂车的保养维护及在使用中的试验》中规定，对绝缘斗臂车的绝缘部件应采用一种称之为"异丙醇"的化学溶剂进行清洗。同时特别提出对清洗剂的选择时应注意符合环境保护的要求。

b）包括清洗程序在内的专有清洗技术。强调清洁操作的全过程，包括清洗用具、干洗或采用清洗剂的用量和先后次序等，都应按相应产品标准的使用说明书进行，不得随意处置。

c）清洗周期。每次使用之后应清洗干净才能暂时存放，放入工具库房之前应清洗干净。工具绝缘部分具有憎水性的，清洗干净后即可存放，而工具绝缘部分不具备憎水性的，则应在其绝缘表面涂一层憎水涂料，方可存放。

b. 定期检测。工具的保养强调的是定期检查和测试，关于带电作业工具、装置和设备的定期检测除执行即将颁布的《带电作业工具、装置和设备预防性试验规程》之外还应执行相应的产品标准中关于使用说明中有关检查的规定，而《带电作业工具、装置和设备预防性试验规程》中对试验周期、电气试验、机械试验的技术要求，试验方法和合格判据都有明确的规定。

c. 修理。因为带电作业工具、装置和设备出现了缺陷和异常，影响到其正常使用，修理的过程即消除缺陷的过程（这里只是可逆的小缺陷）。

修理工作可由制造厂或使用者自己来承担。最近编制的带电作业产品标准，无论是国家标准还是电力行业标准都规定有产品说明书一章或附录，或者规定由制造厂给出说明书，说明书应包括5个方面的内容。这里由于不同类别的带电作业工具、装置和设备的可进行修理和报废的要求和判据不一样，因此应十分重视相应的产品标准的相关技术要求。

3）储存和运输。工具要保持良好的状态维持其固有特性，恰当的储存和运输方式十分重要，它关系到带电作业工具、装置和设备的使用寿命。

a. 储存。关于工具的存放，我们已经编制了《带电作业用工具库房》电力行业标准，不久将会公布实施，详细内容以后可查阅这个标准。这里主要要考虑湿度、温度、热辐射、紫外光辐射等，特别应备有工具存放指南，使重要的工具、装置和设备能正确存放，以确保其处于良好状态。

这里特别提到带电作业工作地点的工具存放问题：

其一，在带电作业工作地点的现场，应有工具支架，要确保作业工具的清洁和干燥。

其二，对于绝缘绳和绝缘软梯等软质工具，在工作现场要有专用塑料布铺于地上，防止这些工具受潮。

b. 运输。每一个带电作业工具、装置和设备的产品标准都有储存运输一章，这里有两个要点：

a）包装。由于带电作业工具、装置和设备的外形尺寸、材料的不同其包装材料各产品标准都有各自的相应规定，其原因是尽量避免或减少运输过程的损坏。为什么有的规定用麻袋、纸箱、木箱、塑料袋等各种包装物的原因。

b）运输。运输方式主要牵扯到运载工具，一般均可采用汽车运输，个别特殊情况，相关标准会提出特殊要求。

2.《带电作业工具、装置和设备使用的一般要求》内容解读

（1）工器具的特性。工具的选择工作应尊重工具制造者的忠告和指导，以及前人使用的经验和知识，尤其应注意将两者结合起来考虑。

这样的忠告、指导、经验和知识，不仅对使用者选择工具大有益处，同时还应确保使用者在具备了这些知识之后再使用工具。

工具的使用者应具备工具正确使用所需的知识以及特殊的安全问题。这一点需达成共识或为人们所普遍接受。

1）标记、图形符号。带电作业工具所具有含义清晰的标记是必不可少的，这些标记一看便知是可安全用于带电作业工具的图形符号。

带电作业工具的标记，按 IEC 标准应为双三角标记。所有架空装置的特有的工作负载应明确标示出来。

2）尺寸和重量。工具的物理特性应明确为使用时的安全性，这些特性应为：

a. 工具的总重量应包括工作人员所握操作手柄的重量。因为这些工具的使用是在一定距离之外的操作，例如带附件的通用工具、绝缘操作杆、绝缘毯以及保护罩。

b. 部件的尺寸应与所要求的绝缘水平相适应（例如：工具的活动末端与手握区之间的距离，在保护罩表面边界所需的泄漏距离）。

c. 导电部分的尺寸，须加上带电作业区域。

上述最后一条应予特别关注，因为在考虑空气间隙强度时还须考虑感应的影响。

3）电气特性。工具的使用者，必须认识并了解欲使用工具各种零部件的电气特性，其中绝缘部件、包覆绝缘部件或导电部件的电气特性尤为重要。

应注意区别：

a. 工具的绝缘部分或包覆绝缘部分；

b. 工具的导电部分。

有些工具也可采用非导电材料制成，它们不同于带电作业用绝缘材料所适用的一些要求。然而，这些由非导电材料制成的工具应确保所要求的相应的绝缘水平。因此，这些工具在使用时，将不影响其电气绝缘性能。

工具的选择应建立在其电气特性的基础之上，而一个工具的电气特性通常与其所使用的最高系统电压所要求的绝缘水平有关，还可根据带电作业的产品标准进行工具产品的分类及配置。

长形绝缘工具，例如绝缘操作杆，使用它通常是为了与带电部分保持合适的空气距离。因此，这类工具无须分类。

工具所适用的最高电压等级限值，应该在工具随同的使用说明书中有明确说明，或者在工具上标识清楚。

4）机械特性。工具的重要机械特性应明确为主要的机械性能，即这些性能为最大机械外力、扭力值，并由这些工具进行传递。这些压力和扭力还可细分如下：

a. 拉力；

b. 挤压力；

c. 抗弯力；

d. 扭力；

e. 牵引转力矩；

f. 剪切力。

对于个人防护设备这类工具，则主要是机械强度特性，例如：

a. 抗穿孔；

b. 抗切割；

c. 抗撕裂；

d. 抗张强度和伸长破坏；

e. 抗磨蚀等。

5) 耐热特性。由于带电作业工具使用于电气环境，因而可能会有热源危险产生，例如：

a. 工作人员正在工作的区域附近发生电弧放电；

b. 当系统中出现异常电流情形时，防护用具会熔化。

特殊的防护用具应具有阻燃要求，即发生电弧时，要尽量减轻电弧的影响或提出别的耐热要求。

(2) 使用条件。使用带电作业工具的每一个人，都应掌握以下基本要点：

a. 工具的使用范围，在何种电气装备上使用及限制，以及有关环境或作业方法；

b. 工具使用前的检查，以确保工具（电气和机械性能）完好；

c. 工具使用期的预防措施。

1) 使用范围。

a. 装备类型和使用限制。电气装备类型：

a) 架空线路；

b) 变电站；

c) 电缆网络；

d) 发电厂。

更详细地区分细节情形，可包括以下例子：

a) 带电部分的类型（使用遮蔽罩）；

b) 杆塔类型（使用鞍状物）；

c) 绝缘子类型（瓷、钢化玻璃、复合）。

这些配套工具无论在进行操作杆作业、等电位作业或直接作业，都要从带电作业的安全性出发，明确地告知使用者，这些工具的限定范围和注意事项。

当这些工具应用于特殊场合（例如：带电水冲洗、采用直升机进行水冲洗等），也应明确地告知使用者，这些工具的限定范围和注意事项。

b. 环境。工具在使用期内，由环境情况而导致的不利影响等限制了工具的使用特性，这些情况应向工具的使用者说明。

下列各点应考虑（不应遗漏）：

a) 污秽；

b) 环境温度（有些材料在极端最高、最低温度时，可能会有机械性能质的改变）；

c）海拔；

d）雾。

c. 使用的预防措施。工具的使用者熟悉下列各点是十分重要的：

a）设备及装配说明书；

b）必需的操作说明书；

c）在使用中为防止危险而必须遵守的特殊限制。

当使用诊断装置时使用者应着重了解：

a）功能原理；

b）使用时对这一原理的限制条件；

c）必不可少的、成熟的诊断方式。

d. 使用之前的检查。为了确保工具电气和机械特性的完整，在每次使用工具之前，应进行仔细地检查，这些检查应包括以下各点：

a）工具在经储存和运输之后应无损伤（例如：工具的绝缘表面应无孔洞、撞伤、擦伤和裂缝等）；

b）工具应是洁净的；

c）工具的可拆卸部件或各组件经装配后应是完整的；

d）工具应能正确操作（例如：工具应转动灵活无卡阻，锁位功能正确等）。

对于诊断装置，为了鉴定其使用前后的情形，应将其内部检测单元配备好。

2）维修条件。工具在设计上应考虑到在使用期内遇到的磨损和撕裂等情况，因此工具的设计者和制造者应向使用者提供有关必需的尺寸和维修知识，同时，使用者也应反馈这些特性，以便改进设计和制造数据。工具的尺寸一般由工具的结构和所使用的材料来决定，而相关标准则不便统一规定。所以，一般导则只给出有关清洗和修理的意见。

这里增加维修的条款，包括定期检查和测试，使进行过保养和进行过恰当修理后的工具，确保其电气和机械特性。

a. 清洗。在某情况下，工具的绝缘特性和使用功能会受到污染物的不利影响。因此使用者应使用专用清洁剂，以及清洗技术。

而清洁剂材料的选用，应确保能除去工具在使用中常遇到的污物、污秽以及污秽沉淀物。这些污物和污垢主要是沉积和吸附的含油脂物和固体微粒（包括盐、细土、金属粉尘），这些物质很容易导电。

这些清洁剂产品不应引起工具绝缘部件表面损伤及劣化，同时还应符合环境保护的要求。

清洁步骤应按如下要求：

a）清洁操作的全过程应包括必需品、漂洗液和干洗；

b）清洗的推荐周期（所有绝缘或包覆绝缘工具应在每次使用之后以及储存之前都应清洗干净）。

除非工具本身已具有憎水性，否则一般工具清洗之后，在其绝缘表面涂一层憎水涂料，以防止其表面形成水膜。

b. 定期检测。定期检查和测试，为使用中的带电作业工具能进行有效的保养提供了保障。

检查和测试一般包括目视检查、电气和机械性能试验。

检查和测试是由相应工具的有关标准所规定的型式试验和例行试验项目来进行的，产品的出厂试验应参照相关产品标准选择合适的试验值，但预防性试验值应有所降低。

目视检查常带有主观因素，因而建议采用比较法对长杆类工具的外形等进行检查。

检查的周期一般由工具制造厂商提出，而一般确定检查周期，应考虑以下因素：

a）工具的老化取决于结构特点和所使用的材料；

b）正常使用时发生的磨损和撕裂；

c）使用频率。

用于低压（低于 1kV 有效值）的带电作业工具，一般不需做定期电气试验来鉴定其绝缘性能（除非有特殊要求），这是因为在设计上其绝缘水平已有足够的裕度，而目视检查已足以看出其性能如何。

c．修理。工具要进行修理，是为了恢复其使用性能。而对于修理工作的步骤及程序等，使用者应是最为熟悉的。工具的修理工作应由下列人员来承担：

a）制造厂（或供应商）；

b）使用者。

本标准推荐由制造厂给出说明书，说明书中包含有如何进行工具修理的内容，用来指导维修。说明书应包括：

a）产品进行修理所使用的条款；

b）产品的储存条件，特定的气温限制和最大储存期等条款；

c）产品如何准备、应用的特定方法以及使用须知；

d）进行修理工作的环境条件；

e）修理程序，具体指各种步骤，包括准备、应用及检测。

工具是否进行维修，应视有关规定、经济及技术因素来决定，而这些因素对每一种工具而言，都有其特殊性，因而无法给出通用导则或标准。

3）储存和运输条件。工具要保持其固有特性，应避免不适当的储存和运输方式。而工具如何储存及在何处储存，应全面进行考虑，包括环境因素以及对这些工具可能发生的不利影响因素。这些因素取决于工具的结构特点及所使用的材料，应包括：

a．湿度、温度（热和冷）、热辐射、紫外光辐射；

b．储存方法（长形或易弯曲的物品，例如绝缘垫和绝缘毯，由于重物长期置于其上而使之折叠或压缩导致永久变形）。

工具的外包装设计应考虑防振，以免运输过程中受损，尤其是绝缘和包覆绝缘工具的表面应有防坚硬物撞击损坏的措施。

在工作地点存放工具，应有存放指南，应采用工具支架以确保工具的清洁和干燥。例如像绝缘绳这样的软质工具，存放时应有专用塑料布铺于地上及包装袋下。

第三节　安全及注意事项

一、配电线路带电作业技术导则

1. 《配电线路带电作业技术导则》编制原则

（1）基本内容。6~10kV 配电线路是直接面向用户的电力基础设施。它具有网络复杂、覆盖面大的特点。随着生产、生活用电设施的日益普及，对供电可靠性要求越来越高。为提高配电网运行的安全、可靠、经济性，就必须大力开展配电线路的带电检修和维护作业。为促进配电线路带电作业的规范化和标准化，根据配电线路带电作业的特点和安全防护要求组织编写。在编制过程中，吸取全国各地电力部门开展配电线路带电作业的经验，并广泛征求了从事带电作业的技术人员和专家的意见。

《配电线路带电作业技术导则》规定了 10kV 电压等级配电线路带电作业的作业方式、绝缘工具、防护工具、操作要领及安全措施等。3、6kV 配电线路的带电作业可参照。鉴于各地电气设备型式多样，作业项目种类较多，因此，在作业项目及操作方法上只作原则指导。

（2）作业方式。在作业方式的划分上，主要是根据 IEC 标准中的划分方法，将配电线路带电作业方式分为绝缘杆作业和绝缘手套作业法。这一划分方法突出了配电线路带电作业的特点，区别于高压送电线路中按作业人员电位的划分方法。

绝缘杆作业法是指作业人员与带电体保持 DL 409—1991（以下简称《安规》）规定的安全距离，通过绝缘工具进行作业的方式。在作业范围窄小或线路多回架设，作业人员有可能触及不同电位的是电力设施时，作业人员应穿戴绝缘防护用具，对带电体应进行绝缘遮蔽，绝缘杆作业法既可在登杆作业中采用，也可在斗臂车的工作斗或其他绝缘平台上采用。

绝缘手套作业法是指作业人员借助绝缘斗臂车或其他绝缘设施（人字梯、靠梯、操作平台等）与大地绝缘并直接接近带电体，作业人员穿戴全套绝缘防护用具，与周围物体保持绝缘隔离，通过绝缘手套对带电体进行检修和维护的作业方式。采用绝缘手套作业法时无论作业人员与接地体和邻相的空气间隙是否满足《安规》规定的安全距离，作业前均需对人体可能触及范围内的带电体和接地体进行绝缘遮蔽，在作业范围窄小，电气设备布置密集处，为保证作业人员对邻相带电体或接地体的有效隔离，在适当位置还应装设绝缘隔板或隔离罩等限制作业者的活动范围。

无论是采用绝缘杆作业法还是绝缘手套作业法，由于作业人员是穿戴绝缘防护用具对人体进行安全防护和隔离，不仅要将人体与带电体隔离开业，而且要求与接地体隔离开来，此时人体电位既不是地电位，也不是等电位，而是处于带电体与接地体间的某一悬浮电位。

在配电线路带电作业中，不允许作业人员穿戴屏蔽服和导电手套，采用等电位方式进行作业。绝缘手套法也不应混淆为等电位作业法。

在超高压输电线路的带电作业中，空间电场强度高，作业间隙大，作业人员穿屏蔽服进入高电位并采用等电位作业法进行检修和维护是一种安全、便利的作业方式。但在配电线路的带电作业中，由于配电网络的电压低，三相导线之间的空间距离小，而且配电设施密集，使作业范围小，在人体活动范围内很容易触及不同电位的电力设施。因此，作业人员身穿屏蔽服，直接接触带电体的等电位作业方式在配电网的带电作业中不宜。尽管不少单位在应用这种方式时并没有出现事故，但严格地说，存在着安全隐患，一旦出现以下情况：带电体没遮盖或遮盖不全且作业人员动作幅度大，造成相对地短路或同时接触两相带电体时，较大的短路电流将通过屏蔽服，不仅造成设备短路，而且会因短路电流超过屏蔽服通流容量，直接造成人员伤亡。所以，在配电网的带电作业中，不宜穿屏蔽进行等电位作业，而应穿绝缘服进行作业。

在配电线路的带电作业中，为确保作业人员及设备的安全，应有主绝缘工具和辅助绝缘用具组成的多种安全防护，用通俗的话说，就是越绝缘越好。在任何情况下，都要防止人体同时接触具有不同电位的设施，当采用不同的主绝缘工具时，多重后备防护具有以下特点。

1）绝缘操作杆。作业人员通过登杆工具（脚扣等）登杆至适当位置，系上安全带，保持与系统电压相适应的安全距离，作业人员应用端部装配有不同工具附件的绝缘杆进行作业。采用该种作业方式时，一是以绝缘工具、绝缘手套、绝缘靴组成带电体与地之间的纵向绝缘防护，其中绝缘工具起主绝缘作用，绝缘靴、绝缘手套起辅助绝缘作用，形成后备防护。在相一相之间，空气间隙是主绝缘，绝缘遮蔽罩起辅助绝缘作用，组成不同相之间的横向绝缘防护，避免因人体动作幅度过大造成同相短路。该作业方法的特点是不受交通和地形条件的限制，在高空绝缘斗臂车无法到达的杆位均可进行作业，但机动性、便利性和空中作业范围不及绝缘斗臂车作业。现场监护人员主要应监护人体与带电体的安全距离、绝缘工具的最小有效长度，作业前应严格检查所用工具的电气绝缘强度和机械强度。

2）绝缘斗臂车。采用绝缘斗臂车进行带电作业，具有升空便利，机动性强，作业范围大，机械强度高，电气绝缘性能高等特点。带电作业绝缘斗臂车自20世纪30年代在欧美国家开始研制，到50年代以后在送、配电线路带电作业中得到广泛的应用。绝缘斗臂车的绝缘臂采用玻璃纤维增强型环氧树脂材料制成，绕制成圆柱形或矩形截面结构，具有重量轻、机械强度高、电气绝缘性能好、憎水性强等优点，在带电作业时为人体提供相对地之间绝缘防护。绝缘斗有的为单层斗，有的为双层头，外层斗一般采用环氧玻璃钢制作，内层斗采用聚四氟乙烯材料制作。绝缘斗应具有高电气绝缘强度，与绝缘臂一起组成相对地之间的纵向绝缘，使整车的泄漏电流小于500μA，同时当工作时，若绝缘斗同时触及两相导线，应不发生沿面闪络。

绝缘斗臂车的作业斗定位有的是通过绝缘臂上部斗中的作业人员直接进行操作，有的是通过下部驾驶台上的人员控制，有的作业车上下部都可以进行液压控制。作业斗具有水平方向和垂直方向旋转功能，可平行电线或电杆作业，水平或垂直移动。采用高空绝缘斗臂车进行配电网的带电作业是一种便利、灵活、应用范围广泛、劳动强度较低的作业方法。

在采用绝缘斗臂车作业时，既可采用绝缘杆作业法，也可采用绝缘手套作业法。

a. 在采用绝缘杆作业法（间接作业）时，在相一地之间，绝缘工具和绝缘斗臂形成组合绝缘，其中绝缘斗臂车的臂起到主绝缘作用，在相一相之间，空气间隙起到主绝缘作用，绝缘遮蔽罩形成相间后备防护，因作业人员距各带电部件相对距离较近，作业人员穿戴全套绝缘防护用具，形成最后一道防线，防止作业人员偶然触及两相导线造成电击。

　　b. 在采用绝缘手套作业法（直接作业）时，在相—地之间，绝缘臂起主绝缘作用，绝缘斗、绝缘手套、绝缘靴起到辅助绝缘作用，绝缘遮蔽罩及全套绝缘防护用具（手套、袖套、绝缘服、绝缘安全帽）防止作业人员偶然同时触及带电体和接地构件造成电击。在相相之间，空气间隙起主绝缘作用，绝缘遮蔽罩形成相间后备防护，因作业人员距各带电部件相对距离较近，作业人员穿戴全套绝缘防护用具，形成最后一道防线，防止作业人员偶然触及两相导线造成电击。

　　无论是直接作业法还是间接作业法，在被检修相上开展作业之间，均应采用绝缘遮蔽罩和隔离用具对相邻相带电体进行遮蔽或隔离，同时作业人员应穿戴绝缘防护用具。当采用绝缘手套直接作业时，橡胶绝缘手套外应套上防磨或刺穿的防护手套。

　　在配电线路带电作业中，之所以强调多层后备防护和提倡越绝缘越好，就是为了防患于万一，杜绝一切可能的隐患，以确保作业人员的安全。因此在作业人员的工作区域，应通过多层后备防护措施形成一个安全岛及绿色通道，坚持安全第一，效率第二，杜绝作业人员伤亡事故的发生。

　　3）绝缘遮蔽用具。由绝缘材料制成，用于遮蔽带电导体的保护罩，即绝缘遮蔽罩（护罩）。在带电作业用具中，遮蔽罩不起主绝缘作用，它只适用于在带电作业人员发生意外短暂碰撞时，即过接触时，起绝缘遮蔽或隔离的保护作用。

　　绝缘遮蔽与绝缘隔离是 10kV 配电带电作业的一项重要安全防护措施。10kV 及以下配电设备的带电作业，一直是带电作业中的一个薄弱环节。由于配电电力设备的空气间隙小，作业的安全距离小，使配电带电作业的开展受到了一定限制。特别是对于直接用户供电的 10kV 电力设备，对供电可靠性的要求更高，迫切要求研究改进配电带电作业方法和工具，以提高配电带电作业的安全可靠性。

　　事实证明，采用完善的绝缘遮蔽措施，使用合格的安全防护工具，可以防止人身事故的发生，在配电带电作业上起到了重要的安全防护作用。因此，在比较复杂的多类配电设备上，正确研制或使用各类合格的绝缘遮蔽罩是十分重要的。

　　根据遮蔽对象的不同，遮蔽罩可以分为不同类型，主要有以下有几种：

　　a. 导线遮蔽罩（绝缘软管）。用于对裸导线进行绝缘遮蔽的套管式护罩。

　　b. 耐张装置遮蔽罩。主要用于对耐张绝缘子、线夹或拉板等金具进行遮蔽的护罩。

　　c. 针式绝缘子遮蔽罩。用于对针式绝缘子，包括 P–15、P–20 型绝缘子进行遮蔽的护罩。

　　d. 棒型绝缘子遮蔽罩。棒型绝缘子也叫瓷横担绝缘子，目前国家尚无统一标准，因此其遮蔽罩设计应根据具体使用情况考虑。

　　e. 横担遮蔽罩。用以对铁横担、木横担也包括低压横担进行遮蔽的护罩。

　　f. 电杆遮蔽罩。用以对电杆或其头部进行遮蔽的护罩。

　　g. 套管遮蔽罩。用以对开关等设备的套管进行遮蔽的护罩。

　　h. 跌落式开关遮蔽罩。用以对变压器台和线路上的跌落开关、包括其接线端子进行遮蔽的护罩。

　　i. 隔板。用以隔离带电部件，限制带电作业人员活动范围的绝缘平板。

　　j. 绝缘毯。用于包缠各类带电或不带电导体部件的软形绝缘毯。

k. 特殊遮蔽罩。用于某些特殊绝缘遮蔽用途而专门设计制作的护罩。

对绝缘遮蔽用具，参照 DL 409—1991 和有关国家标准，规定在 30kV 工频电压下应无击穿、无闪络、无发热。对作业人员穿戴的绝缘防护用具，参照 IEC 标准和国家标准，在 20kV 工频电压下应无击穿、无闪络、无发热。

在配电带电作业中，遮蔽是防止人身与设备事故的一项十分重要的环节。标准中一是规定了对人体因接触范围内的所有带电体、接地体、拉线、低压线均应进行遮蔽，二是规定了安装及拆除遮蔽罩的步骤及次序。

对带电部件设置绝缘遮蔽用具时，应从离身体最近的带电体依次设置，即按照从近到远的原则，如对多层分布的带电导线设置遮蔽用具时，应从下层导线开始依次向上层设置。绝缘子遮蔽罩和导线遮蔽罩的设置次序是先放导线遮蔽罩，再放绝缘子遮蔽罩，绝缘子遮蔽罩与导线遮蔽罩的接合处应有大于 15cm 的重合部分。如导线遮蔽罩有脱落的可能时，应采用绝缘夹或绝缘绳绑扎，以防脱落。作业位置周围如有接地拉线和低压线等设施，亦应使用绝缘挡板、高压绝缘毯、遮绝缘罩有脱落的可能时，应采用绝缘夹或绝缘绳绑扎，以防脱落。作业位置周围如有接地拉线和低压线等设施，亦应使用绝缘挡板、高压绝缘毯、遮蔽罩等对周边物体进行绝缘隔离。拆除遮蔽用具时，应从带电体下方（绝缘杆作业法）或者侧方（绝缘手套作业法）拆除绝缘遮蔽用具、拆除顺序是：从离作业人员最远的开始依次向近处拆除，如是拆除上下多回路的绝缘遮蔽用具，应从上层开始依次向下顺序拆除，对于导线和绝缘子遮蔽罩，应先拆绝缘子遮蔽罩再拆导线遮蔽罩。在拆除绝缘遮蔽用具时应注意不使被遮蔽体受到显著振动，要尽可能轻地拆除。配电线路无论是裸导线还是绝缘导线，在带电作业中均应进行绝缘遮蔽。

（3）其他。

1）在作业步骤中，具体规定了斗臂车的操作注意事项，包括表面检查、试操作、定位、升降及机械回转速度等。在绝缘防护用具的穿戴中，规定了所需用具及检查事项。另外，规定绝缘手套外应套保护手套，以防止机械刺穿或磨破。

2）在作业项目及安全事项中，提出了在常规作业项目中应注意的一些主要安全事项。鉴于各地在作业项目、作业工具、电气设备布置方面不同，在使用标准的过程中，各地还可结合本地区的实际情况对安全事项加以补充和修改。

3）该标准的附录 A、附录 B 是资料性附录。附录 A 是配电线路带电作业操作导则，第一部分列举了采用绝缘工具的 6 个作业项目；第二部分列举了采用绝缘手套作业的 10 个作业项目。由于各地电气设备的规格、杆上布置、作业工具均有所不同，其作业方法也会有些差异，因此，其中所列出的作业步骤及注意事项只起原则性指导和参考作用，各地在具体实施中应结合本单位及项目的实际情况加以修改和制定。

4）附录 B 列出了配电带电作业工具及防护用具的性能要求，鉴于各种工具种类繁多，已有专门的技术标准，因此，表中只列出了主要的电气性能要求，供使用标准时便于查阅和参考。

2. 《配电线路带电作业技术导则》内容解读

（1）一般要求。

1）人员要求。配电带电作业人员应身体健康，无妨碍作业的生理和心理障碍。应具有电工原理和电力线路的基本知识，掌握配电带电作业的基本原理和操作方法，熟悉作业工器具的适用范围和使用方法。熟悉 DL 409—1991 和本导则。应会紧急救护法，特别是触电解救。通过专责培训机构的理论、操作培训，考试合格并持有上岗证。

工作负责人（或安全监护人）应具有 3 年以上的配电带电作业实际工作经验，熟悉设备状况，具有一定组织能力和事故处理能力，经专门培训，考试合格并具有上岗证，经本单位总工程师或主管生产的领导批准后，负责现场的安全监护。

2）气象条件要求。

a. 作业应在良好的天气下进行。如遇雷、雨、雪、大雾时不应进行带电作业。风力大于10m/s（5级）以上时，不宜进行作业。

b. 相对湿度大于 80% 的天气，若需进行带电作业，应采用具有防潮性能的绝缘工具。

c. 在特殊或紧急条件下，必须在恶劣气候下进行带电抢修时，应针对现场气候和工作条件，组织有关工程技术人员和全体作业人员充分讨论，制定可靠的安全措施，经本单位总工程师或主管生产的领导批准后方可进行。夜间抢修作业应有足够的照明设施。

d. 带电作业过程中若遇天气突然变化，有可能危及人身或设备安全时，应立即停止工作；在保证人身安全的情况下，尽快恢复设备正常状况，或采取其他措施。

3）其他要求。

a. 对于比较复杂、难度较大的带电作业新项目和研制的新工具，应进行试验论证，确认安全可靠，制定操作工艺方案和安全措施，并经本单位总工程师或主管生产的领导批准后方可使用。

b. 带电作业工作票签发人和工作负责人对带电作业现场情况不熟悉时，应组织有经验的人员到现场查勘。根据查勘结果做出能否进行带电作业的判断，并确定作业方法和所需工具以及应采取的措施。

c. 带电作业工作负责人在工作开始之前应与调度联系。需要停用自动重合闸装置时，应履行许可手续。工作结束后应及时向调度汇报。严禁约时停用或恢复重合闸。

d. 在带电作业过程中如设备突然停电，作业人员应视设备仍然带电。工作负责人应尽快与调度联系，调度未与工作负责人取得联系前不得强送电。

（2）工作制度。

1）工作票制度。

a. 配电带电作业应按 DL 409—1991 中的规定，填写第二种工作票。工作票由工作负责人按票面要求逐项填写。字迹应正确清楚，不得任意涂改。

b. 工作票的有效时间以批准检修期为限，已结束的工作票，应保存 3 个月。

c. 工作票签发人应由熟悉人员技术水平、熟悉设备情况、熟悉本规程并具有带电作业工作经验的生产领导人、技术人员或经本单位主管生产的领导或总工担任。工作票签发人名单应书面公布。

d. 工作票签发人不得同时兼任该项工作的工作负责人。

2）工作监护制度。

a. 配电带电作业必须设专人监护，工作负责人（监护人）必须始终在工作现场，对作业人员的安全认真监护，及时纠正违反安全的动作。

b. 工作负责人（监护人）不得擅离岗位或兼任其他工作。

c. 监护的范围不得超过一个作业点。复杂的或高杆塔上的作业应增设（塔上）监护人。

3）工作间断和终结制度。

a. 配电带电作业过程中，若因故需临时间断，在间断期间，工作现场的带电工具和器材应可靠固定，并保持安全隔离及派专人看守。

b. 间断工作恢复以前，必须检查一切工具、器材和设备，经查明确定安全可靠后才能重新工作。

c. 每项作业结束后，应仔细清理工作现场，工作负责人应严格检查设备上有无工具和材料遗留，设备是否恢复工作状态。全部工作结束后，应向调度部门汇报。

（3）作业方式。

1）绝缘杆作业法。

a. 绝缘杆作业法是指作业人员与带电体保持规定的安全距离，戴绝缘手套和穿绝缘靴，通过绝缘工具进行作业的方式。

b. 在杆上作业人员伸展身体各部位有可能同时触及不同电位（带电体和接地体）的设备时，作业人员应对带电体进行绝缘遮蔽，并穿戴全套绝缘防护用具。

c. 绝缘杆作业法既可在登杆作业中采用，也可在斗臂车的工作斗或其他绝缘平台上采用。

d. 绝缘杆作业法中，绝缘杆为相地之间主绝缘，绝缘防护用具为辅助绝缘。

2）绝缘手套作业法。

a. 绝缘手套作业法是指作业人员使用绝缘承载工具（绝缘斗臂车、绝缘梯、绝缘平台等）与大地保持规定的安全距离，穿戴绝缘防护用具，与周围物体保持绝缘隔离，通过绝缘手套对带电体直接进行作业的方式。

b. 采用绝缘手套作业法时无论作业人员与接地体和相邻带电体的空气间隙是否满足规定的安全距离，作业前均需对人体可能触及范围内的带电体和接地体进行绝缘遮蔽。

c. 在作业范围窄小，电气设备布置密集处，为保证作业人员对相邻带电体或接地体的有效隔离，在适当位置还应装设绝缘隔板等限制作业人员的活动范围。

d. 在配电线路带电作业中，严禁作业人员穿戴屏蔽服装和导电手套，采用等电位方式进行作业。绝缘手套作业法不是等电位作业法。

e. 绝缘手套作业法中，绝缘承载工具为相地主绝缘，空气间隙为相间主绝缘，绝缘遮蔽用具、绝缘防护用具为辅助绝缘。

（4）技术要求。

1）最小安全距离。

a. 在配电线路上采用绝缘杆作业法时，人体与带电体的最小安全距离不得小于 0.4m（此距离不包括人体活动范围）。

b. 斗臂车的臂上金属部分在仰起、回转运动中，与带电体间的安全距离不得小于1m。

c. 带电升起、下落、左右移动导线时，对与被跨物间的交叉、平行的最小距离不得小于1m。

2）最小有效绝缘长度。

　　a. 绝缘操作杆最小有效绝缘长度不得小于 0.7m。

　　b. 支、拉、吊杆及绝缘绳等承力工具的最小有效绝缘长度不得小于 0.4m。

　　c. 绝缘承载工具的最小有效绝缘长度不得小于 0.4m。

　　d. 绝缘操作、承力、承载工具在试验距离为 0.4m 时，在 100kV 工频试验电压（1min）下应无击穿、无闪络、无发热。

　　3）绝缘防护及遮蔽用具。

　　a. 绝缘防护用具在 20kV 工频试验电压（3min）下应无击穿、无闪络、无发热。

　　b. 绝缘遮蔽用具在 20kV 工频试验电压（3min）下应无击穿、无闪络、无发热。

　　（5）工器具的试验、运输及保管。

　　1）10kV 配电线路带电作业应使用额定电压不小于 10kV 的工器具。每一种工器具均应通过型式试验，每件工器具应通过出厂试验并定期进行预防性试验，试验合格且在有效期内方可使用，试验按 DL/T 878—2004《带电作业用绝缘工具试验导则》要求进行。

　　2）绝缘防护用具的出厂及预防性试验项目见表 3 – 74。

表 3 – 74　　　　　　　　　　　　　绝缘防护用具试验项目

工具类型	出厂试验		预防性试验		
	试验电压（kV）	试验时间（min）	试验电压（kV）	试验时间（min）	试验周期
绝缘防护用具	20	3	20	1	6 个月

注　试验中试品应无击穿、无闪络、无发热。

　　3）绝缘遮蔽工具的出厂及预防性试验项目见表 3 – 75。

表 3 – 75　　　　　　　　　　　　　绝缘遮蔽用具试验项目

工具类型	试验长度（m）	出厂试验		预防性试验		
		试验电压（kV）	试验时间（min）	试验电压（kV）	试验时间（min）	试验周期
绝缘遮蔽用具	—	20	3	20	1	6 个月

注　试验中试品应无击穿、无闪络、无发热。

　　4）绝缘操作工具的出厂及预防性试验项目见表 3 – 76。

表 3 – 76　　　　　　　　　　　　　绝缘操作工具试验项目

工具类型	试验长度（m）	出厂试验		预防性试验		
		试验电压（kV）	试验时间（min）	试验电压（kV）	试验时间（min）	试验周期
绝缘操作工具	0.4	100	1	45	1	6 个月

注　试验中试品应无击穿、无闪络、无发热。

　　5）绝缘承载工具的出厂及预防性试验项目见表 3 – 77 ~ 表 3 – 79。

表 3 – 77　　　　　　　　　　　　　绝缘承载工具试验项目

工具类型	试验长度（m）	出厂试验		预防性试验		
		试验电压（kV）	试验时间（min）	试验电压（kV）	试验时间（min）	试验周期
绝缘平台、绝缘梯	0.4	100	1	45	1	6 个月

表 3 – 78　　　　　　　　　　　　绝缘斗臂车工频耐压试验项目

绝缘斗臂车	试验长度 (m)	出 厂 试 验		预 防 性 试 验		
		试验电压 (kV)	试验时间 (min)	试验电压 (kV)	试验时间 (min)	试验周期
绝缘臂	0.4	100	1	45	1	6 个月
绝缘斗	0.4	100	1	45	1	6 个月
	—	50	1	50	1	6 个月
整车	1.0	100	1	45	1	

注　试验中试品应无击穿、无闪络、无发热。

表 3 – 79　　　　　　　　　　　　绝缘斗臂车交流泄漏电流试验项目

绝缘斗臂车	试验长度 (m)	出 厂 试 验		预 防 性 试 验		
		试验电压 (kV)	泄漏值 (μA)	试验电压 (kV)	泄漏值 (μA)	试验周期
绝缘臂	0.4	20	≤200	20	≤200	6 个月
绝缘斗	0.4	20	≤200	20	≤200	6 个月
整车	1.0	20	≤500	20	≤500	6 个月

6) 工具的运输及保管。

a. 在运输过程中，绝缘工具应装在专用工具袋、工具箱或专用工具车内，以防受潮和损伤。

b. 绝缘工具在运输中应防止受潮、淋雨、暴晒等，内包装运输袋可采用塑料袋，外包装运输袋可采用帆布袋或专用皮（帆布）箱。

c. 带电作业用工具应存放在专用库房里，带电作业工具库房应满足 DL/T 974 的规定。

(6) 作业注意事项。

1) 作业前工作负责人应根据作业项目确定操作人员，如作业当天出现某作业人员明显精神和体力不适的情况时，应及时更换人员，不得强行要求作业。

2) 作业前应根据作业项目，作业场所的需要，按数配足绝缘防护用具、遮蔽用具、操作工具、承载工具等，并检查是否完好，工器具及防护用具应分别装入规定的工具袋中带往现场。在运输中应严防受潮和碰撞，在作业现场应选择不影响作业的干燥、阴凉位置，分类整理摆放在防潮布上。

3) 绝缘斗臂车在使用前应认真检查其表面状况，若绝缘臂、斗表面存在明显脏污，可采用清洁毛巾或棉纱擦拭，清洁完毕后应在正常工作环境下置放 15min 以上，斗臂车在使用前应空斗试操作 1 次，确认液压传动、回转、升降、伸缩系统工作正常，操作灵活，制动装置可靠。

4) 到达现场后，在作业前应检查确认在运输、装卸过程中工具有无螺母松动，绝缘遮蔽用具、防护用具有无破损，并对绝缘操作工具进行检测。

5) 每次作业前全体作业人员应在现场列队，由工作负责人布置工作任务，进行人员分工，交代安全技术措施，现场施工作业程序及配合等，并认真检查有关的工具、材料，备齐合格后方可开始工作。

6) 作业人员在工作现场要仔细检查电杆及电杆拉线，以及上部的腐蚀状况，必要时要采取防止倒塌的措施。

7）作业人员应根据地形地貌，将斗臂车定位于最适于作业位置，斗臂车应良好接地，作业人员进入工作斗应系好安全带，要充分注意周边电信和高低压线路及其他障碍物，选定绝缘斗的升降回转路径，平稳地操作。

采用斗臂车作业前，应考虑工作负载及工具和作业人员的重量，严禁超载。

绝缘手套和绝缘靴在使用前要压入空气，检查有无针孔缺陷；绝缘袖套、披肩、绝缘服在使用前应检查有无刺孔、划破等缺陷，若存在以上缺陷应退出使用。

作业人员进入绝缘斗之前必须在地面上穿戴妥当绝缘安全帽、绝缘靴、绝缘服、绝缘手套及外层防刺穿手套等，并由现场安全监护人员进行检查，作业人员进入工作斗内或登杆到达工作位置时，首先应系好安全带。

在工作过程中，斗臂车的发动机不得熄火，工作负责人应通过泄漏电流监测警报仪实时监测泄漏电流是否小于规定值。凡具有上、下绝缘段而中间用金属连接的绝缘伸缩臂，作业人员在工作过程中不应接触金属件。工作斗的起升、下降速度不应大于 0.5m/s，斗臂车回转机构回转时，作业斗外缘的线速度不应大于 0.5m/s。

8）在接近带电体的过程中，要从下方依次验电，对人体可能触及范围内的低压线亦应验电，确认无漏电现象。验电器应满足 DL/T 740—2000《电容型验电器》的技术要求。

验电时人应处于与带电导体保持安全距离的位置。在低压带电导线或漏电的金属紧固件未采取绝缘遮蔽或隔离措施时，作业人员不得穿越或碰触。

对带电体设置绝缘遮蔽时，按照从近到远的原则，从离身体最近的带电体依次设置；对上下多回分布的带电导线设置遮蔽用具时，应按照从下到上的原则，从下层导线开始依次向上层设置；对导线、绝缘子、横担的设置次序是按照从带电体到接地体的原则，先放导线遮蔽罩，再放绝缘子遮蔽罩、然后对横担进行遮蔽，遮蔽用具之间的接合处应有大于 15cm 的重合部分。

如遮蔽罩有脱落的可能时，应采用绝缘夹或绝缘绳绑扎，以防脱落。作业位置周围如有接地拉线和低压线等设施，亦应使用绝缘挡板、绝缘毯、遮蔽罩等对周边物体进行绝缘隔离。另外，无论导线是裸导线还是绝缘导线，在作业中均应进行绝缘遮蔽。

9）拆除遮蔽用具应从带电体下方（绝缘杆作业法）或者侧方（绝缘手套作业法）拆除绝缘遮蔽用具，拆除顺序与设置遮蔽相反：按照从远到近的原则，从离作业人员最远的开始依次向近处拆除，如是拆除上下多回路的绝缘遮蔽用具，应按照从上到下的原则，从上层开始依次向下顺序拆除。对于导线、绝缘子、横担的遮蔽拆除，应按照先接地体后带电体的原则，先拆横担遮蔽用具（绝缘垫、绝缘毯、遮蔽罩）、再拆绝缘子遮蔽罩、然后拆导线遮蔽罩。在拆除绝缘遮蔽用具时应注意不使被遮蔽体受到显著振动，要尽可能轻地拆除。

在从地面向杆上作业位置吊运工具和遮蔽用具时，工具和遮蔽用具应分别装入不同的吊装袋，应避免混装。采用绝缘斗臂车的绝缘小吊或绝缘滑轮吊放时，吊绳下端应不接触地面，要防止受潮及缠绕在其他设施上，吊放过程中应边观察边吊放。杆上作业人员之间传递工具或遮蔽用具时应一件一件地分别传递。

10）工作负责人应时刻掌握作业的进展情况，密切注视作业人员的动作，根据作业方案及作业步骤及时做出适当的指示，整个作业过程中不得放松危险部位的监护工作。工作负责人要时刻掌握作业人员的疲劳程度，保持适当的时间间隔，必要时可以两班交替作业。

（7）作业项目及安全事项。

1）更换针式绝缘子。对作业范围内的带电导线、绝缘子、横担等均应进行遮蔽。

可采用绝缘斗臂车小吊臂法、羊角抱杆法或吊、支杆法等进行更换，导线升起高度距绝缘子顶部应不小于 0.4m。或通过导线遮蔽罩及横担遮蔽罩的双重绝缘将导线放置在横担上，严禁用绝缘斗臂车的工作斗支撑导线。拆除或绑扎绝缘子绑扎线时应边拆（绑）边卷，绑扎线的展放长度不得大于 0.1m，绑扎完毕后应剪掉多余部分。

2）断、接引线。严禁带负荷断、接引线。接引流线前应查明负荷确已切除，所接分支线路或配电变压器绝缘良好无误，相位正确无误，相关线路上确无人工作。

在断接引线时，严禁作业人员一手握导线、一手握引线发生人体串接情况。

在所接线路有电缆、电容器等容性负载时，还需要使用消弧操作杆等消弧工具。

所接引流线应长度适当，与周围接地构件、不同相带电体应有足够的安全距离，连接应牢固可靠。断、接时可采用锁杆防止引线摆动。

3）更换跌落熔断器或避雷器。

a. 当配电变压器低压侧可以停电时，更换跌落熔断器应在确认低压侧无负荷状况下进行。用绝缘拉闸杆断开三相跌落式熔断器后再行更换。

b. 当配电变压器低压侧不能停电时，可采用专用的绝缘引流线旁路短接跌落熔断器以及两端引线，在带负荷的状况下更换跌落熔断器。更换完并务必合上跌落熔断器后，再拆除旁路引流线。

c. 三相跌落式熔断器或避雷器之间须放置绝缘隔离设施，三相引线、构架、横担处均应进行绝缘遮蔽。

d. 一相检修或更换完毕后，应迅速对其恢复绝缘遮蔽，然后检修或更换另一相。

4）更换横担。根据线路状况确定作业方法，一般可采用临时绝缘横担法作业。大截面导线线路可采用带绝缘滑车组的吊杆法作业。

5）带负荷加装分段开关、加装负荷隔离开关等。

a. 带负荷作业所用的绝缘引流线和两端线夹的载流容量应满足最大负荷电流的要求，其绝缘层需通过 20kV/1min 的工频耐压试验，组装旁路引流线的导线处应清除氧化层，且线夹接触应牢固可靠。

b. 用旁路引流线带电短接载流设备前，应注意一定要核对相位，载流设备应处于正常通流或合闸位置。

c. 在装好旁路引流线后，用钳形电流表检查确认通流正常。

d. 加装分段开关，加装负荷隔离开关时，在切断导线并做好终端头之前，应装设防导线松脱的保险绳，保险绳应具有良好的绝缘性能和足够的机械强度。

e. 在装好分段开关或负荷隔离开关后，务必合上并检查确认通流正常后再拆除旁路引流线。

（8）配电带电作业操作导则。由于各地配电线路杆上电气设备的规格和布置的差异以及作业工器具的不同，各地在使用本导则的过程中也可结合本地区的实际情况加以修改和补充，制定出适用于本单位的操作导则。

1）绝缘工具作业法（间接作业）。

a. 断引流线。

（a）人员组合。作业人员共 4 人：工作负责人（安全监护人）1 人；杆上电工 2 人；地面电工 1 人。

（b）作业步骤。

① 全体作业人员列队宣读工作票。

② 拉开引流线后端线路开关或变压器高压侧的跌落熔断器，使所断引流线无负荷。

③ 登杆电工检查登杆工具和绝缘防护用具；穿上绝缘靴，戴上绝缘手套、绝缘安全帽及其他绝缘防护用具。

④ 登杆电工携带绝缘传递绳登杆至适当位置，并系好安全带。

⑤ 地面电工使用绝缘传递绳将绝缘操作杆和绝缘遮蔽用具分别传至杆上。杆上电工应用绝缘操作杆由近到远对邻近的带电部件安装绝缘遮蔽罩。

⑥ 地面电工使用绝缘传递绳将绝缘锁杆传给杆上电工。由第 1 电工用绝缘锁杆锁住靠近线路一端的引流线。

断开引流线可用以下多种方法：

a）缠绕法。地面电工将扎线剪及三齿扒传至杆上，由第 2 电工将引下线与线路主线连接的绑扎线拆开并剪断。

b）并沟线夹法。地面电工将并沟线夹装拆杆及绝缘套筒扳手传至杆上，由第 2 电工用并沟线夹装拆杆夹住并沟线夹。然后，交由第 1 电工稳住并沟线夹装拆杆，第 2 电工用绝缘套筒扳手拆卸并沟线夹。

c）引流线夹法。地面电工将引流线夹操作杆传至杆上，由第 2 电工用引流线夹操作杆拆卸引流线夹，使引流线夹脱离主导线。第 1 电工用绝缘锁杆锁住引流线徐徐放下，第 2 电工将放下的引流线固定在横担或电杆上，防止其摆动或影响作业。拆除引流线的另一端，并放下引流线至地面。

应用上述同样方法可拆除另两相的引流线。由远到近地逐步拆除绝缘遮蔽装置，并一一放置地面。

检查完毕后，杆上电工返回地面。

（c）安全注意事项。

a）严禁带负荷断引流线。

b）作业时，作业人员对相邻带电体的间隙距离、作业工具的最小有效绝缘长度应满足 DL 409—1991 和本标准的要求。

c）作业人员应通过绝缘操作杆对人体可能触及的区域的所有带电体进行绝缘遮蔽。

d）断引线应首先从边相开始，一相作业完成后，应迅速对其进行绝缘遮蔽，然后再对另一相开展作业。

e）作业时应穿戴齐备绝缘防护用具。

f）停用重合闸参照 DL 409—1991 执行。

（d）所需主要工器具。

绝缘传递绳　　　　　　　　　　　　　　1 根

绝缘锁杆	1 副
绝缘扎线剪	1 副
绝缘三齿扒	1 副
并沟线夹装拆杆	1 副
绝缘套筒扳手	1 副
引流线夹操作杆	1 副
拉闸操作杆	1 副
导线遮蔽罩、引线遮蔽罩及软质绝缘罩	若干
安装遮蔽罩操作杆	若干

b. 接引流线。

（a）人员组合。作业人员共4人：工作负责人（安全监护人）1人；杆上电工2人；地面电工1人。

（b）作业步骤。

① 全体作业人员列队宣读工作票。

② 拉开引流线后端线路开关或变压器高压侧的跌落熔断器，使所接引流线无负荷。

③ 登杆电工检查登杆工具和绝缘防护用具；穿上绝缘靴，戴上绝缘手套、绝缘安全帽及其他绝缘防护用具。

④ 登杆电工携带绝缘传递绳登杆至适当位置，并系好安全带。

⑤ 地面电工使用绝缘传递绳将绝缘操作杆和绝缘遮蔽用具分别传至杆上，杆上电工利用绝缘操作杆由近到远对邻近的带电部件安装绝缘遮蔽罩。

⑥ 杆上2电工相互配合利用绝缘杆（绳）测量所接引线的长度，并由地面电工按测量长度做好引流线。

⑦ 地面电工将做好的引流线用绝缘传递绳传至杆上，再将绝缘锁杆传至杆上。

⑧ 杆上电工可直接接好无电端的引流线（三相引流线可分别连接好，并固定在合适位置以避免摆动）。

带电端引流线的连接可采用以下多种方法：

a）在裸导线上接引流线。

① 缠绕法。地面电工将绑扎线缠绕在绕线器上并注意保证扎线的长度，再传给杆上第2电工。杆上第1电工用绝缘锁杆锁住引流线的另一端，送到带电导线接引位置，杆上第2电工安装绕线器并进行缠绕，直到缠绕长度符合要求为止。地面电工将扎线剪传给杆上，由杆上电工剪掉多余的绑扎线，并放下绕线器。

② 引流线夹法。地面电工将引流线夹操作杆传至杆上，杆上第1电工用绝缘锁杆锁住引流线的另一端，送到带电导线接引位置，杆上第2电工用引流线夹操作杆将引流线夹的猴头挂在带电导线上，并拧紧螺栓，使引流线夹与导线紧密固定。

③ 并沟线夹法。地面电工将并沟线夹及装拆杆传至杆上，杆上第1电工用绝缘锁杆锁住引流线的另一端，送到带电导线接引位置并固定好，杆上第2电工用并沟线夹装拆杆作业，将并沟线夹安装在线路导线及引流线上，并沟线夹的一槽卡住导线，一槽卡住引流线。地面电工将套筒扳手操作杆传至杆上，由杆上第1电工拧紧并沟线夹各螺栓。

b）在绝缘线上接引流线。

① 缠绕法。杆上电工在需接引流线处确定位置和尺寸，用端部装有绝缘线削皮刀的操作杆沿绝缘线径向绕导线切割，切割时注意不要伤及导线。然后在两个径向切割处间（约220~250mm）纵向削导线绝缘皮，注意不要伤及导线。待绝缘皮削去后，用绝缘杆将已缠绕好绑扎线的引流线的另一端（端头已削去绝缘皮），送到已削去绝缘皮的带电导线引流线位置，杆上第二电工安装绕线器并进行缠绕。应注意70mm² 及以上的导线缠绕长度为200mm，地面电工将防水胶带传给杆上电工，由杆上电工对裸露部分进行缠绕包扎，以防雨水进入绝缘线内。

② 绝缘线刺穿线夹法。地面电工将绝缘线刺穿线夹及装拆杆传至杆上电工，杆上第一电工用绝缘锁杆锁住引流线的另一端，送到带电绝缘导线接引位置并固定好；杆上第二电工用绝缘线刺穿线夹装拆杆作业，将绝缘线刺穿线夹安装在绝缘线路导线及引流线上。绝缘线刺穿线夹的一个槽卡住绝缘导线，另一槽卡住绝缘引流线。地面电工将绝缘扳手（或套筒扳手）操作杆传给杆上电工，由杆上第二电工拧紧刺穿线夹的上螺母连接处至断裂为止。（注意：拧紧绝缘线刺穿线夹一定要拧上边的螺母，待上下螺母间的连接处断裂后，证明刺穿线夹已将绝缘皮刺穿并与导线接触良好。此时不应再拧紧螺母，以免刺伤导线。）

引流线夹法与并沟线夹法也可用在绝缘线上，绝缘线去外皮方式等与缠绕法中所述相同。调整引流线，使之符合安全距离要求且外形美观。

应用上述同样方法可连接另两相的引流线。由远到近地逐步拆除绝缘遮蔽装置，并一一放置地面。

检查完毕后，将作业工具带回地面，杆上电工返回地面。

（c）安全注意事项。

a）严禁带负荷接引流线，接引流线前应检查并确定所接分支线路或配电变压器绝缘良好无误，相位正确无误，线路上确无人工作。

b）作业时，作业人员对相邻带电体的间隙距离，作业工具的最小有效绝缘长度应满足DL 409—1991 的要求。

c）作业人员应通过绝缘操作杆对作业范围内的所有带电体进行绝缘遮蔽。

d）接引线应首先从边相开始，一相作业完成后，应迅速对其进行绝缘遮蔽，然后再对另一相开展作业。

e）作业时，杆上电工应穿绝缘鞋，戴绝缘手套、绝缘袖套、绝缘安全帽等绝缘防护用具。

f）停用重合闸参照 DL 409—1991 执行。

g）接引流线时，如采用缠绕法，其扎线材质应与被接导线相同，直径应适宜。

（d）所需主要工器具。

绝缘传递绳	1 根
缘锁杆	1 副
绝缘扎线剪	1 副
并沟线夹装拆杆	1 副
绝缘套筒扳手	1 副

引流线夹操作杆	1 副
绝缘测距杆（绳）	1 副
绝缘绕线器	1 副
双猴头线夹	1 副
拉闸操作杆	1 副
导线遮蔽罩、引线遮蔽罩及软质绝缘罩	若干
安装遮蔽罩操作杆	若干

c. 更换边相针式绝缘子。

（a）人员组合。作业人员共 5 人：工作负责人（安全监护人）1 人；杆上电工 2 人；地面电工 2 人。

（b）作业步骤。

① 全体作业人员列队宣读工作票。

② 登杆电工检查登杆工具和绝缘防护用具；穿上绝缘靴，戴上绝缘手套、绝缘安全帽及其他绝缘防护用具。

③ 登杆电工携带绝缘传递绳登杆至适当位置，并系好安全带。

④ 地面电工使用绝缘传递绳将绝缘操作杆、横担遮蔽罩、导线遮蔽罩、针式绝缘子遮蔽罩逐次传给杆上电工。

⑤ 杆上电工按照从近至远、从带电体到接地体的原则逐次对作业范围内的所有带电部件进行遮蔽，分别将导线遮蔽罩和针式绝缘子遮蔽罩安装到导线和绝缘子上。

⑥ 地面电工将横担遮蔽罩传至杆上电工，杆上电工将横担遮蔽罩安装在作业相的横担上。

⑦ 地面电工将多功能绝缘抱杆传至杆上电工，杆上电工在适当的位置将其安装在杆上。抱杆横担接触且支撑住导线。

⑧ 地面电工将扎线剪及三齿扒传给杆上电工，杆上电工用三齿扒解开扎线，再用扎线剪剪断扎线。

⑨ 杆上电工摇升多功能抱杆丝杠及抱杆横担辅助丝杠使导线距离针式绝缘子上端约 0.4m。

⑩ 杆上电工拆卸需更换的绝缘子。

⑪ 地面电工在新绝缘子上绑好扎线，再传给杆上电工，杆上电工装上新绝缘子。

⑫ 杆上电工摇降多功能抱杆丝杠，使导线徐徐降下至针瓶线槽内。

⑬ 杆上电工用三齿扒在导线上绑好扎线，用扎线剪剪去多余扎线。

⑭ 杆上电工拆除多功能抱杆，并用绝缘操作杆由远至近逐次拆除横担遮蔽罩、针式绝缘子遮蔽罩、导线遮蔽罩，并一一放置地面。

⑮ 检查完毕后，将作业工具传回地面，杆上电工返回地面。

（c）安全注意事项。

a）作业时，作业人员对相邻带电体的间隙距离，作业工具的最小有效绝缘长度应满足 DL 409—1991 的要求。

b）作业人员应通过绝缘操作杆对作业范围内的所有带电体进行绝缘遮蔽。

c）一相作业完成后，应迅速对其恢复和保持绝缘遮蔽，然后再对另一相开展作业。

d）作业时，杆上电工应穿绝缘鞋，戴绝缘手套、袖套、绝缘安全帽等绝缘防护用具。

e）停用重合闸参照 DL 409—1991 执行。

f）拆开绑扎绝缘子与导线的扎线时，必须注意扎线线头不能太长，以免接触接地体。

g）导线的拉起及放下的速度应均匀而缓慢。

（d）所需主要工器具。

绝缘传递绳	1 根
导线遮蔽罩、绝缘子遮蔽罩	若干
横担遮蔽罩	1 个
遮蔽罩安装操作杆	1 副
多功能绝缘抱杆及附件	1 套
绝缘扎线剪操作杆	1 副
绝缘三齿扒操作杆	1 副
扎线	若干

d. 更换中相针式绝缘子（三角排列）。

（a）人员组合。作业人员共 5 人：工作负责人（安全监护人）1 人；杆上电工 2 人；地面电工 2 人。

（b）作业步骤。

① 全体作业人员列队宣读工作票。

② 登杆电工检查登杆工具和绝缘防护用具；穿上绝缘靴，戴上绝缘手套、绝缘安全帽及其他绝缘防护用具。

③ 登杆电工携带绝缘传递绳登杆至适当位置，并系好安全带。

④ 地面电工使用绝缘传递绳将绝缘操作杆、横担遮蔽罩、导线遮蔽罩、针式绝缘子遮蔽罩逐次传给杆上电工。

⑤ 杆上电工按照从近至远、从带电体到接地体的原则分别对作业范围内的所有带电部件进行遮蔽，先将导线遮蔽罩、再将针式绝缘子遮蔽罩安装到带电导线和绝缘子上。

⑥ 地面电工将绝缘隔板传至杆上电工，杆上电工用绝缘隔板操作杆将绝缘隔板安装在中相针式绝缘子根部。

⑦ 地面电工将多功能绝缘抱杆传至杆上电工，杆上电工在适当的位置将其安装在电杆上。抱杆横担接触且支撑住导线。

⑧ 地面电工将扎线剪及三齿扒传给杆上电工，杆上电工用三齿扒解开扎线，再用扎线剪剪断扎线。

⑨ 杆上电工摇升多功能抱杆丝杠及抱杆横担辅助丝杠使导线徐徐上升，距离针式绝缘子上端约 0.4m。

⑩ 杆上电工拆卸中相需更换的绝缘子。

⑪ 地面电工在新绝缘子上绑好扎线，再传给杆上电工，杆上电工装上新绝缘子。

⑫ 杆上电工摇降多功能抱杆丝杠，使导线徐徐降下至针瓶线槽内。

⑬ 杆上电工用三齿扒在导线上绑好扎线，用扎线剪剪去多余扎线。

⑭ 杆上电工拆除多功能抱杆，并用绝缘操作杆由远至近逐次拆除绝缘隔板、针式绝缘子遮蔽罩、导线遮蔽罩，并一一放置地面。

⑮ 检查完毕后，将作业工具返回地面，杆上电工返回地面。

（c）安全注意事项。

a）作业时，作业人员对相邻带电体的间隙距离，作业工具的最小有效绝缘长度应满足 DL 409—1991 的要求。

b）作业人员应通过绝缘操作杆对作业范围内的所有带电体进行绝缘遮蔽。

c）作业时，杆上电工应穿绝缘鞋，戴绝缘手套、绝缘袖套、绝缘安全帽等绝缘防护用具。

d）停用重合闸参照 DL 409—1991 执行。

e）拆开绑扎绝缘子与导线的扎线时，必须注意扎线线头不能太长，以免接触接地体。

f）导线的拉起及放下的速度应均匀而缓慢。

（d）所需主要工器具。

绝缘传递绳	1 根
导线遮蔽罩、绝缘子遮蔽罩	若干
绝缘隔板	1 块
遮蔽罩安装操作杆	1 副
绝缘隔板操作杆	1 副
多功能绝缘抱杆及附件	1 套
绝缘扎线剪操作杆	1 副
绝缘三齿扒操作杆	1 副
扎线	若干

e. 更换跌落式熔断器（无负荷状态）。

（a）人员组合。作业人员共 4 人：工作负责人（监护人）1 人；杆上电工 1 人；梯上电工 1 人；地面电工 1 人。

（b）作业步骤。

① 全体作业人员列队宣读工作票，讲解作业方案，布置任务和分工。

② 地面电工用拉闸杆断开作业现场的三相跌落式熔断器，取下保险管。经验电确认变压器低压侧已经停电。

③ 全体作业人员配合，在适当的位置竖立好人字绝缘梯，并验证稳定性能良好，若不采用绝缘梯，也可采用绝缘斗臂车作为作业平台。

④ 杆上电工和梯上电工检查作业工具和绝缘防护用具；穿上绝缘靴，戴上绝缘手套、绝缘安全帽及其他绝缘防护用具。

⑤ 登杆电工携带绝缘传递绳登杆至适当位置，并系好安全带。

⑥ 梯上电工检查人字梯确认其稳定性后，方可携带绝缘传递绳登梯，并系好安全带。

⑦ 地面电工使用绝缘传递绳将绝缘隔板传给杆上电工，并安装在横担上，以起到相间隔离的作用。

⑧ 地面电工使用绝缘传递绳将绝缘操作杆和绝缘遮蔽用具分别传给杆上电工和梯上电

工。杆上电工和梯上电工用绝缘操作杆按照从近至远的原则对作业范围内的所有带电部件安装遮蔽罩。

⑨ 地面电工将绝缘锁杆传至杆上电工，杆上电工用其锁住跌落式熔断器上桩头的高压引下线。

⑩ 地面电工将棘轮扳手操作杆传至梯上电工，梯上电工用棘轮扳手操作杆拆除跌落式熔断器上桩头接线螺栓。

⑪ 杆上电工用绝缘锁杆将高压引线挑至离跌落式熔断器大于 0.7m 的位置，并扶持固定。若受杆上设备布置的限制而不能确保这一距离时，应对高压引线进行遮蔽和隔离。

⑫ 经检查确认被更换跌落式熔断器距周围带电体的安全距离满足 DL 409—1991 的要求，且做好了与相邻相的各种绝缘隔离和遮蔽措施后，经工作负责人的监护和许可，梯上电工手戴绝缘手套，拆除跌落式熔断器下桩头引流线及旧跌落式熔断器。然后，安装新跌落式熔断器及下桩头引流线。

⑬ 杆上电工用绝缘锁杆将高压引线送至跌落式熔断器上桩头；梯上电工用棘轮扳手操作杆拧紧跌落式熔断器上桩头螺母。

⑭ 杆上电工拆除绝缘锁杆，并调整高压引线，使尺寸符合安全距离要求且美观。

⑮ 杆上电工和梯上电工拆除绝缘隔板和各种遮蔽用具，并返回地面。

⑯ 地面电工用拉闸杆装上跌落式保险管，经工作负责人许可，确认设备正常后，合闸送电。

⑰ 拆除绝缘梯，清理现场。

（c）安全注意事项。

a）检查并确认设备低压侧应无负荷。

b）在被作业的跌落式熔断器与其他带电体之间应安装隔离和遮蔽装置。

c）作业时，作业人员与相邻带电体的间隙距离，作业工具的最小有效绝缘长度均应满足 DL 409—1991 的要求。

d）作业人员在拆除旧跌落式熔断器及安装新跌落式熔断器时，应始终戴绝缘手套，上桩头高压引线拆下后应在作业人员最大触及范围之外。

e）停用重合闸参照 DL 409—1991 执行。

（d）所需主要工器具。

人字绝缘梯（或绝缘斗臂车）	1 架（1 台）
绝缘传递绳	2 根
绝缘隔板	2 块
引线遮蔽罩	视现场情况决定
绝缘拉闸杆	1 副
绝缘锁杆	1 副
棘轮扳手操作杆	1 副
遮蔽罩安装操作杆	1 副
缘隔板操作杆	1 副

f. 更换避雷器。

（a）人员组合。作业人员共 4 人：工作负责人（安全监护人）1 人；杆上电工 1 人；梯上电工 1 人；地面电工 1 人。

（b）作业步骤。

① 全体作业人员列队宣读工作票，讲解作业方案，布置任务和分工。

② 全体作业人员配合，在适当的位置竖立好人字绝缘梯，并验证稳定性能良好，若不采用绝缘梯，也可采用绝缘斗臂车作为作业平台。

③ 杆上电工和梯上电工检查作业工具和绝缘防护用具；穿上绝缘靴，戴上绝缘手套、绝缘安全帽及其他绝缘防护用具。

④ 登杆电工携带绝缘传递绳登杆至适当位置，并系好安全带。

⑤ 梯上电工检查人字梯确认其稳定性后，方可携带绝缘传递绳登梯，并系好安全带。

⑥ 地面电工使用绝缘传递绳将绝缘隔板传给杆上电工，并安装在横担上，以起到相间隔离的作用。

⑦ 地面电工使用绝缘传递绳将绝缘操作杆和绝缘遮蔽用具分别传给杆上电工和梯上电工。杆上电工和梯上电工用绝缘操作杆按照从近至远的原则对作业范围内的所有带电部件安装遮蔽罩。

⑧ 地面电工将绝缘锁杆传至杆上电工，杆上电工用其锁住避雷器上桩头的高压引下线。

⑨ 地面电工将棘轮扳手操作杆传至梯上电工，梯上电工用棘轮扳手操作杆拆除避雷器上桩头接线螺栓。

⑩ 杆上电工用绝缘锁杆将高压引线挑至离避雷器大于 0.7m 的位置，并扶持固定。若受杆上设备布置的限制而不能确保这一距离时，应对高压引线进行遮蔽和隔离。

⑪ 经检查确认避雷器距周围带电体的安全距离满足 DL 409—1991 的要求，且做好了与相邻相的各种绝缘隔离和遮蔽措施后，经工作专责人的监护和许可，梯上电工手戴绝缘手套，拆除避雷器下桩头接地线及旧避雷器。然后，安装新避雷器及下桩头接地线。

⑫ 杆上电工用绝缘锁杆将高压引线送至避雷器上桩头；梯上电工用棘轮扳手操作杆拧紧避雷器上桩头螺母。

⑬ 杆上电工拆除绝缘锁杆，并调整高压引线，使尺寸符合安全距离要求且美观。

⑭ 杆上电工和梯上电工拆除绝缘隔板和各种遮蔽用具，并返回地面。

⑮ 拆除绝缘梯，清理现场。

（c）安全注意事项。

a）在被作业的避雷器与其他带电体之间应安装隔离和遮蔽装置。

b）作业时，作业人员与相邻带电体的间隙距离，作业工具的最小有效绝缘长度均应满足 DL 409—1991 的要求。

c）作业人员在拆除旧避雷器及安装新避雷器时，应始终戴绝缘手套，上桩头高压引线拆下后应在作业人员最大触及范围之外。

d）停用重合闸参照 DL 409—1991 执行。

（d）所需主要工器具。

人字绝缘梯　　　　　　　　　　　　　1 架（1 台）

绝缘传递绳　　　　　　　　　　　　　2 根

绝缘隔板	2 块
引线遮蔽罩、导线遮蔽罩、软质遮蔽毯	视现场情况决定
绝缘拉闸杆	1 副
绝缘锁杆	1 副
棘轮扳手操作杆	1 副
遮蔽罩安装操作杆	1 副
绝缘隔板操作杆	1 副

2）绝缘手套作业法（直接作业法）。

a. 更换针式绝缘子。

（a）人员组合。作业人员共 4 人：工作负责人（安全监护人）1 人；斗内上电工 2 人；地面电工 1 人。

（b）作业步骤。

① 全体作业人员列队宣读工作票，讲解作业方案、布置任务、进行分工。

② 根据杆上电气设备布置和作业项目，将绝缘斗臂车定位于最适于作业的位置，打好接地桩，连上接地线。

③ 注意避开邻近的高低压线路及各类障碍物，选定绝缘斗臂车的升起方向和路径。

④ 在绝缘斗臂车和工具摆放位置四周围上安全护栏和作业标志。

⑤ 斗内电工检查绝缘防护用具，穿上绝缘靴，戴上绝缘手套、绝缘安全帽、绝缘服（披肩）等全套绝缘防护用具。

⑥ 斗内电工携带作业工具和遮蔽用具进入工作斗，工具和遮蔽用具应分类放置在斗中和工具袋中，并系好安全带。

⑦ 在工作斗上升途中，对可能触及范围内的低压带电部件也需进行绝缘遮蔽。

⑧ 工作斗定位在便于作业的位置后，首先对离身体最近的边相导线安装导线遮蔽罩，套入的遮蔽罩的开口要翻向下方，并拉到靠近绝缘子的边缘处，用绝缘夹夹紧以防脱落。

⑨ 绝缘子两端边相导线遮蔽完成后，采用绝缘子遮蔽罩对边相绝缘子进行绝缘遮蔽，要注意导线遮蔽罩与绝缘子遮蔽罩有 15cm 的重叠部分，必要时用绝缘夹夹紧以防脱落。

⑩ 按照从近至远、从带电体到接地体、从低到高的原则，采用以上同样遮蔽方式，分别对在作业范围内的所有带电部件进行遮蔽。若是更换中相绝缘子，则三相带电体均必须完全遮蔽。

⑪ 采用横担遮蔽用具对横担进行遮蔽，若是更换三角排列的中相针式绝缘子，还应对电杆顶部进行绝缘遮蔽，若杆塔有拉线且在作业范围内，还应对拉线进行绝缘遮蔽。

⑫ 遮蔽作业完成后可采用多种方式更换绝缘子。

a）小吊臂作业法。

① 用斗臂车上小吊臂的吊带轻吊托起导线。

② 取下欲更换绝缘子的遮蔽罩。

③ 解开绝缘子绑扎线。在解绑扎线的过程中要注意边解边卷。一要防止绑扎线展延过长接触其他物体；二要防止绑扎线端部扎破绝缘手套。

④ 绑线解除后，将导线吊起离绝缘子顶部大于 0.4m。

⑤ 更换绝缘子。

⑥ 绝缘小吊臂使导线缓缓下至绝缘子槽内。

⑦ 绑上扎线（注意扎线应捆成圈，边扎边解）。剪去多余扎线。

⑧ 对已完成作业相恢复绝缘遮蔽。

b）遮蔽罩作业法。

① 取下欲更换绝缘子的遮蔽罩。

② 解开绝缘子绑扎线，解开绑线时要注意保持导线在线槽内。

③ 将两端导线遮蔽罩拉在一起，接缝处应重叠 15cm 以上。

④ 将导线遮蔽罩开口朝上，并注意使接缝处避开横担。

⑤ 通过导线遮蔽罩和横担遮蔽罩双层隔离，将导线放到横担上。

⑥ 更换绝缘子。

⑦ 抬起导线，挪开导线遮蔽罩，将导线放至绝缘子槽内，转动导线遮蔽罩使开口朝向下方。

⑧ 绑上扎线（注意扎线应捆成圈，边扎边解）。剪去多余扎线。

⑨ 对已完成作业相恢复绝缘遮蔽。

重复应用以上方法更换其他相绝缘子。

全部作业完成后，由远至近依次拆除横担遮蔽罩、绝缘子遮蔽罩、导线遮蔽罩等，拆除时注意身体与带电部件保持安全距离。

检查完毕后，移动工作斗至低压带电导线附近，拆除低压带电部件上的遮蔽罩。

工作斗返回地面，清理工具和现场。

（c）安全注意事项。

a）斗中电工应穿绝缘鞋，戴绝缘手套、袖套、绝缘安全帽等绝缘防护用具。

b）一相作业完成后，应迅速对其恢复和保持绝缘遮蔽，然后再对另一相开展作业。

c）停用重合闸。

d）绝缘手套外应套防刺穿手套。

（d）所需主要工器具。

10kV 绝缘斗臂车（带绝缘小吊臂）	1 辆
绝缘子遮蔽罩、导线遮蔽罩、横担遮蔽罩、绝缘毯等	视现场情况决定
扎线	若干

b. 更换横担。

（a）人员组合。作业人员共 4 人：工作负责人（安全监护人）1 人；杆上电工 2 人；地面电工 1 人。

（b）作业步骤。

① 全体作业人员列队宣读工作票，讲解作业方案、布置任务、进行分工。

② 根据杆上电气设备布置，将绝缘斗臂车定位于最适于作业的位置，打好接地桩，连上接地线。

③ 注意避开邻近的高低压线路及各类障碍物，选定绝缘斗臂车的升起方向和路径。

④ 在绝缘斗臂车和工具摆放位置四周围上安全护栏和作业标志。

⑤ 斗内电工检查绝缘防护用具，穿上绝缘靴，戴上绝缘手套、绝缘安全帽、绝缘服（披肩）等全套绝缘防护用具。

⑥ 斗内电工携带作业工具和遮蔽用具进入工作斗，工具和遮蔽用具应分类放置在斗中和工具袋中，并系好安全带。

⑦ 在工作斗上升途中，对可能触及范围内的低压带电部件也需进行绝缘遮蔽。

⑧ 工作斗定位在便于作业的位置后，首先对离身体最近的边相导线安装导线遮蔽罩，套入的遮蔽罩的开口要翻向下方，并拉到靠近绝缘子的边缘处，用绝缘夹夹紧以防脱落。

⑨ 绝缘子两端边相导线遮蔽完成后，采用绝缘子遮蔽罩对边相绝缘子进行绝缘遮蔽，要注意导线遮蔽罩与绝缘子遮蔽罩有 15cm 的重叠部分，必要时用绝缘夹夹紧以防脱落。

⑩ 按从近至远、从带电体到接地体、从低到高的原则，采用以上同样遮蔽方式，分别对三相带电体进行绝缘遮蔽。

⑪ 采用横担遮蔽用具对横担进行遮蔽，采用绝缘毯等用具对电杆顶部进行绝缘遮蔽。若杆塔有拉线且在作业范围内，还应对拉线进行绝缘遮蔽。

更换旧横担，可采用以下方式：

a）杆上安装临时绝缘横担。

① 对齐安装方向，使临时横担与原横担平行。安装 U 形固定螺栓或其他装置，使横担固定无晃动。临时绝缘横担的导线托槽应略高于绝缘子顶端。

② 对 U 形螺栓或其他接地构件进行绝缘遮蔽，并用绝缘夹或绝缘绳扎紧使不脱落。

③ 取下边相绝缘子遮蔽罩，拆除绑扎线。拆除绑扎线时要注意边折边卷。

④ 托起导线，使导线遮蔽罩开口向上并对接起来，使接缝处有 15cm 以上的重叠，将导线移至临时绝缘横担的托槽内。

⑤ 采用以上同样方式将其他相导线移至绝缘横担上。

⑥ 拆除旧横担，安装新横担。在新横担上应设置好绝缘遮蔽用具。

⑦ 装上新横担且检查所有接地构件遮蔽完好后，将导线移至新横担上绝缘子线槽内。注意挪好导线后使导线遮蔽罩的开口朝下。

⑧ 绑上绑扎线，注意扎线另一端应卷成团握于手中，边绑边展。

⑨ 剪去多余扎线，安装绝缘子遮蔽罩。注意绝缘子遮蔽罩应与导线遮蔽罩接缝处重叠。

⑩ 用以上方法，按顺序完成其他相导线的移动和绑扎。

⑪ 卸下临时绝缘横担，拆除接地构件的绝缘遮蔽用具。

b）斗臂车上佩戴绝缘横担。

① 作业人员工作范围内的三相导线进行遮蔽。

② 使导线对齐进入绝缘横担的线槽托架，操作斗臂车的液压装置适当上托住导线。

③ 取下绝缘子遮蔽罩，解开绑扎绳，使两端导线遮蔽罩对接起来，一相结束后用同样的方式进行下一相作业。

④ 操作斗臂车的液压装置升起绝缘斗臂车上绝缘横担，使导线上升距原横担 0.4mm 以上。

⑤ 拆除旧横担，安装新横担，对新横担安装绝缘遮蔽用具。

⑥ 下降绝缘斗臂车上绝缘横担，将导线置入新装横担的绝缘子线槽内，并绑上扎线。

⑦ 一相作业完成后，装上绝缘子遮蔽罩，逐次进行下一相作业。

⑧ 从远至近、从带电体到接地体、从高到低的原则逐次拆除横担遮蔽用具、绝缘子遮蔽用具、导线遮蔽用具。拆除时注意身体与带电部件保持安全距离。

⑨ 检查完毕后，移动工作斗至低压带电导线附近，拆除低压带电部件上的遮蔽罩。

⑩ 工作斗返回地面，清理工具和现场。

（c）安全注意事项。

a）斗内电工应穿绝缘鞋，戴绝缘手套、绝缘袖套、绝缘安全帽等绝缘防护用具。

b）一相作业完成后，应迅速对其恢复和保持绝缘遮蔽，然后再对另一相开展作业。

c）停用重合闸参照 DL 409—1991 执行。

d）绝缘手套外应套防刺穿手套。

（d）所需主要工器具。

10kV 绝缘斗臂车（带绝缘小吊臂）	1 辆
绝缘子遮蔽罩、导线遮蔽罩、横担遮蔽罩、绝缘毯等	视现场情况决定
扎线及扎线剪	若干

c. 修补导线。

（a）人员组合。作业人员共3人：工作负责人（安全监护人）1人，斗内电工1人，地面电工1人。

（b）作业步骤。

① 全体作业人员列队宣读工作票，讲解作业方案、布置任务、进行分工。

② 根据杆上电气设备布置，将绝缘斗臂车定位于最适于作业的位置，打好接地桩，连上接地线。

③ 注意避开邻近的高低压线路及各类障碍物，选定绝缘斗臂车的升起方向和路径。

④ 在绝缘斗臂车和工具摆放位置四周围上安全护栏和作业标志。

⑤ 斗中电工检查绝缘防护用具，穿上绝缘靴，戴上绝缘手套、绝缘安全帽、绝缘服（披肩）等全套绝缘防护用具。

⑥ 斗内电工携带作业工具和遮蔽用具进入工作斗，工具和遮蔽用具应分类放置在斗中和工具袋中，并系好安全带。

⑦ 在工作斗上升途中，对可能触及范围内的低压带电部件也需进行绝缘遮蔽。

⑧ 工作斗定位在便于作业的位置后，首先对离身体最近的边相导线安装导线遮蔽罩，套入的遮蔽罩的开口要翻向下方，并拉到靠近绝缘子的边缘处，用绝缘夹夹紧以防脱落。

⑨ 按照从近至远、从带电体到接地体、从低到高的原则，采用以上遮蔽方法，分别对作业范围内的带电体进行遮蔽。若是修补中相导线，则三相带电体全部遮蔽。若修补位置临近杆塔或构架，还必须对作业范围内的接地构件进行遮蔽。

⑩ 移开欲修补位置的导线遮蔽罩，尽量小范围的露出带电导线，检查损坏情况。

⑪ 用扎线或预绞丝或钳压补修管等材料修补导线，注意绝缘手套外应套有防刺穿的防护手套。

⑫ 一处修补完毕后，应迅速恢复绝缘遮蔽，然后进行另一处作业。

⑬ 全部修补完毕后，由远至近拆除导线遮蔽罩和其他遮蔽装置。

⑭ 检查完毕后，移动工作斗至低压带电导线附近，拆除低压带电部件上的遮蔽罩。

⑮ 工作斗返回地面，清理工具和现场。

（c）安全注意事项。

a）斗内电工应穿绝缘鞋，戴绝缘手套、绝缘袖套、绝缘安全帽等绝缘防护用具。

b）一相作业完成后，应迅速对其恢复和保持绝缘遮蔽，然后再对另一相开展作业。

c）停用重合闸参照 DL 409—1991 执行。

d）绝缘手套外应套防刺穿手套。

（d）所需主要工器具。

10kV 绝缘斗臂车	1 辆
导线遮蔽罩及其他遮蔽装置	视现场作业情况决定
修补导线用材料	若干

d. 带电更换 10kV 线路直线杆。

（a）人员组合。工作人员共 8 人：工作负责人（安全监护人）1 人；斗内电工 1 人；杆上电工 1 人；地面电工 2 人；绝缘斗臂车操作员 1 人；起重吊车司机 2 人。

（b）作业步骤。

① 全体工作人员列队宣读工作票，工作负责人讲解作业方案、布置工作任务、进行具体分工。

② 工作负责人检查两侧导线。

③ 绝缘斗臂车进入工作现场，定位于最佳工作位置并装好接地线，选定工作斗的升降方向，注意避开附近高低压线及障碍物。

④ 布置工作现场，在绝缘斗臂车和工具摆放位置四周围上安全护栏和作业标志。

⑤ 斗内电工及杆上电工检查绝缘防护用具，穿戴上绝缘靴、绝缘服（披肩）、绝缘安全帽和绝缘手套等全套绝缘防护用具，地面电工检查、摇测绝缘作业工具。

⑥ 斗内电工携带绝缘作业工具和遮蔽用具进入工作斗，工具和遮蔽用具应分类放在斗中和工具袋中，并系好安全带。

⑦ 在工作斗上升过程中，对可能触及范围内的高低压带电部件需进行绝缘遮蔽。

⑧ 工作斗定位在合适的工作位置后，首先对离身体最近的边相导线安装导线遮蔽罩，套入的导线遮蔽罩的开口要向下方，并拉到靠近绝缘子的边缘处，用绝缘夹夹紧防止脱落。

⑨ 按照由近至远、从带电体到接地体、从低到高的原则，采用以上同样遮蔽方式，分别对三相导线、横担、绝缘子及连接构件进行遮蔽。

⑩ 杆上电工登杆至工作位置，系好安全带。地面电工将绝缘操作平台用滑车吊至工作位置。

⑪ 斗内电工和杆上电工相互配合，将绝缘操作平台固定好。杆上电工由杆上转移至绝缘操作平台上，并系好安全带。

⑫ 地面电工将绝缘横担吊至工作位置，斗内电工和绝缘操作平台上电工相互配合，将绝缘横担固定在杆上原横担上方。

⑬ 拆除边相导线绝缘子的绝缘毯，将边相导线绑线拆除，绝缘操作平台上电工小心地将边相导线移至绝缘横担上固定好，并对固定处用绝缘毯再次进行绝缘遮蔽。

⑭ 依照以上方法，分别将另两相导线移至绝缘横担上，并迅速恢复绝缘遮蔽。

⑮ 绝缘操作平台上电工装好绝缘横担的绝缘起吊绳，一台起重吊车进入工作现场，适度地吊住绝缘起吊绳，并保持与带电体足够的安全距离。同时，绝缘操作平台上电工拆除绝缘横担的固定装置，吊车慢慢地将绝缘横担和三相导线吊至 0.4m 以上的合适的高度。

⑯ 斗内电工拆除线杆上的所有绝缘遮蔽用具，杆上电工回到地面。

⑰ 地面电工 1 人登杆至合适位置，绑好直线杆的起吊绳。

⑱ 另一台起重吊车进入工作位置，将线杆吊出，放倒至地面。同时，地面电工装好新的线杆上的横担、绝缘子等设备，并装好横担遮蔽罩和绝缘子遮蔽罩。

⑲ 起重吊车将新的线杆吊至指定位置固定好。

⑳ 起重吊车配合斗内电工，将三相导线落至线杆上合适位置。

㉑ 斗内电工移开中相导线遮蔽罩，将中相导线固定在线杆中相绝缘子上，导线固定好后，将绝缘子和中相导线恢复绝缘遮蔽。

㉒ 按照上述方法，分别将另两相导线固定在线杆上。

㉓ 斗内电工由远及近依次拆除绝缘构件遮蔽罩、绝缘子遮蔽罩、导线遮蔽罩等所有绝缘遮蔽用具。

㉔ 斗内电工和杆上电工返回地面，清理施工现场工作负责人全面检查工作完成情况。

（c）安全注意事项。

a）斗内电工应穿绝缘鞋，戴绝缘手套、袖套、绝缘安全帽等绝缘防护用具。

b）绝缘横担两端上应绑有绝缘绳，由地面电工控制，防止起吊和回落时，绝缘横担发生摆动。

c）一相作业完成后，应迅速对其恢复和保持绝缘遮蔽，然后再对另一相开展作业。

d）停用重合闸参照 DL 409—1991 执行。

e）对不规则带电部件和接地构件可采用绝缘毯进行遮蔽，但要注意夹紧固定，两相邻绝缘毯间应有重叠部分。

f）拆除绝缘遮蔽用具时，应保持身体与被遮蔽物有足够的安全距离。

（d）所需主要工器具。

10kV 绝缘斗臂车	1 辆
起重吊车	2 辆
绝缘滑车、绝缘传递绳	各 1 副
绝缘子遮蔽罩、导线遮蔽罩、横担遮蔽罩、绝缘毯、绝缘保险绳等	视现场情况决定
扳手和其他用具	视现场情况决定

e. 带电断接引线。

（a）人员组合。工作人员共 5 人：工作负责人（安全监护人）1 人；工作斗内电工 1 人；地面电工 2 人；绝缘斗臂车操作员 1 人。

（b）作业步骤。

a）断引流线。

① 全体工作人员列队宣读工作票，工作负责人讲解作业方案、布置工作任务、进行具体分工。

② 拉开引流线后端线路开关或变压器高压侧的跌落式熔断器，使所断引流线无负荷。

③ 绝缘斗臂车进入工作现场，定位于最佳工作位置并装好接地线，选定工作斗的升降方向，注意避开附近高低压线及障碍物。

④ 布置工作现场，在绝缘斗臂车和工具摆放位置四周围上安全护栏和作业标志。

⑤ 斗内电工及杆上电工检查绝缘防护用具，穿戴上绝缘靴、绝缘服（披肩）、绝缘安全帽和绝缘手套等全套绝缘防护用具，同时，地面电工检查、摇测绝缘作业工具。

⑥ 斗内电工携带作业工具和遮蔽用具进入工作斗，工具和遮蔽用具应分类放在斗中和工具袋中，并系好安全带。

⑦ 在工作斗上升过程中，对可能触及范围内的高低压带电部件需进行绝缘遮蔽。

⑧ 工作斗定位在合适的工作位置后，首先对离身体最近的边相导线安装导线遮蔽罩，套入的导线遮蔽罩的开口要向下方，并拉到靠近绝缘子的边缘处，用绝缘夹夹紧防止脱落。

⑨ 按照由近至远、从带电体到接地体、从低到高的原则，采用以上同样遮蔽方式，分别对三相导线、三相引线、横担、绝缘子及连接构件进行遮蔽。

⑩ 斗内电工拆开边相引线的遮蔽用具，利用断线钳将边相引线钳断，并将断头固定好，然后迅速恢复被拆除的绝缘遮蔽。

⑪ 采用上述方法，对中相引线和另一边相引线进行拆断，并恢复绝缘遮蔽。

⑫ 全部工作完成后，按从远到近、从上到下的顺序逐次拆除绝缘遮蔽工具，并返回地面。

b）接引流线（加装跌落式熔断器）。

① 拉开引流线后端线路开关使所断引流线无负荷。

② 地面一电工登杆至工作位置，系好安全带。地面另一电工利用绝缘绳和绝缘滑车分别将跌落式熔断器及其连接固定机构传递给斗内电工。

③ 斗内电工和杆上电工相互配合，将跌落式熔断器及其连接固定机构安装在规定位置，分别断开三相跌落式熔断器，并接好跌落式熔断器下桩头的三相引线，然后杆上电工回到地面。

④ 斗内电工拆开边相导线上的遮蔽罩，安装边相跌落式熔断器上桩头引线。安装完好后，恢复被拆除的遮蔽用具。

⑤ 依照以上方法，分别安装好中相引线和另一边相引线，检查确认安装完好后，斗内电工按由远到近、由上到下的顺序依次拆除绝缘横担遮蔽罩、引线遮蔽罩、绝缘子遮蔽罩、导线遮蔽罩等所有绝缘遮蔽用具，并返回地面。

⑥ 地面电工用拉闸杆装上跌落式保险管，经工作负责人许可，确认设备正常后合闸送电。

⑦ 清理施工现场。

（c）安全注意事项。

a）斗内电工应穿绝缘鞋，戴绝缘手套、袖套、绝缘安全帽等绝缘防护用具。

b）一相作业完成后，应迅速对其恢复和保持绝缘遮蔽，然后再对另一相开展作业。

c）停用重合闸参照 DL 409—1991 执行。

d）对不规则带电部件和接地构件可采用绝缘毯进行遮蔽，但要注意夹紧固定，两相邻绝缘毯间应有重叠部分。

　　e）拆除绝缘遮蔽用具时，应保持身体与被遮蔽物有足够的安全距离。

　　（d）所需主要工器具。

10kV 绝缘斗臂车	1 辆
绝缘滑车、绝缘传递绳	各 1 副
绝缘断线钳	1 把
绝缘子遮蔽罩、导线遮蔽罩、横担遮蔽罩、绝缘毯	视现场情况决定
扳手和其他用具	视现场情况决定

　　f. 带负荷更换跌落式熔断器

　　（a）人员组合。作业人员共三人：工作负责人（安全监护人）1 人，斗内电工 2 人，地面电工 1 人。

　　（b）作业步骤。

　　① 全体作业人员列队宣读工作票，讲解作业方案、布置任务、进行分工。

　　② 根据杆上电气设备布置和作业项目，将绝缘斗臂车定位于最适于作业的位置，打好接地线。

　　③ 注意避开邻近的高低压线路及各类障碍物，选定绝缘斗臂车的升起方向和路径。

　　④ 在绝缘斗臂车和工具摆放位置四周围上安全护栏和作业标志。

　　⑤ 斗内电工检查绝缘防护用具，穿上绝缘靴，戴上绝缘手套、绝缘安全帽、绝缘服（披肩）等全套绝缘防护用具。

　　⑥ 斗中电工携带作业工具和遮蔽用具进入工作斗，工具和遮蔽用具应分类放置在斗中和工具袋中，并系好安全带。

　　⑦ 在工作斗上升途中，对可能触及范围内的低压带电部件也需进行绝缘遮蔽。

　　⑧ 工作斗定位在便于作业的位置后，安装三相带电体之间的绝缘隔板。

　　⑨ 首先对离身体最近的边相导线安装导线遮蔽罩，套入的遮蔽罩的开口要翻向下方，并拉到靠近带电部件的边缘处，用绝缘夹夹紧以防脱落。

　　⑩ 对三相引线，跌落式熔断器中，工作范围内的所有带电部件，接地构件等进行绝缘遮蔽。

　　⑪ 采用横担遮蔽用具或绝缘毯对横担及其他接地构件进行绝缘遮蔽，并注意接缝处应有适当的重叠部分。

　　⑫ 最小范围的移开导线遮蔽罩，采用绝缘引流线短接跌落式熔断器及两端引线；绝缘引流线和两端线夹的载流容量应满足 1.2 倍最大电流的要求。其绝缘层应通过工频 30kV（1min）的耐压试验。组装旁路引流线的导线处应清除氧化层，且线夹接触应牢固可靠。

　　⑬ 在绝缘引流线的一端连接完毕后，另一端应注意与其他相带电线和接地物件保持安全距离，在端部线夹处应进行绝缘遮蔽。

　　⑭ 两端连接完毕且遮蔽完好后，应采用钳式电流表检查旁路引流线通流情况正常。

　　⑮ 分别拆下跌落保险器的引线，再撤除旧跌落式熔断器。

　　⑯ 装上新跌落式熔断器及两端引线，用钳式电流表检查引线通流情况正常后，恢复绝缘遮蔽。

⑰ 拆除绝缘引流线。

⑱ 检查设备正常工作后，由远至近依次撤除导线遮蔽罩，引线遮蔽罩，跌落式熔断器遮蔽罩，接地物件遮蔽罩，绝缘隔板等，撤除时注意身体与带电部件保持安全距离。

⑲ 工作后返回地面，清理工具和现场。

（c）安全注意事项。

a）斗内电工应穿绝缘鞋，戴绝缘手套、袖套、绝缘安全帽等绝缘防护用具。

b）一相作业完成后，应迅速对其恢复和保持绝缘遮蔽，然后再对另一相开展作业。

c）停用重合闸参照 DL 409—1991 执行。

d）绝缘手套外应套防刺穿手套。

e）对不规则带电部件和接地构件可采用绝缘毯进行遮蔽，但要注意夹紧固定。

（d）所需主要工器具。

10kV 绝缘斗臂车	1 辆
绝缘子遮蔽罩、导线遮蔽罩、横担遮蔽罩、绝缘毯等	视现场情况决定
绝缘引流线	1～3 根
钳式电流表	1 块

g. 更换避雷器。

（a）人员组合。作业人员共3人：工作负责人（安全监护人）1人；斗内电工1人；地面电工1人。

（b）作业步骤。

① 全体作业人员列队宣读工作票，讲解作业方案、布置任务、进行分工。

② 根据杆上电气设备布置和作业项目，将绝缘斗臂车定位于最适于作业的位置，打好接地桩，连上接地线。

③ 注意避开邻近的高低压线路及各类障碍物，选定绝缘斗臂车的升起方向和路径。

④ 在绝缘斗臂车和工具摆放位置四周围上安全护栏和作业标志。

⑤ 斗内电工检查绝缘防护用具，穿上绝缘鞋，戴上绝缘手套、绝缘安全帽、绝缘服（披肩）等全套绝缘防护用具。

⑥ 斗内电工携带作业工具和遮蔽用具进入工作斗，工具和遮蔽用具应分类放置在斗中和工具袋中，并系好安全带。

⑦ 在工作斗上升途中，对可能触及范围内的低压带电部件也需进行绝缘遮蔽。

⑧ 工作斗定位在便于作业的位置后，安装三相带电体之间的绝缘隔板。

⑨ 首先对离身体最近的边相导线安装导线遮蔽罩，套入的遮蔽罩的开口要翻向下方，并拉到靠近带电部件的边缘处，用绝缘夹夹紧以防脱落。

⑩ 按照从近至远、从带电体到接地体、从低到高的原则，采用以上同样遮蔽方式，分别对三相引线、避雷器及连接构件进行遮蔽。

⑪ 采用横担遮蔽用具或绝缘毯对横担及其他接地构件进行绝缘遮蔽，并注意接缝处应有适当的重叠部分。

⑫ 最小范围地掀开欲更换避雷器的绝缘遮蔽，用扳手拆开避雷器上桩头的高压引线。

⑬ 将拆开的避雷器上桩头引线端头回折距避雷器0.4m以上，放入引线遮蔽罩内，并用

绝缘夹把开缝处夹紧，使引线端头完全封闭在遮蔽罩内。

⑭ 经检查确认被更换避雷器与周围带电体的安全距离满足规定，且做好了各种绝缘隔离和遮蔽措施后，斗中电工手戴绝缘手套拆除避雷器下桩头接地线及旧避雷器。然后，安装新避雷器及其下桩头接地线。并确认连接完好。

⑮ 恢复对新安装避雷器接地构件的绝缘遮蔽。

⑯ 打开遮蔽罩，将高压引线端头展开送至避雷器的上桩头。斗中电工手戴绝缘手套，用扳手拧紧避雷器上桩头螺母。并确认连接完好。

⑰ 三相作业完成后，由远至近依次拆除引线遮蔽罩、避雷器遮蔽罩、接地构件遮蔽罩、绝缘隔板等，拆除时注意身体与带电部件保持安全距离。

⑱ 工作斗返回地面，清理工具和现场。

（c）安全注意事项。

a）斗内电工应穿绝缘鞋、戴绝缘手套、袖套、绝缘安全帽等绝缘防护用具。

b）一相作业完成后，应迅速对其恢复和保持绝缘遮蔽，然后再对另一相开展作业。

c）停用重合闸参照 DL 409—1991 执行。

d）绝缘手套外应套防刺穿手套。

e）对不规则带电部件和接地构件可采用绝缘毯进行遮蔽，但要注意夹紧固定。

（d）所需主要工器具。

10kV 绝缘斗臂车 　　　　　　　　　　　　　　1 辆
绝缘子遮蔽罩、导线遮蔽罩、横担遮蔽罩、绝缘毯等　　视现场情况决定
扳手或其他用具　　　　　　　　　　　　　　视现场情况决定

h. 带负荷加装负荷隔离开关。

（a）人员组合。工作人员共6人：工作负责人（安全监护人）1 人；斗内电工1 人；杆上电工1 人；地面电工2 人；绝缘斗臂车操作员1 人。

（b）作业步骤。

① 全体工作人员列队宣读工作票，工作负责人讲解作业方案、布置工作任务、进行具体分工。

② 工作负责人检查两侧导线。

③ 绝缘斗臂车进入工作现场，定位于最佳工作位置并装好接地线，选定工作斗的升降方向，注意避开附近高低压线及障碍物。

④ 布置工作现场，在绝缘斗臂车和工具摆放位置四周围上安全护栏和作业标志。

⑤ 斗内电工及杆上电工检查绝缘防护用具，穿戴上绝缘靴、绝缘服（披肩）、绝缘安全帽和绝缘手套等全套绝缘防护用具，地面电工检查、摇测绝缘作业工具。

⑥ 斗内电工携带绝缘作业工具和遮蔽用具进入工作斗，工具和遮蔽用具应分类放在斗中和工具袋中，作业人员要系好安全带。

⑦ 在工作斗上升过程中，对可能触及范围内的高低压带电部件需进行绝缘遮蔽。

⑧ 工作斗定位在合适的工作位置后，首先对离身体最近的边相导线安装导线遮蔽罩，套入的导线遮蔽罩的开口要向下方，并拉到靠近绝缘子的边缘处，用绝缘夹夹紧防止脱落。

⑨ 按照由近至远、从带电体到接地体、从低到高的原则，采用以上同样遮蔽方式，分

别对三相导线、横担、绝缘子及连接构件进行遮蔽。

⑩ 杆上电工登杆至工作位置，系好安全带。地面电工将绝缘操作平台用滑车吊至工作位置。

⑪ 斗内电工和杆上电工相互配合，将绝缘操作平台固定好。杆上电工由杆上转移至绝缘操作平台上，并系好安全带。

⑫ 地面电工将绝缘横担吊至工作位置，斗内电工和绝缘操作平台上电工相互配合，将绝缘横担固定在杆上。

⑬ 拆除边相导线绝缘子绝缘毯，将边相导线绑线拆除，绝缘操作平台上电工小心地将边相导线移至绝缘横担上固定好，并对固定处用绝缘毯再次进行绝缘遮蔽。

⑭ 依照以上方法，分别将另两相导线移至绝缘横担上，并迅速恢复绝缘遮蔽。

⑮ 除原导线横担上的遮蔽罩和绝缘毯，并传回地面。

⑯ 松开原导线横担的固定件，拆除原导线横担传至地面。

⑰ 地面电工利用吊车将负荷隔离开关吊至杆上，斗内电工和杆上电工相互配合，将负荷隔离开关固定好，并确认各机构连接牢固。

⑱ 地面电工1人登杆至合适位置，地面另一电工将隔离开关操动机构吊至规定位置，由杆上电工将操动机构固定好。工作斗内电工配合杆上电工将隔离开关操动机构连接好。

⑲ 地面电工将中相耐张绝缘子串吊至杆上，由工作斗内电工和绝缘操作平台上电工配合将绝缘子串安装好，并用绝缘毯分别将两端耐张绝缘子遮蔽好。

⑳ 拆除中相导线上的遮蔽用具，松开绝缘横担上的中相导线固定夹，安装中相导线两侧的紧线器，并收紧中相导线，注意控制导线弧垂为规定水平。

㉑ 装好导线保险绳和旁路引流线，检查确定引流线连接牢固。

㉒ 用钳形电流表测量引流线内电流，确认通流正常。

㉓ 斗内电工和绝缘操作平台上电工互相配合，利用导线断线钳将中相导线钳断。拆断导线时，应先在钳断处两端分别用绝缘绳固定好，以防止导线断头摆动。然后并分别将中相导线与耐张绝缘子串连接好。

㉔ 分别拆除中相紧线器和保险绳，并对中相导线进行绝缘遮蔽。

㉕ 按照上述操作方法，分别对两边相导线进行以上作业，注意每次钳断导线前，都要用钳形电流表测量引流线内电流，确认通流正常。

㉖ 斗内电工配合操作平台上电工将绝缘横担拆除传回地面。

㉗ 斗内电工按照由近及远的顺序装好隔离开关的绝缘隔板，将隔离开关两侧的引线分别接至带电导线上。

㉘ 地面电工合上隔离开关操动机构，斗内电工检查并确认设备工作正常。

㉙ 斗内电工分别拆除三相绝缘引流线，按照由远及近、由上至下的顺序，分别拆除隔离开关处的绝缘隔板和绝缘毯。

㉚ 操作平台上电工由操作平台上转移至杆上，系好安全带。

㉛ 斗内电工和杆上电工配合拆除绝缘操作平台传回地面。

㉜ 斗内电工由远及近依次拆除绝缘构件遮蔽罩、绝缘子遮蔽罩、导线遮蔽罩等所有绝缘遮蔽用具。

㉝ 斗内电工和杆上电工返回地面，工作负责人全面检查工作完成情况。

（c）安全注意事项。

a）斗内电工应穿绝缘鞋，戴绝缘手套、袖套、绝缘安全帽等绝缘防护用具。

b）一相作业完成后，应迅速对其恢复和保持绝缘遮蔽，然后再对另一相开展作业。

c）停用重合闸参照 DL 409— 1991 执行。

d）绝缘手套外应套防刺穿手套。

e）对不规则带电部件和接地构件可采用绝缘毯进行遮蔽，但要注意夹紧固定，两相邻绝缘毯间应有重叠部分。

f）拆除绝缘遮蔽用具时，应保持身体与被遮蔽物有足够的安全距离。

g）在钳断导线之前，应安装好紧线器和保险绳。

（d）所需主要工器具。

10kV 绝缘斗臂车	1 辆
5t 起重吊车	1 辆
绝缘滑车、绝缘传递绳	各 1 副
钳形电流表	1 块
绝缘引流线	3 根
绝缘断线钳	1 把
绝缘子遮蔽罩、导线遮蔽罩、横担遮蔽罩、绝缘毯等	视现场情况决定
扳手和其他用具	视现场情况决定

i. 带负荷开断 10kV 线路直线杆加装分段开关

（a）人员组合。工作人员共 6 人：工作负责人（安全监护人）1 人；斗内电工 1 人；杆上电工 1 人；地面电工 2 人；绝缘斗臂车操作员 1 人。

（b）作业步骤。

① 开工前，预先装好分段开关和两侧隔离开关。

② 全体工作人员到达工作现场，列队宣读工作票，工作负责人讲解作业方案、布置工作任务、进行具体分工。

③ 工作负责人检查两侧导线。

④ 绝缘斗臂车进入工作现场，定位于最佳工作位置并装好接地线，选定工作斗的升降方向，注意避开附近高低压线及障碍物。

⑤ 布置工作现场，在绝缘斗臂车和工具摆放位置四周围上安全护栏和作业标志。

⑥ 斗内电工及杆上电工检查绝缘防护用具，穿戴上绝缘靴、绝缘服（披肩）、绝缘安全帽和绝缘手套等全套绝缘防护用具，地面电工检查、摇测绝缘作业工具。

⑦ 斗内电工携带绝缘作业工具和遮蔽用具进入工作斗，工具和遮蔽用具应分类放在斗中和工具袋中，作业人员要系好安全带。

⑧ 在工作斗上升过程中，对可能触及范围内的高低压带电部件需进行绝缘遮蔽。

⑨ 工作斗定位在合适的工作位置后，首先对离身体最近的边相导线安装导线遮蔽罩，套入的导线遮蔽罩的开口要向下方，并拉到靠近绝缘子的边缘处，用绝缘夹夹紧防止脱落。

⑩ 按照由近至远、从带电体到接地体、从低到高的原则，采用以上同样遮蔽方式，分

别对三相导线、横担、绝缘子、杆顶支架及连接构件进行绝缘遮蔽。

⑪ 杆上电工登杆至工作位置，系好安全带。地面电工将绝缘操作平台用滑车吊至工作位置。

⑫ 斗内电工和杆上电工相互配合，将绝缘操作平台固定好。杆上电工由杆上转移至绝缘操作平台上，并系好安全带。

⑬ 地面电工将绝缘横担吊至工作位置，斗内电工和绝缘操作平台上电工相互配合，将绝缘横担固定，并对绝缘横担固定构件进行绝缘遮蔽。

⑭ 拆除边相导线绝缘子绝缘毯，将边相导线绑线拆除，绝缘操作平台上电工小心地将边相导线移至绝缘横担上固定好，并对固定处用绝缘毯再次进行绝缘遮蔽。

⑮ 依照以上方法，分别将另两相导线移至绝缘横担上，并迅速恢复绝缘遮蔽。

⑯ 拆除原导线横担、绝缘子、杆顶支架上的遮蔽罩和绝缘毯，拆除原导线横担、绝缘子、杆顶支架传至地面。

⑰ 地面电工将中相耐张绝缘子串吊至杆顶，由斗内电工和绝缘操作平台上电工配合将中相耐张绝缘子串安装好，并用绝缘毯分别将两端耐张绝缘子遮蔽好。

⑱ 拆除中相导线上的遮蔽用具，松开绝缘横担上的中相导线固定夹，安装中相导线两侧的紧线器，并收紧中相导线，注意控制导线弧垂为规定水平。

⑲ 装好导线保险绳和旁路引流线，检查确定引流线连接牢固。

⑳ 用钳形电流表测量引流线内电流，确认通流正常。

㉑ 斗内电工和绝缘操作平台上电工互相配合，利用导线断线钳将中相导线钳断，并分别将中相导线与耐张绝缘子串连接牢固。拆断导线时，应先在钳断处两端分别用绝缘绳固定好，防止导线断头摆动。

㉒ 分别拆除中相导线紧线器和保险绳，并对中相导线进行绝缘遮蔽。

㉓ 地面电工配合操作平台上电工将边相耐张横担吊至合适位置，斗内电工和绝缘操作平台上电工互相配合，将边相耐张横担固定在绝缘横担下方规定位置。

㉔ 地面电工配合操作平台上电工将耐张绝缘子串吊至工作位置，斗内电工和绝缘操作平台上电工互相配合，分别将边相耐张绝缘子串安装好。

㉕ 对边相耐张横担和边相耐张绝缘子串进行绝缘遮蔽，将橡胶绝缘垫安放在耐张横担上。

㉖ 按照上述中相导线施工方法，分别对两边相导线进行拆断施工，注意每次钳断导线前，都要用钳形电流表测量引流线内电流，确认通流正常。并将导线分别与两边相耐张绝缘子连接好，拆去紧线器和保险绳，然后进行绝缘遮蔽。

㉗ 操作平台上电工转移至杆上，系好安全带，斗内电工和杆上电工相互配合，拆除缘绝横担和绝缘操作平台，并传回地面。

㉘ 杆上电工回到地面，地面另一电工登杆至分段开关位置，系好安全带。

㉙ 斗内电工分别将开关的引线接至三相导线上。杆上电工合上隔离开关。

㉚ 斗内电工拆除三相临时引流线，按由远到近、由上到下的顺序拆除所有遮蔽罩、绝缘毯。

㉛ 斗内电工返回地面，工作负责人全面检查、验收工作完成情况。

（c）安全注意事项。

a）斗内电工应穿绝缘鞋，戴绝缘手套、绝缘袖套、绝缘安全帽等绝缘防护用具。

b）一相作业完成后，应迅速对其恢复和保持绝缘遮蔽，然后再对另一相开展作业。

c）停用重合闸参照 DL 409—1991 执行。

d）绝缘手套外应套防刺穿手套。

e）对不规则带电部件和接地构件可采用绝缘毯进行遮蔽，但要注意夹紧固定，两相邻绝缘毯间应有重叠部分。

f）拆除绝缘遮蔽用具时，应保持身体与被遮蔽物有足够的安全距离。

g）在钳断导线之前，应确定安装好紧线器和保险绳。

（d）所需主要工器具。

10kV 绝缘斗臂车	1 辆
绝缘滑车、绝缘传递绳	各 1 副
钳形电流表	1 块
绝缘引流线	3 根
绝缘断线钳	1 把
绝缘子遮蔽罩、导线遮蔽罩、横担遮蔽罩、绝缘毯等	视现场情况决定
扳手和其他用具	视现场情况决定

j. 带负荷迁移 10kV 线路。

（a）人员组合。工作人员主要有：工作负责人（安全监护人）1 人；斗内电工 1 人；杆上电工若干人；地面电工若干人；绝缘斗臂车操作员 1 人。

（b）作业步骤。

① 开工前，进行现场实地勘测，制定详细的施工方案，并通过学习，使参加施工的人员明确具体的施工步骤、具体分工和安全注意事项。

② 全体工作人员到达工作现场，布置安全护栏和作业标志，绝缘斗臂车进入被迁移线路的一端，定位于最佳工作位置并装好接地线，选定工作斗的升降方向，注意避开附近高低压线及障碍物。

③ 两台临时负荷开关由载重车分别运至被迁移线路两端现场。在被迁移整个线路的下方，每隔一定的距离安放一个绝缘滑轮支架，作为临时引流电缆的支架。

④ 临时引流电缆运至施工现场，敷设在两台临时负荷开关之间。敷设电缆时，应注意防止临时引流电缆从支架上滑落而磨损电缆外绝缘。

⑤ 将三相临时引流电缆两端分别接至两台临时负荷开关上。连接完好后，分别在两连接处安装绝缘遮蔽罩，并检查两台临时负荷开关均在断开位置。

⑥ 斗中电工检查绝缘防护用具，穿戴上绝缘靴、绝缘服（披肩）、绝缘安全帽和绝缘手套等全套绝缘防护用具。

⑦ 斗内电工携带绝缘作业工具和遮蔽用具进入工作斗，工具和遮蔽用具应分类放在斗中和工具袋中，并系好安全带。

⑧ 在工作斗上升过程中，对可能触及范围内的高低压带电部件需进行绝缘遮蔽。

⑨ 工作斗定位在合适的工作位置后，首先对离身体最近的边相导线安装导线遮蔽罩，

套入的导线遮蔽罩的开口要向下方，并拉到靠近绝缘子的边缘处，用绝缘夹夹紧防止脱落。

⑩ 按照由近至远、从带电体到接地体、从低到高的原则，采用以上同样遮蔽方式，分别对三相导线、横担、绝缘子、杆顶支架及连接构件进行绝缘遮蔽。

⑪ 地面电工利用绝缘绳和绝缘滑车分别将负荷开关三相引线传递给斗内电工，斗内电工按照由近及远的顺序安装好三相引线，三相引线分别安装在被迁移线路前段的配电线路三相导线上。应注意每安装好一相，就要对引线和导线的连接处恢复绝缘遮蔽。

⑫ 按照上述方法，安装线路另一端的临时负荷开关的三相引线。

⑬ 合上两台临时负荷开关，用钳形电流表测量三相引线上的电流，确认负荷已转移到临时引流电缆上。

⑭ 斗内电工按照由远及近的顺序分别钳断被迁移线路的三相引线。钳断时，应采取措施防止引线断头搭接到别的带电部件或接地构件上。钳断后，对带电部分应迅速进行绝缘遮蔽。

⑮ 照上述方法，断开被迁移线路另一端的引线。

⑯ 地面电工进行迁移线路的施工（包括立线路直杆、安装横担、安装绝缘子、敷设三相导线等）。

⑰ 绝缘斗臂车转移至已经迁移后的线路一端电杆处的合适位置固定好，斗内电工控制绝缘斗至合适位置，按照由近至远、从带电体到接地体、从低到高的原则，分别对三相导线、横担、绝缘子、杆顶支架及连接构件进行绝缘遮蔽。

⑱ 按照由近至远的顺序，分别连接好迁移线路与带电线路的三相引线。应注意每连接一相时，只拆除该相的绝缘遮蔽用具，确认连接完好后，迅速对该相的导线、引线、绝缘子等恢复绝缘遮蔽。

⑲ 三相引线连接完毕后，按照由远及近、由上到下的顺序，拆除这一端线杆上的所有绝缘遮蔽用具。

⑳ 按照上述方法，完成已经迁移后的线路另一端的引线连接工作，检查确认连接完好、通流正常后，拆除该端线杆上的所有绝缘遮蔽用具。

㉑ 地面电工分别断开两台临时负荷开关，解开临时负荷开关与临时引流电缆的连接，回收临时引流电缆。

㉒ 绝缘斗臂车转移至带电线路与临时负荷开关的引线连接处，斗内电工转移绝缘斗至合适位置，按照由远至近的顺序分别拆除临时负荷开关的三相引线，同时，按照由远及近、由上到下的顺序，拆除这一端线杆上的所有绝缘遮蔽用具。

㉓ 按照上述方法，绝缘斗臂车转移至带电线路另一端固定好，拆除该端的临时负荷开关的三相引线，同时拆除这一端线杆上的所有绝缘遮蔽用具。完工后斗内电工回到地面，收起绝缘斗臂车。

㉔ 清理施工现场，工作负责人全面检查工作完成情况。

（c）安全注意事项。

a）施工前应作好充分的勘测和准备工作，明确被迁移线路的负荷大小，确认临时引流电缆和两台临时负荷开关的型号满足施工要求。

b）施工现场应作好安全隔离措施和设置施工标志，禁止无关人员进入施工现场，进入现场必须佩戴安全帽。

　　c）现场应有专人负责指挥施工，作好现场的组织、协调工作。两台临时负荷开关处也应分别有专人看护和操作，统一听从负责人指挥，防止误操作。

　　d）绝缘斗臂车每次转移至一个不同的工作位置，都要重新接好接地线，选定工作斗的升降方向，注意避开附近高低压带电体及障碍物。

　　e）斗内电工应穿绝缘鞋，戴绝缘手套、袖套、绝缘安全帽等绝缘防护用具，绝缘手套外应套防刺穿手套。所有电工高空作业时都要系好安全带。

　　f）在一相作业完成后，应迅速对其恢复和保持绝缘遮蔽，然后再对另一相开展作业。

　　g）停用重合闸参照 DL 409—1991 执行。

　　h）对不规则带电部件和接地构件可采用绝缘毯进行遮蔽，但要注意夹紧固定，两相邻绝缘毯间应有重叠部分。

　　i）拆除绝缘遮蔽用具时，应保持身体与被遮蔽物有足够的安全距离。

　　（d）所需主要工器具

10kV 绝缘斗臂车	1 辆
载重车	视现场情况决定
临时负荷开关	两台
临时三相引流电缆	长度视现场情况决定
绝缘断线钳、钳形电流表	各 1 副
绝缘子遮蔽罩、导线遮蔽罩、横担遮蔽罩、	
绝缘毯、硅橡胶垫、绝缘滑轮支架、绝缘	
滑车、绝缘传递绳、安全带等	视现场情况决定
扳手和其他工具	视现场情况决定

　　（9）作业工具及防护用具。

　　1）绝缘操作工具。

　　a. 硬质绝缘工具。主要指以环氧树脂玻璃纤维增强型绝缘管、板、棒为主绝缘材料制成的配电作业工具，包括操作工具、运载工具、承力工具等，其电气和机械性能应满足 GB 13398 的要求。在配电作业中对端部装配不同金属工具的绝缘操作杆，其尺寸及电气性能应满足表 3-80 和表 3-81 的要求。

表 3-80　　　　　　　　　　　　　绝缘操作杆的尺寸

额定电压（kV）	最小有效绝缘长度（m）	端部金属接头长度不大于（m）	手持部分长度不小于（m）
6~10	0.70	0.10	0.60

表 3-81　　　　　　　　　　　　绝缘操作杆的电气性能要求

额定电压（kV）	试验电极间距离（m）	工频闪络击穿电压不小于（kV）	100kV/1min 工频耐压
6~10	0.40	120	无闪络、无击穿、无发热

　　b. 软质绝缘工具。主要指以绝缘绳为主绝缘材料制成的工具，包括吊运工具、承力工具等，绝缘绳的电气性能应满足表 3-82 的要求。

绝缘绳的机械性能应满足 GB 13035—2003《带电作业用绝缘绳索》的要求。

表 3 - 82　　　　　　　　　　绝缘绳的电气性能要求

试验电极间距离（m）	工频闪络击穿电压不小于（kV）	90% 高湿度下泄漏电流不大于（μA）
0.5	170	300

2）绝缘承载工具。

a. 绝缘斗臂车。6～10kV 绝缘斗臂车的绝缘臂应采用绝缘材料制作，绝缘材料的电气和机械性能应满足 GB 13398 的要求。

绝缘臂的电气性能应符合表 3 - 83 的规定。

表 3 - 83　　　　　　　　　　绝缘臂的电气性能要求

额定电压（kV）	试验距离（m）	1min 工频耐压（kV）		交流泄漏电流试验	
		型式试验	出厂试验	施加电压（kV）	泄漏电流（μA）
10	0.4	100	50	20	200

绝缘斗应采用绝缘材料制作，电气性能应符合表 3 - 84 的规定。

表 3 - 84　　　　　　　　　　绝缘斗的电气性能要求

额定电压（kV）	试验距离（m）	1min 工频耐压（kV）		交流泄漏电流试验	
		型式试验	出厂试验	施加电压（kV）	泄漏电流（μA）
10	0.4	100	50	20	≤200

对于带有自动平衡装置或上下两套操作系统的绝缘斗臂车，其电气性能要求应符合表 3 - 85 的规定。

表 3 - 85　　　　　　　带有自动平衡装置斗臂车的电气性能要求

额定电压（kV）	试验距离（m）	1min 工频耐压（kV）		交流泄漏电流试验	
		型式试验	出厂试验	施加电压（kV）	泄漏电流（μA）
10	1.0	100	50	20	≤500

绝缘斗的层间工频耐压试验值为 50kV，耐压时间为 1min ± 0.5s，试验中应无击穿，无闪络，无发热。

绝缘斗臂车的机械性能及其他性能应满足国家标准《带电作业用绝缘斗臂车》的要求。

b. 绝缘平台。10kV 绝缘平台的应采用绝缘材料制作，绝缘材料的电气和机械性能应满足 GB 13398 的要求。

绝缘平台的电气性能应符合表 3 - 86 的规定。

表 3 - 86　　　　　　　　　　绝缘平台的电气性能要求

额定电压（kV）	试验距离（m）	1min 工频耐压（kV）		交流泄漏电流试验	
		型式试验	出厂试验	施加电压（kV）	泄漏电流（μA）
10	0.4	100	50	20	≤500

绝缘平台按工作状态布置，在 2000N/3min 的负荷作用下，应无明显变形。

3）绝缘遮蔽工具。

a. 绝缘遮蔽罩。绝缘遮蔽罩包括导线遮蔽罩，耐张装置（绝缘子、线头或拉板）遮蔽罩、针式绝缘子遮蔽罩、棒型绝缘子遮蔽罩，横担遮蔽罩、电杆遮蔽罩、特型遮蔽罩及柔形遮蔽罩，其电气和机械性能应满足 GB 12168 和 DL/T 880 的要求。绝缘遮蔽罩的电气性能应满足表 3-87 的规定。

表 3-87　　　　　　　　　　　　绝缘遮蔽罩的电气性能要求

额定电压（kV）	工频试验电压（kV）	耐压时间（min）	要　　求
10	20	1	无闪络、无击穿、无发热

b. 绝缘隔板及绝缘毯。绝缘隔板和绝缘毯的电气性能要求同表 3-87，其电气和机械性能应满足 DL/T 803 的要求。遮蔽及隔离用具的机械性能应满足 GB 12168《带电作业用遮蔽罩》的要求。

4）绝缘防护用具。

a. 绝缘手套。绝缘手套指在配电作业中起电气绝缘作用的手套，手套用合成橡胶或天然橡胶制成，其形状为分指式，其电气和机械性能应满足 GB 17622 的要求。

绝缘手套的电气性能应满足表 3-88 的要求。

表 3-88　　　　　　　　　　　　绝缘手套的电气性能要求

额定电压（kV）	交　流　试　验				直　流　试　验
	验证试验电压（kV）	泄漏电流（μA）			验证试验电压（kV）
		手套长度（mm）			
		360	410	460	
6	20	14	16	18	30
10	30	14	16	18	40

绝缘手套的机械性能要求为：平均拉伸强度应不低于 14MPa，平均拉断伸长率不低于 600%，拉伸永久变形不应超过 15%，绝缘手套的抗机械刺穿强度不小于 18N/mm，手套还应具有耐老化、耐燃、耐低温性能。绝缘手套表面必须平滑，内外面应无针孔、疵点、裂纹、砂眼、杂质、修剪损伤、夹紧痕迹等各种明显缺陷和明显的波纹及铸模痕迹，应避免阳光直射，挤压折叠，储存环境温度宜为 10~20℃。

b. 绝缘靴。绝缘靴指在带电作业时起电气绝缘作用的靴，靴用合成橡胶或天然橡胶制成，其电气和机械性能应满足 DL/T676 的要求。

绝缘靴的电气性能要求应满足表 3-89 中的规定。

表 3-89　　　　　　　　　　　　绝缘靴的电气性能要求

额定电压（kV）	工频试验电压（kV）	耐压时间（min）	要　　求
6~10	20	2	无闪络、无击穿、无发热

绝缘靴的机械性能应满足表 3 - 90 的要求。

表 3 - 90　　　　　　　　　　　　绝缘靴的机械性能要求

扯断强度应大于（MPa）		扯断伸长率应大于（%）		硬度（邵氏）（A）		粘附强度应大于（N/cm）
靴面	靴底	靴面	靴底	靴面	靴底	用手与靴面
13. 72	11. 76	450	360	55 ~ 65	55 ~ 70	6. 36

c. 绝缘服、袖套、披肩。绝缘服、袖套、披肩等指由橡胶或其他绝缘柔性材料制成的穿戴用具，是保护作业人员接触带电导体和电气设备时免遭电击的安全防护用品，其电气和机械性能参照 DL/T 803 和 DL/T 853 的要求。

绝缘服、袖套、披肩的电气性能应满足表 3 - 91 中的要求。

表 3 - 91　　　　　　　　　　绝缘服、袖套、披肩的电气性能要求

额定电压（kV）	工频试验电压（kV）	耐压时间（min）		要　　　求
		型式或抽样试验	出厂和预防性试验	
6	20	3	1	无闪络、无击穿、无发热
10	20	3	1	无闪络、无击穿、无发热

绝缘服、袖套、披肩的机械性能要求为：平均抗拉强度不小于 14MPa，抗机械刺穿强度应不小于 18N/mm。

二、带电作业绝缘配合导则

1.《带电作业绝缘配合导则》编制原则

（1）编写原则。

1）与相关内容的一致性。我国的电力国家标准以及电力行业标准，已建立了标准体系表，标准的相互引用，构成了完整的标准系列。因此，该电力行业标准应与其他相关的电力国家标准、电力行业标准相一致，尤其是技术要求与技术参数应一致，例如：GB 311.1—1997《高压输变电设备的绝缘配合》；GB/T 311.2—2002《绝缘配合　第 2 部分：高压输变电设备的绝缘配合使用导则》；DL/T 620—1997；GB/T 18037—2000；GB/T 19185—2003《交流线路带电作业安全距离计算方法》与这样一些标准在技术要求和技术参数上应保持一致，不要出现矛盾，否则在标准的执行过程中将会无所适从。比如说，关于统计过电压倍数，DL/T 620—1997《交流电气装置的过电压保护及绝缘配合》标准中已经规定了交流 500kV 系统及以下电压等级系统的值，而 GB/T 18037 则规定了 ±500kV 直流系统的值，该标准在统计过电压倍数的限定值上力求与上述两个标准保持一致。而交流 750kV 的统计过电压倍数是以上两个标准所未涉及的，我们在查阅了大量近期的科技文献和科研成果文献后，提出交流 750kV 的统计过电压倍数为 1.8 倍，这个数值是大家所公认的，因而在标准审查会上也获得了大家的一致认同。

2）鼓励科技进步。该标准为基础类标准，既要考虑到目前我国生产带电作业工具、装置和设备的水平，要兼顾我国各地和区域性的一些特点。而重要的是，随着我国的生产发展以及科技进步，系统的过电压水平得到进一步限制，带电作业技术也有了长足的飞跃发展，因而应当鼓励科技进步，肯定先进的生产流程，将质量好的带电作业用绝缘材料引入电力系

统，推荐和鼓励先进的带电作业思路和作业方法。而对于那些生产工艺落后，质量较差的带电作业用绝缘材料以及落后的操作方法则应拒之门外。因此在全面引入 IEC 标准的同时，要十分注意总结我国的电力科技进步，从而提出合适的技术要求。例如，我国在建设超高压系统初期，330kV 系统的过电压水平限制为 2.75 倍；500kV 系统的过电压水平限制为 2.5 倍。而随着我国电力科技的不断发展，限制操作过电压措施的不断完善，我国超高压系统限制操作过电压的水平有了较大的提高，330kV 系统的过电压水平限制到 2.2 倍；500kV 系统的过电压水平限制到 2.0 倍。这既体现了我国电力系统在限制操作过电压方面的科技进步，同时又是我国生产力不断发展的结果，这些技术内容我们将之编于标准之中，方便大家查阅和应用。

3）规范较为成熟的技术。遵循我国现行的技术经济政策，注意总结我国开展带电作业近 50 年来带电作业方法的精髓，这是该标准编写过程中一直要贯穿始终的。而对于生产和使用各类带电作业工具、装置和设备的较为成熟的生产实践，例如，我国在带电作业领域自主开发生产的验电器等诊断装置，屏蔽服等个人防护用具等都具有中国特色且为国际先进水平，这些都不能忽视，但这些内容不是该标准关注的重点。

a. 本出版物的重点内容。由于该标准不涉及具体的带电作业方法和相关的带电作业工具、装置和设备，而只是对带电作业用工具、装置和设备的绝缘配合原则进行规范，因此，所涉及的内容为进行带电作业的条件、可能影响带电作业的作用电压、进行带电作业所涉及的绝缘类型、带电作业绝缘的耐受能力、带电作业作用电压与耐受电压之间的配合以及带电作业的安全性等。

b. 成熟的绝缘配合方法。由于对电力系统和电力设备进行绝缘配合，在高压（3～220kV）范围内采用惯用法；在超高压（330～750kV）范围内采用统计法（实际上大部分采用简化统计法），我国已经具有相当成熟的经验。因此，将对电力系统和电力设备进行绝缘配合的方法推广到带电作业上，应该说属于成熟的技术。而对于带电作业专业领域，需要规范的只是进行操作冲击试验时的标准偏差取值，以及带电作业危险率的阈值。这些技术内容在带电作业领域也进行了多年的研究，已经有了基本一致的看法和意见，只是没有进行总结和规范，因此，该标准所进行的统一和规范化工作，得到了大家的认同。

（2）技术内容。

1）进行带电作业的条件。在电力系统开展带电作业与电气设备长期挂网运行有较大的区别，一个是间歇性的工作条件，另一个则是长期承受各种电压的考验。尽管电气设备长期挂网运行其工作环境十分苛刻，但带电作业尽管是间歇性的工作状态，却直接涉及人身安全，对确保安全要求十分高，因此带电作业的环境及条件应考虑十分周全。不仅要考虑一般工作状态，同时需要将带电作业期间可能发生的各种不利状况都应考虑进去，以提高带电作业的安全可靠性，减少不必要的安全事故。

2）带电作业中的作用电压。电气设备在运行中可能受到的作用电压有正常运行条件下的工频电压、暂时过电压（包括工频电压升高）、操作过电压与雷电过电压。DL 409—1991 中规定，雷电天气时不得进行带电作业，因此，带电作业时除不必考虑雷电过电压外，正常运行条件下的工频电压、暂时过电压（包括工频电压升高）与操作过电压的作用在带电作业时均应仔细考虑。

a. 正常运行条件下的工频电压。正常运行条件下的工频电压，网络中不同的点各不相同，系统中由于"长线容升效应"会使得某些点的电压比系统的标称电压高，但所有相关标准都规定：系统中各点的工频电压不得超过设备最高电压。由于各个电压等级下的电压升高系数不完全一样，一般 220kV 及以下电压等级的电压升高系数为 1.15（66kV 例外，为 1.1），330kV 及以上电压等级的电压升高系数为 1.1（但 750kV 为 1.067，±500kV 直流系统则为 1.03）。详细情况大家可查阅表 3-92。

b. 暂时过电压。暂时过电压主要指工频过电压和谐振过电压。关于这类过电压的详细分类以及引起这类过电压的原因在以下 2 项（1）（4）中进行了概略的描述。标准中说明："暂时过电压由于其持续时间较长、能量较大，所以在考虑带电作业绝缘工具、装置和设备的泄漏距离时，常以此为依据"。众所周知，输变电设备进行污秽外绝缘设计时，常按系统最高工作电压进行（也可按额定电压，但爬电比距取值不一样）。在采取了工频过电压限制措施以后，工频过电压一般应限制在 1.3~1.4p.u. 以下，而这一过电压值较系统最高工作电压为高。尽管带电作业绝缘工具、装置和设备的外绝缘不是按环境的污秽程度来决定绝缘泄漏距离的，但是在考虑带电作业绝缘工具、装置和设备的泄漏距离时，要考虑两点：其一，要考虑短时工频电压升高；其二，要考虑在带电作业过程中，突然降雨的影响。所以在本标准中提醒大家，在进行带电作业绝缘工具、装置和设备的外绝缘设计时，应考虑到暂时过电压的因素，绝缘适当留有一定的裕度。

c. 操作过电压。不同类型的操作过电压具有不同的分布规律及参数，一定概率条件下的预期过电压倍数也不同。进行带电作业时所遇到的操作过电压与系统中可能产生的操作过电压是不一样的。一般而言，进行带电作业时是不会遇到合空线过电压的，因此本标准将进行带电作业时所遇到的操作过电压分为两种情况：其一，带电作业时未取消自动重合闸的，以重合闸过电压为主要类型；其二，带电作业时取消了自动重合闸的，以线路非对称故障分闸和震荡解列过电压为主要类型，当然也要验算其他有显著影响的过电压。这些都是一些原则，随着我国超高压电网的加强，操作过电压水平有了较大的降低，对具体线路的操作过电压水平最好进行计算和实测。

3）带电作业中的绝缘类型。带电作业绝缘工具、装置和设备的绝缘一般可分为两类，一类为自恢复绝缘；另一类为非自恢复绝缘。严格说起来，带电作业中除塔头空气间隙、组合间隙为自恢复绝缘之外，一般带电作业绝缘工具、装置和设备的绝缘均为非自恢复绝缘，如绝缘操作杆、绝缘支拉吊杆、绝缘硬梯、绝缘软梯、绝缘托瓶架、绝缘斗臂车的绝缘臂、带电清扫机的绝缘支架等。这类绝缘外表面为空气，当火花放电发生在固体绝缘的沿面时，火花放电过后，绝缘能自动恢复，也就是说，发生在自恢复绝缘中的破坏性放电能自恢复。而发生在固体绝缘内部的放电，则为不可逆的绝缘击穿。故可以认为，绝缘操作杆、绝缘支拉吊杆、绝缘硬梯、绝缘软梯、绝缘托瓶架、绝缘斗臂车的绝缘臂、带电清扫机的绝缘支架等带电作业绝缘工具、装置和设备为由自恢复绝缘和非自恢复绝缘组成的复合绝缘。

4）绝缘耐受能力。对于绝缘操作杆、绝缘支拉吊杆、绝缘硬梯、绝缘软梯、绝缘托瓶架、绝缘斗臂车的绝缘臂、带电清扫机的绝缘支架等带电作业绝缘工具、装置和设备进行绝缘试验时，在 50% 放电电压下可能是非自恢复的，因为进行 50% 放电电压试验时所施加的电压值较高，例如进行带电作业空气间隙的 50% 放电电压试验，通常施加 40 次试验电压，其中约 20 次需闪络放电；而在额定耐受电压下是自恢复的，不允许发生任何放电。所以对空气间隙、组合间隙的绝缘等自恢复绝缘进行 50% 的破坏性放电试验；而带电作业用的工具、装置和设备绝缘等自恢复与非自恢复的混合型复合绝缘则进行 15 次冲击耐压试验。

5）作用电压与耐受电压之间的配合。在 3 ~ 220kV 电压范围内的带电作业用工具、装置和设备，其基准绝缘水平是按额定雷电冲击耐受电压和额定短时工频耐受电压给出的。因此它能满足正常运行电压和暂时过电压的要求。所以对 3 ~ 220kV 电压范围内的带电作业用工具、装置和设备所进行的试验考核，只需进行短时工频电压试验，时间为 1min。

在 330 ~ 750kV 电压范围内的带电作业用工具、装置和设备需进行两种类型电压的试验的考核。其一，进行较长时间的工频电压试验（产品的型式试验的持续时间为 5min、绝缘的预防性试验为 3min），其原因是在这一电压范围内，绝缘应考虑暂时过电压的幅值及持续时间，同时考虑内绝缘的老化及外绝缘耐受污秽性能的适应性；其二，进行操作冲击电压试验，这里对空气间隙、组合间隙的绝缘等自恢复绝缘进行 50% 的破坏性放电试验；而带电作业用的工具、装置和设备绝缘等自恢复与非自恢复的混合型复合绝缘则进行 15 次冲击耐压试验。不允许发生任何闪络放电，这一点，已经在《带电作业用工具、装置和设备的预防性试验规程》的编制说明中已作了较为详细的解释。

（3）带电作业的安全性。在带电作业中，其安全性常有两个衡量指标，即危险率和事故率。危险率没有量纲，而事故率的单位是：$1/100$（$km \cdot a$）。

1）带电作业的危险率。带电作业危险率的定义：在带电作业中，通常将带电作业间隙在每发生一次操作过电压时，该间隙发生放电的概率称为带电作业危险率。

带电作业危险率的意义等同于设备绝缘的故障率。

带电作业的危险率以前一直没有一个统一的阈值，一般认为，只要带电作业危险率在 10^{-5}，即认为满足要求。但十万分之一和十万分之九点九还是有很大差别的，经过调查和论证我们认为 $R_0 = 1.0 \times 10^{-5}$，也就是说，将带电作业的危险率定为十万分之一是能为大多数人所接受的，因此我们将 $R_0 = 1.0 \times 10^{-5}$ 作为带电作业危险率的阈值。

2）带电作业的事故率。带电作业事故率的定义：是指开展带电作业工作时，带电作业间隙因操作过电压而放电所造成事故的概率。

带电作业事故率的单位是 $1/100$（$km \cdot a$），即每百公里线路在一年中发生事故的次数。

带电作业事故率是一个与多种因数有关的数，相关连的数有：

a. 一年内进行带电作业的累计工作日；

b. 进行带电作业时，作业人员处于某一危险率下的间隙所停留的平均时间；

c. 每百公里线路在一年内有可能产生操作过电压的正常操作会引起事故跳闸的总次数；

d. 所有操作过电压中出现正极性操作过电压的概率；

e. 相应的带电作业危险率。

从上面所罗列的 5 种因素和相关数据来分析，带电作业的事故率是一个很小的数。假如我们按每年在危险率为 $R_0 = 1.0 \times 10^{-5}$ 的带电作业间隙下，一年工作 10 个工作日，每次工作 30min 计，则计算出来的带电作业事故率约为 10^{-8} 数量级，即为一亿分之一左右。

2.《带电作业绝缘配合导则》内容解读

（1）带电作业中的作用电压。

1）作用电压类型。电气设备在运行中可能受到的作用电压有正常运行条件下的工频电压、暂时过电压（包括工频电压升高），操作过电压与雷电过电压。

在 DL 409—1991 中规定："雷电天气时不得进行带电作业"。因此，带电作业中只考虑正常运行条件下的工频电压、暂时过电压（包括工频电压升高）与操作过电压的作用。

2）正常运行条件下的工频电压。正常运行条件下，工频电压会有某些波动，且系统中各点的工频电压并不完全相等，但不会超过设备最高电压。不同电压等级的电压升高系数 K_r 和设备最高电压 U_m 各不相同，其值见表 3–92。

表 3–92　　　　　　各电压等级下的电压升高系数 K_r 及设备最高电压 U_m

系统标称电压 U_b（kV）	3	6	10	35	66	110	220	330	500	750	500DC
电压升高系数 K_r	1.15	1.15	1.15	1.15	1.1	1.15	1.15	1.1	1.1	1.067	1.03
设备最高电压 U_m（kV）	3.5	6.9	11.5	40.5	72.5	121	252	363	550	800	515

故在本导则中将工频电压视为常数，且等于设备最高电压。

3）暂时过电压。暂时过电压主要指工频过电压与谐振过电压，暂时过电压的严重程度取决于其幅值和持续时间。

系统中的工频过电压一般由线路空载、接地故障和甩负荷等引起。

因单相接地故障出现的概率最大，且这一概率随系统额定电压的上升而增加。通常，由单相接地故障引起的暂时过电压是不衰减的，它一直持续到故障清除为止。

当突然切除大的有功、无功负载时，会出现暂时过电压，其幅值及持续时间与失去负载后的系统配置、电源特性有关。

在长线路末端突然失去全部负载时，由于长线电容效应，这种电压升高可能特别严重，会影响到设备安全运行。

谐振过电压包括线性谐振和非线性（铁磁）谐振过电压，是由于系统内存在各种电感与电容元件，当系统进行操作或发生故障时，可形成各种振荡回路，在一定的条件下产生。

暂时过电压由于其持续时间较长、能量较大，所以在考虑带电作业绝缘工具、装置和设备的泄漏距离时，常以此为依据。

4）操作过电压。操作过电压又称内部过电压，它是由系统内的正常操作、切除故障操作或因故障所造成的过电压。这种过电压的特点是幅值较高、持续时间短、衰减快。操作过电压与系统的运行电压有关。

操作过电压的起因通常是：

a. 线路合闸与重合闸；

b. 故障与切除故障；

c. 开断容性电流和开断较小或中等的感性电流；

d. 负载突变。

5）确定预期过电压水平的原则。一般而言，3～220kV 电压范围内的设备绝缘水平主要由雷电过电压决定，但也要估计操作过电压的影响。因而，在此电压范围内的带电作业工具、设备和装置，其绝缘水平应校核相应电压等级下的操作过电压水平。

在确定 330~750kV 电压范围内的带电作业工具、设备和装置绝缘水平时，操作过电压的影响较为突出，因而要求对考虑的系统中带电作业时可能遇到的过电压进行估算。

a. 带电作业中操作过电压的类型。不同类型的操作过电压有不同的分布规律及参数，一定概率条件下的预期过电压倍数也不相同。考虑到当前的设备型式、系统结构的特点，可选用的绝缘水平以及带电作业的实际工况，本导则推荐：

a）带电作业时未取消自动重合闸的，以重合闸过电压作为主要类型，但也要验算其他有显著影响的过电压。

b）带电作业时取消了自动重合闸的，以线路非对称故障分闸和振荡解列过电压为主要类型，但也要验算其他有显著影响的过电压。

b. 操作过电压的估算。可用计算机及瞬态网络分析仪（TNA）对操作过电压进行预估。如有可能，最好以系统的实际数据检验所用的原始参数及模拟结果的正确性。具体的估算步骤及方法按 GB 311.2—2002 中 2.6.2.2 及 2.6.2.3 进行。

带电作业时，不考虑线路合闸过电压。如果在带电作业时已停用自动重合闸，过电压倍数一般较标准值低。根据 DL/T 620—1997 规定，各电压等级的统计过电压 $U_{2\%}$ 倍数 K_e 不宜大于表 3-93 所列数值。

表 3-93 统计过电压倍数 K_e 值

系统标称电压（kV）	统计过电压倍数 K_e	系统标称电压（kV）	统计过电压倍数 K_e
10 及以下	(44kV)[①]	330	2.2
35~63（非直接接地系统）	4.0	500	2.0
110~154（非直接接地系统）	3.5	750	1.8
110~220（直接接地系统）	3.0	500（DC）	1.7（最高级电压的倍数）

① 10kV 及以下的过电压水平统一按 44kV 考虑。

在计算带电作业安全距离时，应根据系统结构操作方式、设备状况及线路长短，依据 GB/T 19185 所提供的计算方法，计算得出实际过电压倍数来确定。而在缺乏上述资料和参数而无法计算时，可参照表 3-93 给出的各电压等级的统计过电压倍数来计算带电作业安全距离。

（2）绝缘耐受能力。

1）概述。

a. 自恢复和非自恢复绝缘。根据绝缘在试验中发生破坏性放电的特性，在 GB 311.1—1997 中将绝缘分成自恢复绝缘和非自恢复绝缘。

事实上，带电作业用工具、装置及设备的绝缘结构总是由自恢复和非自恢复两部分组成的。因此，一般不能简单地将带电作业用工具、装置及设备的绝缘说成是自恢复和非自恢复型的。仅在一定的电压范围内，在工具、装置及设备绝缘部分发生沿面或贯穿性放电的概率可以忽略不计时（此时工具、装置及设备的放电概率与其自恢复绝缘部分的放电概率一致），才可以称其绝缘为自恢复绝缘型的，或者相反。

对自恢复绝缘，可在有一定放电概率的条件下进行试验，例如：用超过额定冲击耐受水平的电压决定放电概率与所加电压的相互关系，可直接获得较多的带电作业用工具、装置及设备的绝缘特性的数据。

对非自恢复绝缘多次加某一电压，如额定冲击耐受电压，绝缘虽未必放电，但可能发生不可逆的劣化，故对非自恢复绝缘只能施加有限次数的冲击进行试验。

b. 试验类型的选择。对自恢复绝缘（如塔头空气间隙、组合间隙）应按 GB 311.1—1997 中的 4.4 进行 50% 的破坏性放电试验。

对同时具有恢复和自恢复绝缘，但又不能分开进行试验的工具、装置及设备（如绝缘操作杆、绝缘硬梯、绝缘软梯等），为了验证其自恢复部分的绝缘强度，并为避免过多次的冲击使非自恢复绝缘部分劣化的可能性，应限制加压的次数，按 GB 311.1—1997 中的 4.5 进行 15 次冲击耐压试验。

2）在工频电压和暂时过电压下的绝缘性能。通常，仅当工具、装置及设备绝缘特性的逐步劣化或严酷的环境条件使绝缘能力异常地下降时，才会使它在正常运行工频电压和暂时过电压下击穿。

工具、装置及设备的污秽程度对绝缘性能的影响是随机的，而对于受到污染的绝缘在工频电压、暂时过电压下绝缘性能及对绝缘的要求，一般不用统计的概念。

3）在操作冲击电压下自恢复绝缘破坏性放电的概率。给定的绝缘对一定波形（例如标准操作冲击波 $250\mu s/2500\mu s$）和幅值 U 的冲击电压的耐受能力，在大多数情况下，是一个随机现象，只能按统计的方法用一条所加电压与放电（或耐受）概率间相互关系的曲线来表示，通常假定为正态概率分布曲线。

由于 50% 破坏性放电试验是在高于额定冲击耐受电压下进行的，而对被试绝缘施加一定次数的冲击电压以得到绝缘的 50% 破坏性放电电压 U_{50} 和变异系数 σ，U_{50} 应不低于额定冲击耐受电压乘以 $1/(1-1.3\sigma)$，对空气绝缘 σ 值一般取：操作冲击试验，$\sigma=0.06$。σ 也可取实际试验得出的数值。

由于要求多次破坏性放电，故 50% 破坏性放电试验只适用于自恢复绝缘。

（3）作用电压与耐受电压之间的配合。

1）绝缘耐受各种电压的能力。一般认为，绝缘对雷电、操作或工频电压的耐受能力应独立地用相应波形的电压进行试验。但由于不同电压范围内对绝缘水平起控制作用的电压不同，因而不必逐一用相应波形的电压进行检验。例如，3～220kV 设备的额定雷电冲击耐受电压乘以 0.83 与设备最大相电压峰值之比远超过预期操作过电压水平，其绝缘水平主要由雷电过电压决定，且由于绝缘在典型的操作冲击下的击穿电压总是比工频电压的峰值高，故这一电压等级范围内不规定操作冲击耐受试验。

2）3～220kV 电压范围内，作用电压与耐受电压的配合。在这一电压范围内，带电作业工具、装置及设备的基准绝缘水平是按额定雷电冲击耐受电压和额定短时工频耐受电压给出的，因此，一般均能满足在正常运行电压和暂时过电压下的要求。

对正常运行条件，绝缘应能耐受设备最高电压。

工具、装置及设备的绝缘在预期的寿命期内，不致因局部放电而使绝缘显著劣化，以及在最苛刻的工况下，绝缘不会失去热稳定性。为尽可能符合实际，应用工频电压试验检验。试验时所加电压可高于 $U_m/\sqrt{3}$，而持续时间为 1min。

3）330～750kV 电压范围内，作用电压与耐受电压之间的配合。

a. 绝缘试验类型的选择。在这一电压范围内，工频试验电压的选择应考虑暂时过电压的幅值及持续时间，同时考虑到工具、装置及设备内绝缘的老化及外绝缘耐受污秽性能的适应性，应选用持续时间较长的工频电压试验。工频电压试验的持续时间为 3min（产品型式试验的工频电压试验的持续时间为 5min）。

在操作过电压下，空气间隙、组合间隙、工具、装置及设备的绝缘性能用操作冲击试验。对空气间隙及组合间隙等自恢复绝缘也可进行 50% 放电电压试验。而对工具、装置及设备等复合绝缘施加 15 次额定冲击耐受电压，如在自恢复绝缘以及非自恢复绝缘中均未出现破坏性放电，则认为带电作业工具、装置及设备通过了试验。

b. 绝缘配合方法的选择。绝缘配合方法有确定性法（惯用法）、统计法及简化统计法。

a）确定性法（惯用法）。按惯用法进行绝缘配合时，需要确定作用于工具、装置及设备上的最大过电压，工具、装置及设备绝缘强度的最小值，以及它们两者间的裕度。在确定裕度时，应尽量考虑可能出现的不确定因素，但不要求估计绝缘可能击穿的故障率。惯用法的适用范围，主要是非自恢复绝缘和 220kV 及以下电压等级的系统。

b）统计法。按统计法进行绝缘配合时，应通过对工具、装置及设备绝缘强度和作用于其上过电压的统计分析，并根据所允许的最大故障率设计绝缘水平，而且将允许的最大故障率作为绝缘设计的一个安全指标。

当对某种过电压计算绝缘故障率时，需要给出此过电压与工具、装置及设备的绝缘特性两者各自的分布规律。

过电压幅值的统计分布规律，可用概率密度函数 $f_0(u)$ 表示，即过电压幅值在 $U\sim U+dU$ 范围内的概率为 $f_0(u)\mathrm{d}u$，工具、装置及设备绝缘在 ΔT 时间范围内，电压 U 作用下的放电概率为 $P_{\mathrm{T}}(u)$，则过电压在 $U\sim U+dU$ 范围内绝缘放电的概率为 $\mathrm{d}R$，即

$$\mathrm{d}R = P_{\mathrm{T}}(U)f_0(U)\mathrm{d}U \qquad (3-25)$$

于是某一工具、装置及设备绝缘在某一类型过电压下的故障率 R 为

$$R = \int_0^\infty P_{\mathrm{T}}(U)f_0(U)\mathrm{d}U \qquad (3-26)$$

显然，R 的准确度取决于过电压出现概率和绝缘放电概率的准确程度（这里 R 为绝缘的故障率，亦为带电作业所称危险率）。

c）简化统计法。由于绝缘配合统计法和计算较为复杂，故障率计算可采用简化统计法。简化统计法假定：过电压和绝缘放电概率都是已知标准偏差的高斯分布。这样就可以用一个点来代表过电压分布及电气强度分布。通常用统计过电压 U_{s} 代表绝缘的整个分布，用绝缘的统计耐受电压 U_{w} 代表绝缘的整体分布。同时引入统计安全因数 γ，这三者之间有如下关系

$$\gamma = \frac{U_{\mathrm{w}}}{U_{\mathrm{s}}} \qquad (3-27)$$

简化统计法中一般采用：过电压超过 U_{s} 的概率为 2%，绝缘在 U_{w} 作用下的耐受概率为 90%。

统计法适用于 330kV 及以上系统带电作业空气间隙、组合间隙及工具、装置及设备的

操作过电压的绝缘配合。

4）直流系统作用电压和耐受电压间的配合。在直流系统中，带电作业用工具、装置及设备的基准绝缘水平是按操作冲击耐受电压给出的。其绝缘水平应满足长期运行电压和操作过电压的要求。

在500kV直流系统，直流试验电压的选择，应考虑直流最高运行电压，同时考虑到工具、装置及设备内绝缘的老化及外绝缘耐受污秽性能的适应性，对泄漏距离的选择，应选用试验时间较长的直流电压试验。直流耐受电压试验的持续时间为3min（产品型式试验的直流耐受电压试验的持续时间为5min）。

在操作过电压下，空气间隙、组合间隙、工具、装置及设备的绝缘性能采用直流叠加操作冲击试验进行检验。

对空气间隙、组合间隙等自恢复绝缘可进行50%放电电压试验。而对工具、装置及设备等复合绝缘施加15次额定冲击耐受电压，如在自恢复绝缘以及非自恢复绝缘中均未出现破坏性放电，则认为带电作业工具、装置及设备通过了试验。

（4）带电作业的安全性。在带电作业中，其安全性常以带电作业的危险率与带电作业的事故率来进行衡量。带电作业的事故率与带电作业的危险率这两个定义不同，但又有紧密联系的概念应注意区分，并按下述定义及相关计算方法进行计算。

1）带电作业危险率。在带电作业中，通常将带电作业间隙在每发生一次操作过电压时，该间隙发生放电的概率称为带电作业危险率。公认可接受的带电作业的危险率为 $R_0 = 1.0 \times 10^{-5}$，带电作业危险率的计算按GB/T 19185—2003《交流线路带电作业安全距离计算方法》所规定的计算式进行计算。

带电作业危险率的图示见图3-1。图3-1中符号及公式的定义见式3-26。

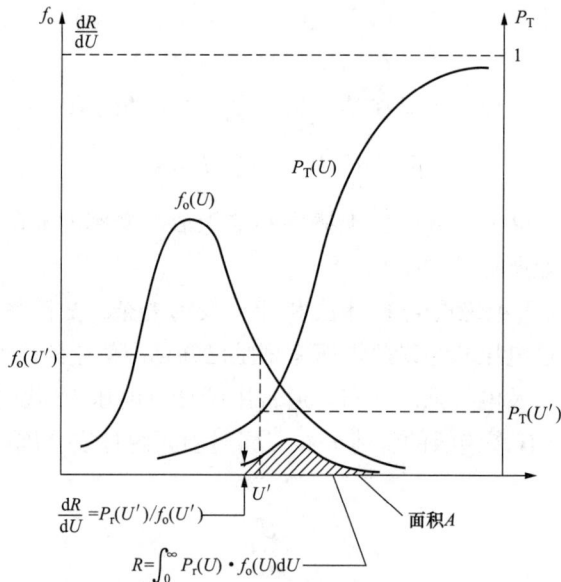

图3-1 带电作业危险率的图示

R—有阴影的面积

2）带电作业的事故率。带电作业的事故率是指开展带电作业工作时，作业间隙因操作过电压而放电所造成事故的概率。

危险率是无量纲的数值，而事故率则是每百公里线路在一年中发生事故的次数统计值，以"1/100（km·a）"为单位。

事故率的大小取决于许多因素。例如，一年中进行带电作业的天数、系统操作过电压极性，以及作业间隙的危险率等。

带电作业的事故率可由式（3-28）算得

$$R_n = \frac{N}{360} \cdot \frac{t}{24 \times 60} \cdot n \cdot P_p R_0 \qquad (3-28)$$

式中 R_n——对应于危险率 R_0 条件下的事故率；

N——一年内进行带电作业的工作日；

t——进行带电作业的工作日中作业人员处于危险率为 R_0 的间隙中的平均时间，min；

n——100km 线路在一年内产生操作过电压的正常操作与事故跳闸总次数；

P_p——出现正极性操作过电压的概率（一般 $P_p = 0.5$）；

R_0——带电作业的危险率。

3）带电作业保护间隙。如果带电作业间隙距离偏小，不能满足带电作业安全指标，可以采用加挂（并联）保护间隙的措施。

保护间隙的绝缘设计按 GB/T 18037—2000 中 6.3.7 的规定，其保护间隙的具体整定值范围见 GB/T 18037—2000 中 6.3.2。

加挂保护间隙后，带电作业危险率的计算

$$R_1 = \int_{U_{ph \cdot m}}^{\infty} p_0(U) \cdot [1 - P_p(U)] \cdot P_d(U) \cdot dU \qquad (3-29)$$

式中 $P_0(U)$——不加挂保护间隙的放电概率；

$P_p(U)$——保护间隙在操作冲击下的放电概率的分布函数；

$1 - P_p(U)$——不放电的概率。

当进行带电作业时欲使用保护间隙时，其事故率应按式（3-30）计算

$$R_n = \frac{N_0}{360} \cdot \frac{t_0}{24 \times 60} \cdot n_0 \cdot P_{p0} \cdot R_0 + \frac{N_1}{360} \cdot \frac{t_1}{24 \times 60} \cdot n_1 \cdot P_{p1} \cdot R_1 \qquad (3-30)$$

式中：带下标"0"的为无保护间隙数据，带下标"1"的为有保护间隙数据。

三、《带电作业用绝缘工具试验导则》内容解读

（1）技术要求。

1）最小有效绝缘长度。绝缘操作杆、绝缘承力工具和绝缘绳索的有效绝缘长度不得小于表 3-94 的规定。

表3-94　　　　　　　　　　　　绝缘工具的最小有效绝缘长度

额定电压（kV）	最小有效绝缘长度（m）	
	绝缘操作杆	绝缘承力工具、绝缘绳索
10	0.7	0.4

续表

额定电压（kV）	最小有效绝缘长度（m）	
	绝缘操作杆	绝缘承力工具、绝缘绳索
35	0.9	0.6
66	1.0	0.7
110	1.3	1.0
220	2.1	1.8
330	3.1	2.8
500（AC）	4.0	3.7
500（DC）	3.7	3.4
750	5.0	5.0

注　表中规定的最小有效绝缘长度适用于海拔 1000m 及以下的绝缘工具，对应用于海拔 1000m 以上的工具需进行海拔校正。

对应用于海拔 1000m 以上的绝缘工具，采用以下校正公式对最小有效绝缘长度进行校正

$$L = \frac{L_0}{1.1 - 0.1H} \quad\quad\quad (3-31)$$

式中　L——修正后最小有效绝缘长度，m；

L_0——修正前最小有效绝缘长度，m；

H——安装地点的海拔，km。

2）带电作业用绝缘工具的工作条件，一般规定为湿度不大于80%。当湿度大于80%时，可采用具有防潮性能的绝缘工具。

3）制作硬质绝缘工具的材料应满足 GB 13398—2003 的规定，制作软质绝缘工具的材料应满足 GB/T 13035—2003 的规定，其材料选择、工艺加工、设计原则应参照 GB/T 18037 的规定。

4）对交流 330 ~ 750kV 绝缘工具，应进行工频耐压和操作冲击耐压试验（见表 3 - 95），对防潮型硬质绝缘工具，在型式试验中还应进行淋雨状态下的交流泄漏电流试验。

表 3 - 95　　　　　　　　　交流 330 ~ 750kV 绝缘工具试验项目

额定电压（kV）	试验长度（m）	工频耐压				操作冲击耐压				泄漏电流		
		型式试验		预防性试验（出厂试验）		型式试验		预防性试验		型式试验		
		试验电压（kV）	耐压时间（min）	试验电压（kV）	耐压时间（min）	试验电压（kV）	冲击次数（次）	试验电压（kV）	冲击次数（次）	试验电压（kV）	加压时间（min）	泄漏电流（mA）
330	2.8	420	5	380	3	900	15	800	15	230	15	<0.5
500	3.7	640	5	580	3	1175	15	1050	15	350	15	<0.5
750	4.7	860	5	780	3	1400	15	1250	15	510	15	<0.5

注　表中数值是指在标准状态下的情况。

a. 在规定的工频耐受试验电压和耐受时间下，以无闪络、无击穿、无发热为合格。

b. 操作冲击耐压试验应采用 $250\mu s/2500\mu s$ 标准操作波，在规定的试验电压和试验次数下，以无一次击穿、闪络为合格。

c. 对防潮型硬质绝缘工具，在型式试验中需进行淋雨条件下的泄漏电流试验。淋雨试验条件应满足 GB 16927.1 中的规定，在规定的试验电压和时间下，通过整件工具的泄漏电流应不大于 0.5mA。

5）对 10～220kV 及以下电压等级的绝缘工具，应进行工频耐压试验，对防潮型硬质绝缘工具，在型式试验中还应进行淋雨状态下的交流泄漏电流试验。

a. 对 10～220kV 电压等级的绝缘工具，不进行操作冲击耐压试验，工频耐压试验在规定的试验电压和耐受时间下以无击穿、无闪络、无发热为合格。

b. 10～220kV 电压等级的防潮型硬质绝缘工具在型式试验中须进行淋雨条件下的泄漏电流试验。淋雨试验条件应满足 GB 16927.1 中的规定，在规定的试验电压和时间下，通过整件工具的泄漏电流应不大于 0.5mA。

6）对组合绝缘水冲洗工具、清扫工具应在模拟实际工作状况下进行电气试验，其中耐压试验按表 3－96 中的要求进行，以无击穿、无闪络、无发热为合格。泄漏电流试验应在实际工作状况下进行，在表 3－97 规定的试验电压和试验时间下，通过整件工具的泄漏电流应不大于 0.5mA。

表 3－96　　　　　　　　　交流 10～220kV 绝缘工具试验项目

额定电压 （kV）	试验长度 （m）	工频耐压试验				泄漏电流试验		
		型式试验		预防性试验（出厂试验）		型式试验		
		试验电压 （kV）	耐压时间 （min）	试验电压 （kV）	耐压时间 （min）	试验电压 （kV）	加压时间 （min）	泄漏电流 （mA）
10	0.4	100	1	45	1	8	15	<0.5
35	0.6	150	1	95	1	26	15	<0.5
63（66）	0.7	175	1	175	1	46	15	<0.5
110	1.0	250	1	220	1	78	15	<0.5
220	1.8	450	1	440	1	153	15	<0.5

表 3－97　　　　　　　　　组合绝缘的水冲洗工具泄漏电流试验

额定电压（kV）	试验电压（kV）	加压时间（min）	泄漏电流（mA）
10	15	5	<1
35	46	5	<1
63	80	5	<1
110	110	5	<1
220	220	5	<1

7）对 ±500kV 直流带电作业工具，应进行操作冲击耐压试验和直流耐压试验，对防潮型硬质绝缘工具，在型式试验中还应进行直流泄漏电流试验（见表 3－98 和表 3－99）。

表 3 – 98　　　　　　　　　　±500kV 直流带电作业工具操作冲击耐压试验

额定电压（kV）	试验长度（m）	型式试验		预防性试验	
		试验电压（kV）	冲击次数（次）	试验电压（kV）	冲击次数（次）
±500	3.2	1060	15	970	15

表 3 – 99　　　　　　　　　　　直流耐压和直流泄漏电流试验

额定电压（kV）	试验长度（m）	直流耐压试验				直流泄漏电流试验		
		型式试验		预防性试验		型式试验		
		试验电压（kV）	耐压时间（min）	试验电压（kV）	耐压时间（min）	试验电压（kV）	加压时间（min）	泄漏电流（mA）
±500	3.2	622	5	565	3	565	15	<1

a. 在 15 次操作冲击电压下，以无一次闪络和击穿为合格。

b. 在直流耐压试验中，不应发生闪络、击穿和发热。

c. 对防潮型硬质绝缘工具，在型式试验中应进行淋雨条件下的泄漏电流试验。淋雨试验条件应满足 GB 16927.1 中的规定，在规定的试验电压和时间下，通过整件工具的泄漏电流应不大于 1mA。

8）带电作业绝缘工具应按实际使用工况进行机械强度试验。硬质绝缘工具和软质绝缘工具的安全系数均应不小于 2.5。

a. 在型式试验中，静负荷试验应在 2.5 倍额定工作负荷下下持续 5min 无变形、无损伤。动负荷试验应在 1.5 倍额定工作负荷下操作 3 次，要求机构动作灵活、无卡住现象。

b. 在预防性试验中，静负荷试验应在 1.2 倍额定工作负荷下持续 1min 无变形、无损伤。动负荷试验应在 1.0 倍额定工作负荷下操作 3 次，要求机构动作灵活、无卡住现象。

（2）试验方法。

1）工频耐压试验。试品应在温度为（23±5）℃，相对湿度不大于 80% 的环境中预置 24h，试验前用适当的溶剂擦净试品表面并置于空气中 15min 以上，以便使溶液全部挥发。

采用直径不小于 30mm 的单导线（或多分裂导线）作模拟导线，模拟导线两端应安装均压球（或均压环），均压球（或均压环）的直径应不小于 200mm，距试品距离应不小于 1.5m。

试品应垂直悬挂，高压引线接在模拟导线上，高压试验电极和接地极间的距离（试验长度）分别按表 3 – 95、表 3 – 96 的规定。如在在试品中有金属部件时，两电极间的距离还应加上金属部件的总长度。接地电极对地距离应不小于 1m，接地电极和高压电极以宽 50mm 的金属箔或金属导线包绕（试品端部有金属部件时不需包绕）。对多个试品同时进行试验时，试品间的距离应不小于 500mm。

对试品施加电压时，应从足够低的电压开始升压，以防止操作瞬变过程引起的过电压影响。当试验电压值达到 $75\%U$（U 为规定的耐受电压）时，再以每秒 $2\%U$ 的速率升压，达到耐受电压后保持规定的时间，然后迅速降压，但不得突然切断。

如果试品无闪络、无击穿、无发热现象，则认为试验通过。

2）操作冲击耐压试验。试验布置与以上1）中相同。

试验电压波形采用+250μs/2500μs标准操作波，对每一试品，在试验电极间施加规定的操作冲击耐受电压15次，试品应无一次发生闪络和击穿，也应无其他损坏。

3）直流耐压试验。试验布置与以上1）中相同。

试品上的试验电压应是纹波系数不大于3%的直流电压，如果试验持续时间不超过1min，在整个试验过程中电压测量值应保持在规定值的±1%以内，如果试验持续时间超过1min，在整个试验过程中电压测量值应保持在规定值的±3%以内。

对试品施加电压时，应从足够低的电压开始升压，以防止操作瞬变过程引起的过电压影响。当试验电压值达到75%U（U为规定的耐受电压）时，再以每秒2%U的速率升压，达到规定的耐受电压后保持规定的时间，如果试品无闪络、无击穿、无发热现象，则认为试验通过。

4）淋雨条件下的工频泄漏电流试验。对防潮型交流带电作业工具，应进行淋雨条件下的工频泄漏电流试验。

按图3-2所示，将试品安装在试验电极上，接地极应距地面1m以上，要求对测量引线等进行屏蔽接地。试验电极如图3-3所示，试品不需预淋。淋雨试验条件应满足GB 16927.1中的规定，所有测量点的淋雨率为：垂直分量1.0~1.5mm/min，水平分量1.0~1.5mm/min，雨水校正到20℃的电阻率为(100±15)Ω·m。

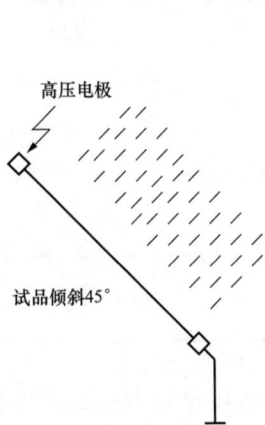

图3-2　淋雨试验布置图

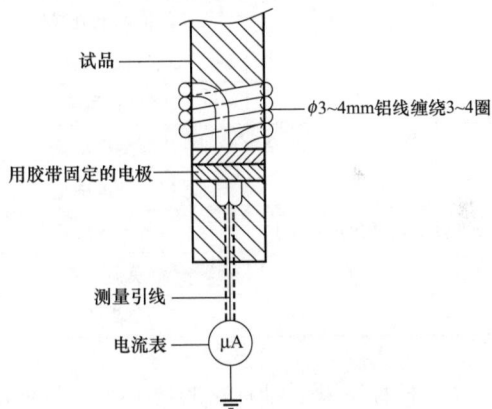

图3-3　试验电极

在试验电极间施加规定的工频试验电压，加压与淋雨同时进行，达到规定的耐受电压后保持规定的时间，同时记录流过试品的最大泄漏电流I。在试验中，如试品的泄漏电流小于规定值，且试品无闪络、无击穿，则认为试验通过。

5）淋雨条件下的直流泄漏电流试验。对防潮型直流带电作业用硬质绝缘工具，应进行淋雨条件下的直流泄漏电流试验。

试品布置方式与淋雨试验条件与以上4）相同。

试品上的试验电压应是纹波系数不大于3%的直流电压，应对测量引线等进行屏蔽接地。试品不需预淋，在试验电极间施加规定的直流试验电压，加压与淋雨同时进行，达到规定的耐受电压后并保持规定的时间，同时记录流过试品的最大泄漏电流I。在试验中，如试品的泄漏电流小于规定值，且试品无闪络、无击穿，则认为试验通过。

6）机械强度试验。对绝缘工具的机械强度试验应参照绝缘材料和专用工具标准中的试验方法，根据工具的承力要求，进行抗拉、抗扭、抗弯、抗挤压等机械强度试验。静负荷试验和动负荷试验的要求见以上（1）项8）a和b。

（3）检验规则。

1）型式试验。在下列情况下，应对产品进行型式试验。

a. 新产品投产前的定型鉴定；

b. 产品的结构、材料或制造工艺有较大改变，影响到产品的主要性能；

c. 原型式试验已超过5年。

型式试验按表3-100规定的试验项目进行，试验结果应满足本标准中的各项技术要求。

表3-100　　　　　　　　试验项目及所需的试品数量

试 验 类 别	试 验 项 目	试品数量	备　　注
型式试验	工频耐压试验	3	
	操作冲击耐压试验	3	
	直流耐压试验	3	
	淋雨交流泄漏电流试验	3	对防潮型工具
	淋雨直流泄漏电流试验	3	对防潮型工具
	交流泄漏电流试验	3	对清扫工具、水冲洗工具
	静负荷试验	3	
	动负荷试验	3	
预防性试验（出厂试验）	工频耐压试验	逐件进行	
	操作冲击试验	逐件进行	
	直流耐压试验	逐件进行	
	静负荷试验	逐件进行	
	动负荷试验	逐件进行	

2）抽样试验。抽样试验按照买方与生产厂家的协议，可做全部型式试验项目，也可以抽做部分型式试验项目。试验结果应满足本标准中的技术要求。

3）验收试验。根据购买方的要求可进行产品的验收试验，验收试验项目可以抽样做部分试验项目，也可以做全部型式试验项目。验收试验可在双方指定的、有条件的单位进行。

4）预防性试验。对绝缘工具应进行周期性的预防性试验，预防性试验项目见表3-100。对10～750kV交直流带电作业用硬质绝缘工具和软质绝缘工具，预防性试验周期为一年一次。

5）检查性试验。将绝缘工具分成若干段进行工频耐压试验，300mm耐压275kV，时间为1min，以无击穿、闪络及过热为合格。

6）试验周期。带电作业绝缘工具应定期进行电气试验和机械强度试验。其试验周期为：

电气试验：预防性试验一年一次；检查性试验一年一次，两次试验间隔半年。

机械试验：每两年一次。

四、±500kV 直流输电线路带电作业技术导则

(一)《±500kV 直流输电线路带电作业技术导则》编制原则

目前，我国已有多条 ±500kV 直流输电线路投入运行，还有一些直流线路正在建设之中。为指导安全开展直流线路带电作业，根据有关试验研究成果，并结合现场应用经验，编制该技术导则，并按照 GB/T 1.1—2000《标准化工作导则 第 1 部分：标准的结构和编写规则》的要求进行编写。

该导则适用于海拔 1000m 及以下 ±500kV 直流输电线路的带电检修和维护作业，规定了作业方式、最小安全距离和组合间隙、绝缘工具的最小有效绝缘长度、作业安全措施及工具的试验、保管等。

1. 一般要求

在一般要求中，主要是参照 DL 409—1991 给出了人员要求、制度要求、气象条件要求等一般规定，在条文中没有涉及的有关内容，可参照 DL 409—1991 执行。

2. 技术要求

针对 ±500kV 直流输电线路的特点，需对带电作业的安全间距、工具、作业方式、安全防护等进行研究。在研究 ±500kV 直流输电线路带电作业安全间隙时，需要考虑直流工作电压和内过电压的共同作用。当系统中出现操作过电压时，作业间隙上的电压应为直流工作电压和操作过电压的叠加。

国内外大量试验表明：对于导线—杆塔间隙，单独施加直流电压时，正极性放电电压低于负极性放电电压，单独施加操作过电压时，正极性放电电压低于负极性放电电压，考虑到可能出现的最不利工况，在进行合成电压放电试验时，对带电作业间隙施加正极性直流电压叠加正极性操作冲击电压，以检验作业距离和组合间隙的安全性。

针对带电作业中的几种典型作业位置和典型作业工况，进行了安全距离、组合间隙等试验，试验表明，无论在等电位或地电位作业位置，当空气间隙距离为 2.8m 时，可满足放电危险率小于 1.0×10^{-5} 的安全要求。考虑到适当的安全裕度和人体活动范围，在地电位作业时，规定作业人员与带电体的安全作业距离不得小于 3.4m，在等电位作业时，作业人员与接地构架之间的安全作业距离不得小于 3.4m。

针对不同的作业工况和不同的作业位置，还进行了组合间隙的放电试验。当组合间隙为 3.74m 时，放电危险率满足小于 1.0×10^{-5} 的安全要求，且有较大的安全裕度。因此规定组合间隙应不小于 3.8m。

经试验，当串中良好绝缘子片数仅为 22 片时，直流叠加操作波的放电电压为 1266kV，高于系统中可能出现的最大操作过电压，满足安全运行的要求。但应注意的是，试验采用的是清洁的绝缘子，没有考虑防污闪的要求。

关于直流线路带电作业人员的安全防护，由于直流输电线路周围的电场为直流静电场和空间离子流场的综合场，对于位于直流电场中的作业人员，一是需要限制流入人体的空间离子流，二是需要屏蔽直流综合场。试验表明，屏蔽服在直流带电作业中能有效地起到屏蔽电场、旁路电流、阻隔离子流、代替电位转移线等作用。等电位作业人员在进行电位转移时，由于直流空间电场弱于交流场，经试验，尽管极导线对地电压为 500kV，但人体体表各部位

的场强都不高。因此，用于交流带电作业的屏蔽服可直接应用于直流带电作业，面部裸露部位与带电体的距离与交流带电作业的规定相同，不得小于0.4m。按规定，可满足直流带电作业人员的安全防护要求，且有较大的安全裕度。

3. 作业工具

对绝缘工具进行了直流电压、操作电压、直流叠加操作冲击电压等放电试验，试验表明：

（1）软质工具、硬质工具的各种放电特性与空气间隙的放电特性相似，规律基本相同。

（2）确定绝缘工具尺寸的决定因素是直流叠加操作过电压，当按系统中最大操作过电压1.8p.u.考虑时，满足放电危险率要求的最小尺寸为3.2m，考虑到一定安全裕度，确定操作工具的有效绝缘长度不得小于3.7m，支杆、拉杆、吊杆等工具的绝缘长度不得小于3.4m。

（3）交流500kV带电作业用绝缘工具可直接应用于±500kV线路的带电作业。

（4）对于直流带电作业专用工具，在预防性试验中应进行操作冲击和直流耐压试验，操作冲击电压为970kV，15次，以至闪络，无击穿，无发热。直流耐压为565kV，耐压3min，应无击穿、无闪络、无发热为合格，试验电极间的有效绝缘长度为3.2m。已通过交流500kV预防性试验的绝缘工具不需再进行直流预防性试验。

4. 其他

另外，导则中还列出了作业注意事项，工具的运输与保管等，与交流带电作业有很多是相似的。另外，对直流绝缘子的带电检测，直流输变电设备的验电装置，直流带电水冲洗技术及装置等研究工作正在进行中。

（二）《±500kV直流输电线路带电作业技术导则》内容解读

1. 一般要求

（1）人员要求。带电作业人员应身体健康，无妨碍作业的生理和心理障碍。应具有电工原理和直流电力线路的基本知识，掌握带电作业的基本原理和操作方法，熟悉作业工具的适用范围和使用方法。熟悉DL409和本技术导则。会紧急救护法、触电解救法和人工呼吸法。通过专门培训，考试合格并具有上岗证。

工作负责人（或安全监护人）应具有3年以上的带电作业实际工作经验，熟悉设备状况，具有一定组织能力和事故处理能力，经本单位总工程师批准后，负责现场的安全监护。

（2）制度要求。应按DL409的规定，严格执行工作票制度、工作许可制度、工作监护制度、工作间断制度、工作终结和恢复送电制度。

（3）气象条件要求。作业应在良好的天气下进行。如遇雷、雨、雪、雾或风速大于10m/s以上天气时，不宜进行作业。

在特殊或紧急条件下，若必须在恶劣气候下进行带电抢修时，工作负责人应针对现场气候和工作条件，组织全体作业人员充分讨论，制定可靠的安全措施，经本单位总工程师批准后方可进行。夜间抢修作业应有足够的照明设施。

（4）其他要求。带电作业的新项目、新工具必须经过技术鉴定合格，通过在模拟设备上实际操作，确认切实可行，并制定出相应的操作程序和安全技术措施。经本单位总工程师批准后方能在设备上进行作业。

带电作业工作负责人在工作开始之前，应与调度联系，工作结束后应向调度汇报。并根据作业项目及 DL 409 的规定确定是否停用自动重合闸装置。

2. 技术要求

（1）地电位作业。塔上地电位作业人员与直流带电体的安全作业距离不得小于 3.4m。其中人体允许活动范围为 0.5m，最小电气间隙为 2.9m。

带电作业绝缘操作工具的最小有效绝缘长度不得小于 3.7m，其中作业安全裕度为 0.5m，最小电气绝缘长度为 3.2m。

绝缘架空地线应视为带电体，塔上作业人员与绝缘架空地线之间的安全间距不应小于 0.4m。如遇检修绝缘架空地线时应将被检修段可靠接地后再进行作业。

（2）等电位作业。等电位作业人员通过绝缘工具进入高电位时，作业人员与带电体和接地体之间的最小组合间隙不得小于 3.8m。

等电位作业人员与接地构架之间的安全作业距离不得小于 3.4m。其中人体允许活动范围为 0.5m，最小电气间隙不得小于 2.9m。

等电位作业人员与杆塔构架上作业人员传递物品应采用绝缘工具或绝缘绳索，绝缘传递工具的最小有效绝缘长度不得小于 3.7m，其中安全裕度为 0.5m，最小电气绝缘长度为 3.2m。

等电位作业人员沿绝缘子串进入高电位或更换串中劣质绝缘子时，串中零值绝缘子总片数不得超过 4 片（170mm）。

等电位作业人员进行电位转移时，面部裸露部分与带电体的距离不得小于 0.4m。

（3）中间电位作业。作业人员在中间电位作业位置时，其与带电体和各接地构架之间的各组合间隙均应不小于 3.8m。

3. 作业工具

（1）绝缘工具在使用前，应用绝缘电阻表（2500～5000V）进行分段检测，每 2cm 测量电极间的绝缘电阻值不低于 700MΩ。

（2）带电作业使用的金属丝杆、卡具及连接工具在作业前应经试组装确认各部件操作灵活、性能可靠，现场不得使用不合格和非专用工具进行带电作业。

（3）带电更换绝缘子、线夹等作业时承力工具应固定可靠，并应有后备保护用具。

（4）承力工具中的绝缘吊、拉、支杆及绝缘绳索的最小有效绝缘长度不得小于 3.4m。

（5）屏蔽服应无破损和孔洞，各部分应连接完好，屏蔽服衣裤最远端点之间的电阻值均不大于 20Ω。

4. 作业注意事项

塔上作业（包括地电位作业、中间电位作业、等电位作业）人员均需穿戴全套电场屏蔽用具，包括屏蔽服、帽、导电手套、导电鞋等，且各部分应连接良好。

用绝缘绳索传递金属物品时，杆塔上作业人员应将金属物品接地后再接触以防电击。

使用绝缘工具时应戴清洁、干燥的手套，并应防止绝缘工具在使用中脏污和受潮。

绝缘操作杆的中间接头，在承受冲击、推拉和扭转等各种荷重时，不得脱离和松动，不允许将绝缘操作杆当承力工具使用。操作杆上金属件不得短接有效绝缘间隙。在杆塔上暂停作业时，操作杆应垂直吊挂或平放在水平塔材上，不得在塔材上拖动，以免损坏操作杆的外表。使用较长绝缘操作杆时，应在前端杆身适当位置加装绝缘吊绳，以防杆身过分弯曲，并减轻操作者劳动强度。

绝缘绳索不得在地面上或水中拖放，严防与杆塔摩擦。受潮的绝缘绳索严禁在带电作业中使用。

导线卡具的夹嘴直径应与导线外径相适应，严禁代用，防止压伤导线或出现导线滑移。闭式绝缘子卡具两半圆的弧度与绝缘子钢帽外形应基本吻合，以免在受力过程中出现较大的应力集中。所有双翼式卡具应与相应的联结金具规格一致，且应配有后备保护装置（如封闭螺栓或插销），以防脱落。横担卡具与塔材规格必须相适应，且组装应牢固，紧线器应根据荷载大小和紧线方式正确使用其规格。

绝缘拉、吊杆是更换耐张和直线绝缘子的承力和主绝缘工具，其电气绝缘性能应通过直流、操作冲击耐压试验和直流泄漏电流试验；机械性能应通过静负荷和动负荷试验。

带电检测绝缘子时，如发现零值和劣值绝缘子，应复测 2~3 次，使用结构较复杂的检测装置如光纤语言报数式分布电压测试仪、自爬式零值绝缘子检出器等。应注意运输和使用中不得碰撞。

在电位转移中，严禁等电位电工用裸露部位接触或脱离带电体，否则将有幅值较大的暂态电流流经人体。

严禁通过屏蔽服断、接接地电流及空载线路的电容电流。

在更换直线绝缘子串或移动导线的作业中，当采用单吊线装置时，应采取防止导线脱落的后备保护措施。

在绝缘子串未脱离导线前，拆、装靠近横担的第一片绝缘子时，必须采用专用短接线后，方可直接进行操作。

在直流线路下放置汽车或体积较大的金属作业机具时，必须先行接地才能徒手触及。

以上下循环交换传递较重的工器具时，均应系好控制绳，防止被传递物品相互碰撞及误碰处于工作状态的承力工器具。

5. 工具的试验

（1）发现绝缘工具受潮或表面损伤、脏污时，应及时处理并经试验合格后方可使用，不合格的带电作业工具应及时检修或报废，不得继续使用。

（2）作业工具应定期进行电气试验及机械试验，试验周期为：

电气试验：预防性试验每年一次，检查性试验每年一次，两次试验间隔为半年。

机械试验：预防性试验绝缘工具每年一次，金属工具两年一次。

（3）试验项目。

1）预防性电气试验。操作冲击耐压试验。试品长度为 3.2m，采用 250/2500 标准操作冲击波，施加电压 977kV 共 15 次，应无闪络、无击穿、无发热。

直流耐压试验。试品长度为 3.2m，施加直流电压 550kV，耐压时间 1min，应无闪络、无击穿、无发热。

2）检查性电气试验。将绝缘工具分成若干段进行工频耐压试验。每 300mm 耐压 75kV，时间为 1min，应无闪络、无击穿、无发热。

3）预防性机械试验。

静负荷试验：1.5 倍额定工作负荷下持续 5min，工具应无变形或损伤。

动负荷试验：1 倍允许工作负荷下实际操作 3 次，工具灵活、无卡住现象为合格。

4) 屏蔽服检查性试验。衣裤最远端点之间的电阻值均不得大于 20Ω。

6. 工具的运输与保养

（1）在运输过程中，绝缘工具应装在专用工具袋、工具箱或专用工具车内，以防受潮和损伤。

（2）铝合金工具、表面硬度较低的卡具、夹具及不宜磕碰的金属机具（例如丝杆），运输时应有专用的木质和皮革工具箱，每箱容量以一套工具为限，零散的部件在箱内应予固定。

（3）带电作业工具库房应按照 GB/T 18037 的规定配有通风、干燥、除湿设施。库房内应备有温度表、湿度表，库房最高气温不超过 40℃。烘烤装置与绝缘工具表面保持 50～100cm 距离。库房内的相对湿度不大于 60%。

（4）绝缘杆件的存放设施应设计成垂直吊放的排列架，每个杆件相距 10～15cm，每排相距 50cm，绝缘硬梯、托瓶架的存放设施应设计成能水平摆放的多层式构架，每层间隔 25～30cm。最低层离开地面不小于 50cm。绝缘绳索及其滑车组的存放设施应设计成垂直吊挂的构架，每个挂钩放一组滑车组，挂钩间距 20～25cm，绳索下端距地面不小于 50cm。

五、送电线路带电作业技术导则

1.《送电线路带电作业技术导则》编制原则

《送电线路带电作业技术导则》适用于海拔 1000m 及以下地区 110～500kV 送电线路的带电检修和维护作业。规定了作业方式、绝缘工具的最小有效绝缘长度、作业安全措施及工具的试验、保管等。

本书根据带电作业技术近年来的发展，增加了有关 ±500kV 直流线路和紧凑型线路带电作业的技术规定。另外，对交流 500kV 线路带电作业的安全距离也根据专家组讨论意见及有关技术文件做了更改。

这部分内容共分 9 章，第一章是本部分的适用范围；第二章是规范性引用文件；第三章是术语和定义；第四章是一般要求，包括人员要求、制度要求、气象条件要求和其他有关要求；第五章是技术要求，主要包括地电位作业、等电位作业、中间电位作业涉及的主要技术参数，包括安全距离、组合间隙、绝缘工具的最小有效绝缘长度；第六章提出了作业的安全注意事项，主要包括有：准备工作、防静电感应的对策、工具的传递、过牵引的预防等，另外，对常用绝缘工器具，如：绝缘支、拉、吊杆、绝缘托瓶装置、绝缘滑车组、绝缘操作杆、水冲洗工具、绝缘绳索等的技术要求及安全注意事项也给予了说明，对带电作业中常用的金属工具，如导线卡具、绝缘子卡具、联结金具卡具、横担卡具、紧线器、通用小工具等也给出了具体的技术规定。

（1）关于等电位作业的屏蔽措施。等电位电工必须穿全套屏蔽服装（包括帽、衣、裤、手套、袜或导电鞋，下同），且各部连接可靠，才能进入电场。之所以如此强调是因为作业人员必须进行全屏蔽，否则由于连接不牢，而导致作业人员肢体未屏蔽而遭到电击，从而引发二次事故。

根据使用范围不同，屏蔽服装分 I、II 两型，其性能和适用范围应符合 GB 6568.1 和 GB 6568.2 的规定，对于 500kV 以下电压等级采用 I 型，对于 750kV 电压等级采用 II 型。

屏蔽服使用时应注意的要点是：

1）屏蔽服装在使用前应进行外观检查，当发现破损和毛刺状时应进行整套衣服电阻测量，符合要求后才能使用。

2）等电位电工穿好屏蔽服装后，外面不得再穿其他服装，必要时里面应穿阻燃内衣。

屏蔽服装主要作用是屏蔽电场，故严禁将其作载流体使用。如更换阻波器时，不得用屏蔽服装短接阻波器；在中性点非有效接地系统的电气设备上进行带电作业时，不得将其作为单相接地的后备保护等。

（2）电位转移过程中应十分注意的问题。

1）由于在电位转移过程中，如果采用人体裸露部位进行，则会有幅值较大的暂态电容电流流经人体，而导致人体裸露部位严重灼伤，因此，严禁等电位电工用裸露部位进行电位转移。

2）电位转移的两种方法，一种是穿戴全套屏蔽服装的等电位电工用手转移电位；或者采用特制的电位转移杆转移电位。

3）如使用电位转移棒转移电位，带电线夹与等电位电工连接的软铜线长度应适当，严防因软铜线过长而缩短带电体的对地距离。

4）等电位电工转移电位距离应满足 DL 409—1991 的规定。

5）等电位电工站在挂梯、竖梯上转移电位前，应在梯上系好安全带，在得到工作负责人许可后才能进行。

（3）进入电场的方式及注意事项。

1）沿直立式绝缘竖梯（包括双脚梯、人字梯、丁字梯、独脚梯、升降梯、绝缘操作台）进入。

2）沿挂梯（包括软梯和硬质挂梯）进入。

3）沿平梯（包括转动平梯）进入。

4）乘绝缘斗臂车的绝缘斗进入。

5）乘座椅（吊篮）进入。

6）沿绝缘子串进入。

以上六种进入高电场的方式基本涵盖了带电作业时进入电场的方法，类似的方法，如"伞架法"也是从其中派生出来的。总的要求是：注意对地安全距离和相间安全距离，或者十分注意组合间隙距离，作业人员动作要规范，切记动作幅度不可过大。

（4）作业项目。在具体操作方面，对常规的作业项目，如检测绝缘子、清扫绝缘子、更换直线绝缘子、更换耐张绝缘子、修补导线、断、接空载线路等，提出了具体技术要求和安全注意事项。

（5）工具的试验和保管。在工具的试验方面，对使用前的检查、预防性试验周期、检查性试验等给予了说明。

另外，对工具的运输和保管也提出了具体的要求。

2.《送电线路带电作业技术导则》内容解读

（1）一般要求。

1）人员要求。

a. 带电作业人员应身体健康，无妨碍作业的生理和心理障碍。应具有电工原理和电力线路的基本知识，掌握带电作业的基本原理和操作方法，熟悉作业工具的适用范围和使用方法。熟悉 DL 409—1991 和本技术导则。会紧急救护法、触电解救法和人工呼吸法。通过专门培训，考试合格并具有上岗证。

b. 工作负责人（或安全监护人）应具有 3 年以上的带电作业实际工作经验，熟悉设备状况，具有一定组织能力、经专业培训、考试合格、取得资格证书者。

2）制度要求。应按 DL 409—1991 的规定，严格执行工作票制度、工作许可制度、工作监护制度、工作间断制度、工作终结和恢复送电制度。

3）气象条件要求。

a. 作业应在良好的天气下进行。如遇雷、雨、雪、雾天气，不应进行带电作业。当风力大于 10m/s 以上时，不宜进行作业。

b. 在特殊或紧急条件下，若必须在恶劣气候下进行带电抢修时，工作负责人应针对现场气候和工作条件，组织全体作业人员充分讨论，制定可靠的安全措施，经本单位总工程师批准后方可进行。夜间抢修作业应有足够的照明设施。

4）其他要求

a. 带电作业的新项目、新工具必须经过技术鉴定合格，通过在模拟设备上实际操作，确认切实可行，并制定出相应的操作程序和安全技术措施。经本单位总工程师批准后方能在设备上进行作业。

b. 带电作业工作负责人在工作开始之前，应与调度联系，工作结束后应向调度汇报。并根据作业项目及 DL 409—1991 的规定确定是否停用自动重合闸装置。严禁约时停用或恢复重合闸。

（2）技术要求。

1）110～220kV 交流线路带电作业。

a. 地电位作业。地电位作业人员与带电体的最小电气安全距离应满足表 3－101 的规定。

表 3－101　　　　　　　　　地电位作业人员与带电体的最小电气安全距离

额 定 电 压（kV）	110	220
距离不小于（m）	1.0	1.8

绝缘操作杆、绝缘承力工具（拉杆）和绝缘绳索的最小有效绝缘长度应满足表 3－102 的规定。

表 3－102　　　　　　　　　　　最小有效绝缘长度

额 定 电 压（kV）	110	220
绝缘操作杆长度不小于（m）	1.3	2.1
绝缘承力工具长度不小于（m）	1.0	1.8
绝缘绳索长度不小于（m）	1.0	1.8

绝缘子串中良好绝缘子的最少片数应满足表 3－103 的规定。

表 3 - 103　　　　　　　　　　　　　　良好绝缘子的最少片数

额　定　电　压（kV）	110	220
良好绝缘子的片数不少于	5	9

b. 等电位作业。等电位作业人员对地最小电气安全距离应满足表 3 - 104 的规定。

表 3 - 104　　　　　　　　等电位作业人员对地最小电气安全距离

额　定　电　压（kV）	110	220
距离不小于（m）	1.0	1.8

等电位作业人员与相邻导线的最小电气安全距离应满足表 3 - 105 的规定。

表 3 - 105　　　　　等电位作业人员与相邻导线的最小电气安全距离

额　定　电　压（kV）	110	220
安全距离不小于（m）	1.4	2.5

等电位作业人员进入高电位时，其组合间隙应满足表 3 - 106 的规定。

表 3 - 106　　　　　　　　　　　最　小　组　合　间　隙

额　定　电　压（kV）	110	220
组合间隙不小于（m）	1.2	2.1

进入或脱离等电位时，人体裸露部位与带电体的距离应满足表 3 - 107 的规定。

表 3 - 107　　　　　　　　人体裸露部位与带电体的最小距离

额　定　电　压（kV）	110	220
距离不小于（m）	0.3	0.3

c. 中间电位作业。作业人员在中间电位作业位置时，其与带电体和接地构件之间的各组合间隙均应满足表 3 - 108 的规定。

表 3 - 108　　　　　　　　　各组合间隙的最小距离

额　定　电　压（kV）	110	220
组合间隙不小于（m）	1.2	2.1

2）330 ~ 500kV 交流线路带电作业。

a. 地电位作业。地电位作业人员与带电体的最小电气安全距离应满足表 3 - 109 的规定。

表 3 - 109　　　　　　　地电位作业人员与带电体的最小电气安全距离

额　定　电　压（kV）	330	500
距离不小于（m）	2.6	3.4

绝缘操作杆、绝缘承力工具（拉杆）和绝缘绳索的最小有效绝缘长度应满足表3-110的规定。

表3-110　　　　　　　　　　最小有效绝缘长度

额定电压（kV）	330	500
绝缘操作杆长度不小于（m）	3.1	4.0
绝缘承力工具长度不小于（m）	2.8	3.7
绝缘绳索长度不小于（m）	2.8	3.7

绝缘子串中良好绝缘子的最少片数应满足表3-111的规定。

表3-111　　　　　　　　　　良好绝缘子的最少片数

额定电压（kV）	330	500
良好绝缘子的片数不少于	16	23

b. 等电位作业。等电位作业人员对地最小电气间隙应满足表3-112的规定。

表3-112　　　　　　等电位作业人员对地最小电气安全距离

额定电压（kV）	330	500
距离不小于（m）	2.6	3.4

等电位作业人员与相邻导线的最小电气安全距离应满足表3-113的规定。

表3-113　　　　　　等电位作业人员与相邻导线的最小电气安全距离

额定电压（kV）	330	500
距离不小于（m）	3.5	5.0

等电位作业人员进入高电位时，其组合间隙应满足表3-114的规定。

表3-114　　　　　　　　　　最小组合间隙

额定电压（kV）	330	500
组合间隙不小于（m）	3.1	3.9

进入或脱离等电位时，人体裸露部位与带电体的距离应满足表3-115的规定。

表3-115　　　　　　　人体裸露部位与带电体的最小距离

额定电压（kV）	330	500
距离不小于（m）	0.4	0.4

c. 中间电位作业。作业人员在中间电位作业位置时，其与带电体和接地构件之间的各组合间隙均应满足表3-116的规定。

表 3 − 116 各组合间隙的最小距离

额 定 电 压 (kV)	330	500
距离不小于 (m)	3.1	3.9

3) ±500kV 直流线路带电作业。

a. 地电位作业。

a) 塔上地电位作业人员与直流带电体的安全距离不得小于 3.4m。

b) 带电作业绝缘操作工具的最小有效绝缘长度不得小于 3.7m。

c) 绝缘架空地线应视为带电体，塔上作业人员与绝缘架空地线之间的安全间距不应小于 0.4m。

b. 等电位作业。

a) 等电位作业人员通过绝缘工具进入高电位时，作业人员与带电体和接地体之间的最小组合间隙不得小于 3.8m。

b) 等电位作业人员与接地构架之间的安全距离不得小于 3.4m。

c) 等电位作业人员与杆塔构架上作业人员传递物品应采用绝缘工具或绝缘绳索，绝缘传递工具的最小有效绝缘长度不得小于 3.7m。

d) 等电位作业人员沿绝缘子串进入高电位或更换串中劣质绝缘子时，串中良好绝缘子总片数不得少于 22 片（170mm）。

e) 等电位作业人员进行电位转移时，裸露部位与带电体的距离不得小于 0.4m。

c. 中间电位作业。作业人员在中间电位作业位置时，其与带电体和各接地构架之间的各组合间隙均应不小于 3.8m。

4) 紧凑型线路的带电作业。对按常规作业方式不能满足安全距离和组合间隙的紧凑型线路，可采用带保护间隙的作业方式。

a. 常规作业方式。应通过计算确定该作业线路的最大操作过电压，并针对各作业位置及进入路径进行操作波 $U_{50\%}$ 放电试验，不同的紧凑型线路需根据过电压倍数、塔型、作业位置及路径等影响因素综合确定最小安全距离。

最小电气安全距离应满足放电概率小于 1.0×10^{-5} 的判据。

b. 带保护间隙作业方式。

（a）保护间隙的安装。

a) 悬挂保护间隙前，应与调度联系停用重合闸。

b) 保护间隙应安装在工作点的相邻杆塔上。保护间隙的保护范围约为 1.7km。

c) 安装程序是先将保护间隙接地端可靠接地，再将另一端挂在检修相的导线上，并使其接触良好。拆除程序相反。

d) 安装保护间隙的人员应穿戴全套屏蔽服装。

（b）500kV 线路保护间隙的设定。

a) 500kV 线路保护间隙的设定值为 1.3m。

b) 安装前间隙距离应大于 2.5m。安装就绪后通过绝缘工具将电极间隙距离调至保护间隙的设定值 1.3m，拆除前先将间隙距离调回至 2.5m 以上，再按拆除程序拆除。

（c）安装位置。

a）保护间隙应安装在被检修相的相—地之间。

b）对倒三角排列的上两相线路，保护间隙可垂直安装在 V 形绝缘子串两挂点中间的构架与导线之间。对下相线路可水平安装在杆塔构架与导线之间。

c）对不同型式的杆塔，以装拆方便为条件。保护间隙可水平安装、垂直安装，也可成一定角度倾斜安装。

（3）作业的安全注意事项。

1）准备工作。

a. 带电作业班组在接受带电作业任务后，应根据任务难易和对作业设备熟悉程度，决定是否需要查阅资料和查勘现场。

（a）查阅资料。是指从生产部、运行班组和资料室了解作业设备的情况。如导、地线规格、设计所取的安全系数及荷载；杆塔结构、档距；系统结线、相位和运行方式；设备状况（指导、地线补强、锈蚀、接头等）及作业环境状况，以便根据作业内容确定作业方法、所需工（器）具，并做出是否需要停用重合闸的决定。必要时还应：

a）验算导、地线应力，或计算导、地线张力或悬垂质量；

b）计算空载电流、环流和电位差；

c）计算悬重后的弧垂，并校核对地或被跨越物的安全距离。

（b）查勘现场。赴作业现场了解作业设备各种间距、交叉跨越、缺陷部位及其严重程度、地形状况、周围环境，确定需用器材及工（器）具等。

根据查勘结果，做出能否进行带电作业、采用何种作业方法及必要的安全措施等决定。

b. 带电作业班组去现场前，应注意当地气象部门的当天气象预报。到达现场后，应对作业所及范围内的气象情况（主要指风速、气温、雷雨、霜雾等）做出能否进行作业的判断。

c. 工作负责人对班组人员的精神状态和健康状况应充分了解，当发现身体状态不佳有可能危及安全的作业人员，不得分派工作。

d.《带电作业现场作业指导书》应按项目制定。其内容应包括：项目名称；适用范围；作业方法；劳动组合；操作步骤；安全措施；所需工具。

e. 带电作业前，应根据作业需要进行必要的检测。

（a）距离测量。安全距离、交叉跨越距离和对地距离可用带尺寸标志的绝缘测距杆、绝缘测距绳索或非接触性的测距仪进行测量。

（b）绝缘子检测。可用火花间隙检测装置、分布电压检测仪进行检测。

（c）相位测试。可用核相仪进行测试。

（d）电流测量。可用固定在绝缘操作杆顶端的钳形电流表进行测量。

（e）绝缘工具检测。可用 2500V 绝缘电阻表、高压绝缘测试仪或表面潮湿测量仪对其绝缘性能进行检测。

2）防静电感应的对策。

a. 在 220kV 塔上作业的地电位电工应穿导电鞋；在 330～500kV 塔上作业的地电位电工

应穿全套高压静电防护服（或屏蔽服）（包括帽、衣、裤、鞋和手套，下同）。

b. 已退出运行设备而附近有强电场存在时，其绝缘体上的金属部件，必须先行接地，才能徒手触及。

c. 对于已处停电状态的单回或多回同杆架设中的一回停电线路，若邻近线路或多回同杆架设中的其他回线路是带电或尚未脱离电源时，单回停电线路或多回同杆架设中的停电线路，必须先行验电确认无电并接地后才能徒手触及。

d. 在强电场下用绝缘传递绳索传递大、长金属物件时，必须先行接地才能徒手触及。

e. 在330~500kV输电线路下方或变电站内放置的汽车或体积较大的金属作业机具，必须先行接地才能徒手触及。

f. 绝缘架空地线应视为带电体，作业人员应对其保持足够的安全距离或用带接地线的绝缘棒先行接地后才能徒手触及。

3）工（器）具的传递。

a. 带电作业时所需的工（器）具和材料必须用绝缘无头绳索圈传递，邻近带电体的滑车和吊点绳索套均应用绝缘材料制成。

b. 无头绳索圈与带电体应保持足够的距离。距离尺寸视传递物品中金属部件尺寸加上不同电压等级对地（或相间）安全距离而定。

c. 设备间距小、传递通道狭窄的现场，无头绳索圈的下端应用地锚固定。

d. 小型工（器）具和材料（金属扎线应盘成体积小的线盘）应装入工具袋内传递；尺寸较长的金属件，应将其多点固定于无头绳索圈上作定向传递。

e. 传给等电位电工而又不能盘卷的金属导线（如跨接线、预绞丝等），可用传递绳索将其平行于地面悬吊传递，并用控制绳索控制其活动方向和对带电体的距离。

f. 以上、下循环交换方式传递较重的工器具时，新、旧重物均应系以控制绳索，防止被传物品相互碰撞及误碰处于工作状态的承力工（器）具。

4）过牵引的预防。

a. 收紧导、地线均会引起过牵引，特别是孤立档（包括构架间母线）更为严重。因此，选择带电收紧导、地线方法时，应考虑过牵引量以不超过设计规定的过牵引长度为准。

b. 更换耐张绝缘子串时，宜采用紧线拉杆法，并摘取绝缘子串与横担或与导线端耐张线夹间联结金具中的螺栓、元头销，以减少过牵引量。

5）常用绝缘工（器）具。

a. 绝缘支、拉、吊杆。

（a）绝缘拉、吊杆是更换耐张和直线绝缘子的承力和主绝缘工具。更换耐张绝缘子串时承受水平张力；更换直线绝缘子串时承受垂直荷载和风压荷载。

（b）绝缘支、拉杆，一般需组合使用，使导线同时受支、拉杆控制作定向移动。此种工具一般用于63kV及以下荷载较小的项目。

绝缘支、拉杆必须使用专门的固定器固定在杆塔上，严禁以人体为依托使用支、拉杆移动导线。

b. 绝缘托瓶装置（包括瓶架、吊瓶勾、抓瓶器）。

（a）水平托瓶架。用于更换耐张绝缘子串，有整体式和分段式两种。电压越高，绝缘子串越长，宜采用分段式。

a）使用分段式托瓶架时，托瓶架两侧滚轮应落入轨道——拉杆，且各段托瓶架应保持相应位置，且连接可靠。拖动托瓶架时，严防冲击和左右摇摆；

b）利用整体式托瓶架作轨道拖动整串绝缘子至横担侧更换时，应设法避免擦伤托瓶架。

（b）转动托瓶架。一般配合绝缘滑车用于更换直线长绝缘子串。

a）托瓶架上端铰链点应与绝缘子挂点高度相适应，防止托瓶架从垂直状态向水平状态转动时产生扭转或弯曲变形；

b）拖动托瓶架的拉绳索或滑车组，其吊起侧的锚固点应适当高于托瓶架最终水平位置，避免发生人为的中途返工现象；

c）长的托瓶架转动到接近水平位置前，应在托瓶架的中间位置增设吊拉绳索，以减小托瓶架的弯曲受力。

（c）吊瓶勾。与抱杆、绝缘滑车组配合用于吊出和吊入耐张绝缘子串。

a）吊瓶勾的勾子应均匀分布，每只勾承重以不超过25kg为宜；

b）吊绝缘子串的过程中，吊瓶勾两侧需系控制绳索，以控制其移动方向，便于到位。

c. 绝缘滑车组。用作主绝缘的绝缘滑车组应采用绝缘绳索。其安全系数（K）应符合本标准表 3 – 117 的规定。

表 3 – 117　　　　　　　　　　　绝缘绳索按用途不同的 K 值

用　途	K	用　途	K
做传递绳索用	2.0	做设备保护绳索用	3
做控制绳索用	1.5	做人身保安绳索用	5
做主承力绳索用	3		

使用绝缘滑车组提升重物或牵引导、地线所需的提升力（Z）可按表 3 – 118、表 3 – 119 进行核算。如以人力作为发力源时，尾绳索上人均荷载不宜超过390N。

表 3 – 118　　　　　　　　　　牵引端从定滑轮绕出所需的拉力（Z）

滑车组的滑车轮数	2	3	4	5	6	7	8
滑车组连接方式							
所需拉力（Z）	$0.555Q$	$0.385Q$	$0.297Q$	$0.246Q$	$0.212Q$	$0.189Q$	$0.171Q$

表3－119   牵引端从动滑轮绕出所需的拉力（Z）

滑车组的滑车轮数	2	3	4	5	6	7	8
滑车组连接方式							
所需拉力（Z）	0.357Q	0.278Q	0.229Q	0.198Q	0.175Q	0.159Q	0.146Q

用绝缘滑车组提升荷载大的重物或牵引导、地线时，应适当增加滑车轮数，且牵引端宜从动滑轮绕出。为了使尾绳索人均工作荷重不超过规定，也可取两组滑车组串联使用。

新绝缘滑车组或更换新绳索后的滑车组，其绝缘绳索应按2.5倍使用荷重加载，拉出初伸长量，以保证在使用中的伸长量尽可能减少。

使用过程中，绝缘滑车组的绳索不得绞在一起。固定在有尖角、突棱（如角钢）物体上的尾绳索，绳索与尖角间应加柔软的垫物（如毛巾），以防损伤绝缘绳索。当发现滑车组不断伸长，则说明已超过允用额定荷载，应立即停止使用。

d. 绝缘操作杆。绝缘操作杆的中间接头如为活动式，不管其材质如何，均应在承受冲击、推拉和扭转各种荷重时，不发生脱落或松动。

绝缘操作杆的最短有效绝缘长度应符合 DL 409—1991 的规定。

绝缘操作杆应有握手标志。两端头均有工具座的操作杆，则两端杆身均应画出相应的握手标志。使用时，操作者的手不得超越。

不许将绝缘操作杆当承力工具使用；操作杆前端的加长金属件（即各种小工具），不得短接有效的绝缘间隙。在杆塔上暂停作业时，操作杆应垂直吊挂，或平放在水平塔材上，但不得在塔材上拖动，以免损坏操作杆的外表。

使用较长绝缘操作杆时，应在前端杆身适当位置加绝缘吊绳索，以防杆身过分弯曲，并减轻操作者劳动强度。

e. 水冲洗工具。水冲洗工具根据喷嘴口径，分为大、中、小型水冲洗三类，其中小水冲洗工具又分长水柱短水枪型和短水柱长水枪型两种。

大、中型水冲洗主要适用变电站绝缘子的清扫，小型水冲洗则适用线路绝缘子清扫。

水冲洗工具的水枪宜用吸水性小、憎水性好的绝缘材料制成。

长水柱短水枪型冲洗工具是以水柱为主绝缘，一般情况下水枪可不接地，但引水管前端适当长度内有较高的分布电压，故喷嘴以下4m内的管段不得碰触接地体及塔上电工。

短水柱长水枪型冲洗工具是以水柱、引水管（指有效绝缘部分）和水枪组成的组合绝缘，水柱仅为主绝缘一部分，故水枪握手标志线前端必须可靠接地。在冲洗过程中，接地线不得断脱，喷嘴也不得碰触带电体。

f. 绝缘绳索。绝缘绳索的允许用额定负荷以 GB 13035—2003 规定的断裂强度为依据除以安全系数（K）求得。

安全系数（K）可按表 17 选取。

使用过程中，传递绳索和控制绳索长度不够，可临时接长，但绳索结接续应符合要求。

绝缘绳索不得在地面上或水中拖放，并严防与杆塔摩擦。受潮的绝缘绳索严禁在带电作业中使用。

防潮型绝缘绳索适用于无雨雪、无持续浓雾的各种气候条件下作业。常规型绝缘绳索仅适用于晴朗干燥气候条件下的带电作业。

6）常用金属工（器）具。

a. 导线卡具。是指在导线上设置锚固点的专用工具，与紧线器配合收紧导线，可进行耐张线夹、耐张绝缘子更换、调整弛度和导线开断重接等工作。

导线卡具分单牵式和双牵式两种类型。前者有三角卡线器、楔形卡线器，适用于串接式牵引，后者是一种双锚固点平衡卡线器，适用于并联式牵引。

楔形卡线器仅适用于 LGJ - 120 及以下导线作业。

导线卡具的夹嘴直径应与导线外径相适应，严禁代用。否则，使用中将出现滑移或压伤导线。

b. 绝缘子卡具。是指在绝缘子上设置锚固点的专用工具，与紧线器配合，可进行单片绝缘子更换和导线调整弛度等工作。

半圆卡具的前卡承力件为绝缘子瓷裙，仅适用荷载较小的 220kV 以下单片绝缘子更换。

闭式卡具两半圆的弧度与绝缘子钢帽外形应基本吻合，以免在受力过程中出现较大的应力集中。

c. 连接金具卡具。是绝缘子串两端连接金具和耐张线夹卡具的统称。系设置在绝缘子串两端锚固点的专用工具，与紧线器、绝缘拉杆配合可更换耐张单片或整串绝缘子。除联板卡具中有单翼式（大刀卡）外，余均为双翼式。前者用于双联或三联绝缘子串更换，后者用于单串绝缘子更换。

单翼式的大刀卡就位后，前、后两翼应基本平行。若大刀卡的力臂作用于原联板的受力螺栓，则需验算该螺栓在双重受力后的综合应力应小于其允用应力。否则，不得利用原螺栓受力。

所有双翼式卡具应与相应的连接金具规格一致，且应配有后备保护装置（如封闭螺栓或插销），以防脱落。

d. 横担卡具。是指在横担上设置锚固点的专用工具，与紧线器、绝缘吊杆、导线勾（或联板卡具）配合可更换直线单片或整串绝缘子。

横担卡具与塔材规格必须相适应，且组装应牢固。

单翼式横担卡具受力侧（即收紧导线的丝杆端）悬出横担距离，不得大于该工具的设计规定。

e. 紧线器。分螺旋式（或称丝杆）和液压式两种，用于收紧导、地线并承受其张力。使用中应根据荷载大小和紧线方式正确选用其规格。

（a）丝杆紧线器。分单行程（包括单丝杆、套筒丝杆、轴承丝杆）和双行程两种。

a）当收紧系统有效空气距离较小的，推荐使用套筒丝杆。

b）当荷载较大、单人紧线较困难时，推荐使用轴承丝杆。

c）丝杆必须有防止脱扣的保险措施。否则，应测量其伸缩量，在放松过程中应严格控制不得超过。

（b）液压紧线器。多用于荷载较大的场合。

a）液压紧线器的泄油阀宜有良好的微调性，以减少卸载时的冲击力。

b）液压紧线器的行程应 >50mm，当 ≤50mm 时，应配有调节安装长度的机械丝杆。

c）液压紧线器的液压油（YH－10 航空油）及密封圈应定期更换。

d）使用前应对其活塞杆的伸缩进行模拟操作试验，确认正常可靠后方可使用。

e）液压紧线器活塞杆外露部分应严防碰伤或磨损。

f）作业人员应熟悉其液压回路和操作程序，并具有排除液压失灵故障的能力。

f. 通用小工具。一般指操作杆工具座上按作业内容随时更换的金属工具，如破销器、转瓶器、挑钩、碗头扶正器等。

为防止通用小工具短接有效的空气距离，在制作此类工具时，应控制其与操作杆顶部金属工具座的总长度。

对结构较为复杂的通用小工具（如多向拨销器），应经常擦拭、注油，以保持各活动部分的灵活性。

7）等电位作业的屏蔽措施。

a. 等电位电工必须穿全套屏蔽服装（包括帽、衣、裤、手套、袜或导电鞋，下同），且各部连接可靠，才能进入电场。

b. 根据使用范围不同，屏蔽服装分Ⅰ、Ⅱ两型，其性能和适用范围应符合 GB 6568.1 和 GB 6568.2 的规定。

c. 屏蔽服装在使用前应进行外观检查，当发现破损和毛刺状时应进行整套衣服电阻测量，符合要求后才能使用。

d. 等电位电工穿好屏蔽服装后，外面不得再穿其他服装，必要时里面应穿阻燃内衣。

e. 屏蔽服装主要作用是屏蔽电场，故严禁将其作载流体使用。如更换阻波器时，不得用屏蔽服装短接阻波器；在中性点非有效接地系统的电气设备上进行带电作业时，不得将其作为单相接地的后备保护等。

8）电位转移。

a. 在电位转移过程中，严禁等电位电工用裸露部位进行。否则将有幅值较大的暂态电容电流流经人体。

b. 电位转移主要有以下两种方法。

a）穿戴全套屏蔽服装的等电位电工用手转移电位；

b）用特制的电位转移杆转移电位。

如使用电位转移杆转移电位，带电线夹与等电位电工连接的软铜线长度应适当，严防因软铜线过长而缩短带电体的对地距离。

c. 等电位电工转移电位距离应满足 DL 409—1991 的规定。

d. 等电位电工站在挂梯、竖梯上转移电位前，应在梯上系好安全带，在得到工作负责人许可后才能进行。

9）进入电场。

a. 沿直立式绝缘竖梯（包括双脚梯、人字梯、丁字梯、独脚梯、升降梯、绝缘操作台）进入。直立式绝缘竖梯均以地面为依托竖立，适用于输、配电线路截面较小或因断股损伤不宜悬挂软梯的导、地线或布线复杂的变电站内使用。

双脚梯、独脚梯、升降梯的高度以不超过13m为宜。使用时，应根据其高度不同设置1~3层四方绝缘拉绳索。每层四方拉绳索应互成90°，且对地夹角应在30°~45°之间。如因场地限制，不能满足要求时，也必须利用建筑物设法使用其牢固、稳定，严禁以人作为拉绳索的锚固点。

人字梯应根据其长度增设横撑支承，以增加刚度。与此同时，亦应设置2~4根稳固梯身的绝缘拉绳索。

直立式绝缘竖梯的竖立或放倒，应设保护绳索保险，防止突然倾倒。

b. 沿挂梯（包括软梯和硬质挂梯）进入。挂梯系以导、地线或横担为依托悬挂。使用前，应按DL 409—1991要求核对导、地线截面，必要时还应验算其强度。

登挂梯的等电位电工身上应系保安绳索，其尾绳索头由地面电工配合拉紧。

等电位电工攀登挂梯时，地面电工应将挂梯下端拉紧，使梯身垂直地面。

导、地线松弛度因挂梯和等电位电工攀登而下降，加上人体高度后，带电体对地和对交叉跨越距离应满足DL 409—1991要求。

上、下层布线的上层导线不得使用挂梯作业。

c. 沿平梯（包括转动平梯）进入。平梯均以塔身为依托且基本垂直带电体组装，等电位电工只能沿梯骑马式移至梯头进入电场，但每次移动距离不能过长。

平梯组装后，其前端应有吊拉绳索。吊拉绳索与平梯的夹角应大于30°。如梯长大于2.5m时，梯身中间应增设吊拉绳索。必要时，梯头两侧可增设控制绳索，以增加梯身的稳固性。

如因设备限制，沿平梯通道进入电场的安全距离（包括组合间隙）不能满足DL 409—1991的要求时，推荐采用转动平梯进入。

转动平梯一般平行于导线组装，等电位电工移动至前端坐稳，地面电工利用梯间控制绳索将梯身旋转至带电体附近并将其稳固后，等电位电工方可进入电场。

采用转动平梯进入电场过程中，等电位电工与接地体（杆塔、拉线）及带电体的组合间隙均应满足DL 409—1991的要求。

d. 乘绝缘斗臂车的绝缘斗进入。绝缘斗臂车适用于交通方便且布线复杂的场合进行带电作业。

绝缘臂是主绝缘。其最短有效绝缘长度及其耐压水平应符合DL 409—1991的规定。

绝缘斗臂车应停固在作业处的最佳位置，使绝缘臂的伸缩、升降具有较大的活动空间。

在预定作业处试操作一次，确认液压传动、回转、升降、伸缩系统工作正常，制动装置可靠后，再将空斗接触带电体5min，其泄漏电流最大值不得超过500μA。

试操作符合要求后，才能载人作业。

在使用过程中，除发动机不得熄火外，还应监视泄漏电流是否增大，绝缘斗是否下降，以便及时处理异常现象。

凡具有上、下绝缘段而中间用金属连接的绝缘伸缩臂，在作业过程中，作业人员不得触及上、下绝缘段间的金属体。

绝缘斗臂车移动时，绝缘伸缩臂应放在支架上。

e. 乘座椅（吊篮）进入。座椅（吊篮）适用于 220～500kV 塔高、线距大的直线塔等电位作业。

座椅（吊篮）四周必须用四根吊拉绳索稳固悬吊。固定吊拉绳索的长度，应准确计算或实际丈量，务求等电位电工进入电场后头部不超过导线侧第一片绝缘子。

座椅（吊篮）的升降速度必须用绝缘滑车组严格控制，做到均匀、慢速，不得过快。进入电场时的多组合间隙必须满足安全要求。

f. 沿绝缘子串进入。此种方法适用于沿双串耐张绝缘子串进入强电场或在其上更换单片绝缘子作业。直线绝缘子串一般不宜采用此种方法。

采用此种方法的条件是：组合间隙和经人体短接后的良好绝缘子片数均须满足 DL 409—1991 的要求，两者缺一不可。否则，应采取其他作业方法，以确保人身安全。

等电位电工沿绝缘子串移动时，手与脚的位置必须经常保持对应一致，且短接的绝缘子不得超过三片。

等电位电工所系安全绳索，应绑在手扶的绝缘子串上，并与等电位电工同步移动。

（4）作业项目。

1）检测绝缘子。

a. 可采用火花间隙检测仪、分布电压检测仪、不良绝缘子报警仪等进行检测。

b. 使用火花间隙装置检测绝缘子时，两探针应轻轻接触绝缘子两端金属部件，不得用力过猛，以免测量间隙变形，造成误差。如发现零值，应复测 2～3 次，以保证判断准确。

c. 使用结构较复杂的检测装置应注意运输和使用中不得磕碰，且传动部分如齿轮、轴承除保持清洁干净外，还须定期涂上润滑油。

2）清扫绝缘子。

a. 根据绝缘子污秽程度及周围环境情况可分别采用干式清扫、水冲洗或等方法对绝缘子进行清扫。

b. 用水冲洗绝缘子时临界盐密、水柱长度和水电阻率必须符合 DL 409—1991 和 GB 13395—1991 的要求，其冲洗顺序：垂直安装的绝缘子自下而上冲洗；水平安装的绝缘子自带电侧向接地侧冲洗；双串绝缘子同步交替冲洗，不得冲完一串后再冲另一串；遇风时先冲洗处于下风侧的绝缘子，再冲洗上风侧的绝缘子；同杆架设双回布线的，先冲洗下方的绝缘子，后冲上方的绝缘子。

当开始冲洗时，瓷件顶部产生局部电弧时，必须立即停止冲洗。

3）更换直线绝缘子。

a. 更换直线绝缘子工具的机械强度，应根据导线垂直荷载附加风力荷载选择。当工作荷载在 3900N 及以下者，可采用绝缘滑车组，3900N 以上者宜采用吊杆。

b. 更换直线绝缘子时，导线脱离绝缘子后，一般均需适当下落，其下落尺寸应以下方空间具体情况而定。当导线下方净空尺寸宽裕时，下落尺寸可大些，但应以满足作业人员直接取送绝缘子时的安全距离和杆塔两侧的交叉跨越距离为准，如导线下方有接地体（如横担、吊拉杆、拉线等），则应根据净空尺寸以满足设备最小安全距离为准。

不允许下落导线的杆塔，可采用绝缘支杆或绝缘拉绳索将导线向有利扩展有效净空距离的一侧移动，以满足直接取送绝缘子的需要距离。

c. 采用单滑车组或单吊杆更换直线绝缘子，应加保护绳索。当采用两组滑车组或双吊杆更换时，若单吊杆或单组的机械强度即可满足时，可免装保护绳索，但两组收紧装置的挂钩应一正一反勾住导线。

d. 一串绝缘子的重量超过人力一次取送能力时，可分节进行。具体作业方法是：使用多根吊瓶绳索勾或托瓶架，把绝缘子串从垂直状态拉至横担侧呈水平状态后再分节更换；也可将绝缘子串放至导线侧，由等电位电工分节更换。

e. 使用新、旧绝缘子串循环交替传递，要防止因绝缘子绑点过于偏心使球头弯曲，还应严防在上下传递中相互碰撞。

f. 更换 V 形串整串绝缘子，推荐采用维持原 V 形串受力状态下的双滑车组法或双吊杆法。

4）更换耐张绝缘子。

a. 更换耐张绝缘子工具的机械强度，应根据导线张力选择。当工作荷载（单只）超过 9800N 时，应采用轴承丝杆或液压紧线器与紧线拉杆配合收紧导线。

b. 更换耐张绝缘子的作业方法，应根据绝缘子串长短和更换绝缘子数量确定。

更换 110kV 耐张绝缘子应采用地电位作业法进行；更换 220～500kV 整串耐张绝缘子，宜以等电位作业法为主与地电位作业法配合进行。

更换 220kV 耐张单片绝缘子（含单串或双串），推荐用半圆卡具地电位作业法进行；更换 330～500kV 耐张单片绝缘子，在符合本《导则》中"沿绝缘子串进入"要求时，推荐沿绝缘子串进入直接进行。

c. 更换整串耐张绝缘子的紧线拉杆不得直接用螺栓与联板上孔眼相连，必须与联结金具卡具配套使用。

d. 塔上电工在安装 110kV 及以下整体式托瓶架时，要注意与跳线的距离。安装 220kV 及以上较长的整体式托瓶架时，宜在横担和导线两端各设一组吊拉绳索或滑车组。在向上传递时，严防拽动跳线向接地体靠近。

e. 更换 220kV 整串耐张单串绝缘子时，供等电位电工进入电场的绝缘平梯或软梯，不得以被更换绝缘子串相的导线为依托组装。

f. 以等电位作业法为主与地电位作业法配合更换 220～500kV 整串耐张绝缘子时，等电位电工与塔上电工不得在同一串绝缘子两端同时操作。当一端操作前，必须通知另一端得到许可后才能进行。且各自的活动范围，不许超过两片绝缘子。

g. 更换耐张单片的等电位电工，安装闭式卡具后，应检查前后卡是否在同一水平上、应避免顶卡瓷裙，否则，应及时纠正。在收紧丝杆时，两边受力应均衡。

h. 一串绝缘子的重量超过人力一次取递能力时，可分节进行。当利用整体式托瓶架直接向地面传递整串绝缘子时，必须有防止绝缘子串从托瓶架内滚出的措施。

5）补修导线。

a. 导线断股的截面在规程允许范围内可进行补修。补修方法可加预绞丝补强，也可用机械压接补修管补强。

b. 当采用机械压接工艺时，等电位作业推荐使用绝缘平台，在上下传递压接设备时，应采取保护措施，严防高空摔落。

6）断、接空载线路。

a. 断、接空载线路应根据线路长短及其电容电流选择断接工具。

消弧绳索断开空载线路的电容电流以3A为限，超过此值时，应选用消弧能力与空载线路电容电流相适应的断接工具。

b. 采用消弧绳索断接空载线路时，必须与消弧滑车（即单门金属滑车）配套使用。为达到快速断开的目的，除在空载侧的引线上加系一根助拉的绝缘绳索外，必要时还可加挂金属重锤。

c. 等电位电工只有在安装好消弧绳索与消弧滑车或其他消弧工具且形成电的通路后，才能解开空载侧与电源侧的原连接点，如耐张线夹的引流线、跳线并沟线夹等。也不得同时触及已断开的空载线路引线与带电导线。

d. 采用消弧绳索断开空载线路时，应估算断开点周围的净空尺寸，如距离不够，应采取有效措施，以防断开时电弧延伸引起接地。

e. 垂直排列的空载线路，宜用消弧开关，且断开的顺序是：下→中→上，接通的顺序则相反。

（5）工具的试验。

1）使用前的检查。发现绝缘工具受潮或表面损伤、脏污时，应及时处理并经试验合格后方可使用，不合格的带电作业工具应及时检修或报废，不得继续使用。绝缘工具在使用前，应用绝缘电阻表（2500～5000V）进行分段检测，每2cm测量电极间的绝缘电阻值不低于700MΩ。屏蔽服装应无破损和孔洞，各部分应连接完好，屏蔽服装衣裤最远端点之间的电阻值均不大于20Ω。

2）预防性试验。作业工具应定期进行电气试验及机械预防性试验，试验周期为：

a. 电气试验：预防性试验每年一次，检查性试验每年一次，两次试验间隔为半年。

b. 机械试验：预防性试验绝缘工具每年一次，金属工具两年一次。

3）检查性电气试验。

a. 绝缘工具耐压试验。将绝缘工具分成若干段进行工频耐压试验。每300mm耐压75kV，时间为1min，应无闪络、无击穿、无发热。

b. 屏蔽服装检查性试验。衣裤最远端点之间的电阻值均不得大于20Ω。

（6）工具的运输与保管。

1）运输。在运输过程中，绝缘工具应装在专用工具袋、工具箱或专用工具车内，以防受潮和损伤。

铝合金工具、表面硬度较低的卡具、夹具及不宜磕碰的金属机具（例如丝杆），运输时应有专用的木质和皮革工具箱，每箱容量以一套工具为限，零散的部件在箱内应予固定。

2）保管。带电作业工具库房应按照GB/T 18037—2000的规定配有通风、干燥、除湿设施。库房内应备有温度、湿度和控制装置，库房最高气温不超过40℃。烘烤装置与绝缘工具表面保持 50～100cm 距离。库房内的相对湿度不大于 60%。

绝缘杆件的存放设施应设计成垂直吊放的排列架，每个杆件相距 10～15cm，每排相距 50cm，绝缘硬梯、托瓶架的存放设施应设计成能水平摆放的多层式构架，每层间隔 25～30cm。最低层离开地面不小于 50cm。绝缘绳索及其滑车组的存放设施应设计成垂直吊挂的构架，每个挂钩放一组滑车组，挂钩间距 20～25cm，绳索下端距地面不小于 50cm。

六、带电作业工具、装置和设备的质量保证导则

1. 《带电作业工具、装置和设备的质量保证导则》编制原则

（1）编写原则。

1）与相关内容的一致性。尽管等同采用 IEC 61318：2003《带电作业工具、装置和设备质量保证导则》，但尽量要与我国已有的电力国家标准以及电力行业标准相一致，不要出现矛盾，否则将会在标准的执行过程中无所适从。例如：GB 311.1—1997；GB/T 18037—2000；DL/T 876—2004《带电作业绝缘配合导则》这样一些标准在技术要求与技术参数上尤其应保持一致。

2）鼓励科技进步。

带电作业工具、装置和设备的质量保证导则为基础类标准，它是带电作业产品的质量保证原则，它对试验的分类、质量保证方案及质量保证抽样程序等进行了规范。故既要考虑到目前我国生产带电作业工具、装置和设备的水平，还要兼顾我国各地和区域性的一些特点。但是，应积极鼓励科技进步，肯定先进的生产流程，将质量好的带电作业用各类材料引入带电作业工具、装置和设备的制造，严把质量关。而对于那些生产工艺落后、质量较差的材料及落后的操作方法应拒之门外。因此，应在兼顾各方面的情况下，全面引入 IEC 标准，提出合适的技术要求。

3）规范较为成熟的技术，推动工厂化进程。遵循我国现行的技术经济政策，注意总结我国开展带电作业 50 年来带电作业方法的精髓，生产和使用各类带电作业工具、装置和设备产品的较为成熟的生产实践。

由于我国早期的带电作业工具以自己研制、自己使用为主，随着市场化进程的加快，我国已有一批工厂具备了生产系列带电作业工具、装置和设备的生产能力，但目前尚处于过渡时期。为了提高带电作业工具、装置和设备的质量水平，本标准的制定即旨在推动带电作业工具、装置和设备的工厂化水平。并按照本标准的要求和规定逐项落实，才能统一规范，真正做到质量保证方案条款的落实。

（2）适用范围。规定了带电作业产品的质量保证原则，对试验分类、质量保证方案及质量保证抽样程序等进行了较为详细的规定。因而本标准适用于在所有电气装备上进行带电作业所使用的工具、装置和设备在进行质量试验时所掌握的一些基本原则。它对于提高带电作业工具、装置和设备的质量水平是大有裨益的。因为本标准主要是针对带电作业工具、装置和设备产品的质量试验，因而并不适用于产品生产过程的质量控制。

（3）技术内容。

1）原则。每一个带电作业产品标准中都要求在其引言中规定质量导则的要求，且应与本标准相一致。

将质量要求贯穿入带电作业的产品标准之中，是质量体系的基本点。

2）试验分类。明确规定：型式试验是对一个或多个产品样本进行的试验，从而保证和证明产品符合设计任务书的要求。

例行试验和抽样试验则包含于质量保证方案之中。而验收试验是针对特定用户的，同时明确，验收试验可以对原规定的试验项目进行修改。这些经修改后的试验项目，可写入合同要求之中，作为特定用户质量保证方案的一部分。

3）质量保证方案。

a. 缺陷分类。规定每个产品标准都应包含可能缺陷（指危险缺陷、主要缺陷、次要缺陷）的信息。并对各类试验所发现的缺陷给予了明确的规定。

同时要求对试验记录应妥为保管，保存期不得少于5年。

b. 各类试验可发现缺陷的范围及规定有较为详细的附录。

4）质量保证抽样程序。其中抽样方案的选择时，首先考虑质量验收水平（AQL），然后考虑产品的批量。

在此同时规定了主要缺陷抽样方案（AQL2.5%）；主要缺陷随意抽样方案（AQL4.0%）；次要缺陷抽样方案（AQL10%）等。

5）试验方法。对于破坏性试验和非破坏性试验，应在抽取样品时明确，并在准备样品时留有适当的裕度。

2.《带电作业工具、装置和设备的质量保证导则》内容解读

（1）原则。在本出版物中，质量体系应用于带电作业产品标准的保证，是通过质量要求的运用而发展起来的。

每一个产品标准均应包含有在其引言中应提到的质量导则要素，且应与本出版物的要求相一致。

（2）试验分类。型式试验是对一个或多个产品样本进行的试验，以证明产品符合设计任务书的要求。

质量保证方案条款所规定必需的试验，是控制产品质量并满足设计标准。

有两类试验包含于质量保证方案中：例行试验和抽样试验。质量保证方案的发展也应列出，而试验条款可以列于产品标准的附录中。

验收试验是针对特定用户的，可以对原规定的试验项目进行修改。这些经修改后的试验项目，可写入合同要求中，作为特定用户质量保证方案的一部分。表3-123给出了带质量保证方案的与试验相关联的实例。

为确保产品的质量，其缺陷类型条款、试验要求和试验程序均列入规范性附录"质量保证方案"里。

该标准的其他试验没有直接列入质量保证方案，例如，产品生产期间用于监测生产过程的相关试验。

（3）质量保证方案。为了确保所交付的产品满足带电作业产品标准的要求，制造厂应按本标准采用质量保证方案。

1）缺陷分类。以上（2）项"质量保证方案"所示，每个产品标准都应包含可能缺陷的信息（危险、主要、次要）。

这些缺陷形式的试验是基于质量保证方案。危险缺陷需要在例行试验的同时进行抽样试

验时发现主要和次要缺陷（见表3-120~表3-122）。

以下（8）项提供了主要缺陷和次要缺陷以及相关联试验的一些实例（见表3-124）。

2）例行试验。危险缺陷的避免是靠质量保证方案要求所进行的例行试验，而其他例行试验也可包括产品控制部分以及生产过程的监测。

3）抽样试验。抽样程序和试验结果的有效性的内容见以下（4）项，要考虑的试验元素列在以下（9）项中。

4）验收试验。根据用户的要求，验收试验可以包括例行试验和验收试验的项目。用户也可以提出一些没有涵盖的适用于特殊工作条件产品的补充试验。以下（7）项列出了用户所要求的验收试验的使用指南。用户所要求的补充试验的时间间隔见以下（5）项。

5）记录保存。试验记录（例行试验、抽样试验、验收试验）及产品在使用期内为用户进行检查的记录由制造厂保存。规定其保存时间不得少于5年。

（4）质量保证抽样程序。质量保证体系应结合抽样方案的要求遵守以下各条。

1）抽样方案的发展。抽样方案和抽样程序是在本标准中发展起来的。对于带电作业产品，本标准涵盖了找到带电作业工具、装置和设备缺陷的类型（见表3-124的例子）。

将产品做上标记，归成若干组、若干分组或可归类其他方式，每一组由单一型号产品、类别、等级、大小、成分、同等条件及同期生产的等组成。

主要和次要缺陷的区分，仅对样品（抽样试验）进行试验（无论是否具有破坏性）。质量验收水平（AQL）和检测水平的选样则由缺陷是主要或次要的来决定。

2）抽样方案的选择。按以下方式进行选择：

a. 首先考虑质量验收水平的要求（AQL）；

b. 其次考虑产品批量。

质量验收水平（AQL）的选择如下：

a. 主要缺陷-AQL=2.5%或4.0%

对于主要缺陷，如果进行某种试验时认为AQL=2.5%过于严格，可以使用AQL=4.0%。

b. 次要缺陷-AQL=10.0%

检测水平S-4用于带电作业产品批量2~150，S-3用于产品批量151~3200。

采用以上原则，拟定了如表3-120~表3-122的抽样方案。

表3-120　　　　　　　　　主要缺陷抽样方案（AQL2.5%）

产　品　批　量	样　品　数　量	接　　收（AC）*	拒　　收（RE）**
2~15	2	0	1
16~25	3	0	1
26~90	5	0	1
91~500	8	0	1
501~3200	13	1	2

注　如果定单量等于1，抽样大小等于1，则AC=0，RE=1。

*　接收标准（允许最大次品数量）。

**　拒收标准（如果次品数等于或大于这个数时就拒收）。

表 3 – 121   主要缺陷随意抽样方案（AQL4.0%）

产 品 批 量	样 品 数 量	接　收（AC）*	拒　收（RE）**
2 ~ 15	2	0	1
16 ~ 25	3	0	1
26 ~ 90	5	0	1
91 ~ 500	8	1	2
501 ~ 3200	13	1	2

注　如果定单量等于1，抽样大小等于1，则 AC = 0，RE = 1。

*　接收标准（允许最大次品数量）。

**　拒收标准（如果次品数等于或大于这个数时就拒收）。

表 3 – 122   次要缺陷抽样方案（AQL10.0%）

产 品 批 量	样 品 数 量	接　收（AC）*	拒　收（RE）**
2 ~ 15	2	1	2
16 ~ 25	3	1	2
26 ~ 90	5	1	2
91 ~ 500	8	2	3
501 ~ 3200	13	3	4

注　如果定单量等于1，抽样大小等于1，则 AC = 0，RE = 1。

*　接受标准（允许最大次品数量）。

**　拒收标准（如果次品数等于或大于这个数时就拒收）。

（5）试验方法。检查方案所检查的问题是与缺陷水平（危险、主要、次要）相一致的试验方法一起发展起来的。带电作业产品标准规定了必需的试验，确定了试验方法以及数据的汇总和分析。作为例子，如果没有标准或验收要求，则由用户甄别或采用超出了一已有标准但又合适的试验方法。以下（9）项为此类试验方法的进展。

当验收试验中特定的抽样试验项目为破坏性的，即试验中样品被损坏，则相应要增加样品数量或交替进行破坏性试验，按主导产品标准以及合同书约定的要求进行。

应考虑试品的配备。如果试验是破坏性的，应考虑样品的数量裕度，同时还应有相应技术措施，不要让已毁坏的试品混入产品中，给今后使用的工作人员带来安全隐患。

如果试验是非破坏性的，试品没有损坏，则试品可以收回作库存产品或作为产品发给用户。

（6）其他要求。所有产品标准必须包括名为"验收试验"的附录，即按以下（7）项的要求进行。

（7）关于验收试验。验收试验是一种合同性质的试验，是用来向用户证明制造厂的产品或产品中的条款是否符合用户的设计书的要求。

如果用户仅要求产品满足主导标准的内容，则基本验收试验应符合主导标准相关的内容。用户也可要求重复订货。

用户可要求添加一些试验项目或增加抽样的数量，但应该在自己提出的规范之内。在主导标准的试验要求中，所增加的验收试验项目，应由用户与供应商协商一致后决定。

　　用户可按自己提出的规范要求进行验收试验，并可提出鉴证这些试验的要求，但一般只需鉴证这些试验的三分之一或者由制造厂进行这些试验，然后将试验结果提交给用户。

　　用户也可在用户的实验室，或者具体指定在第三方的独立实验室进行这些试验。而这些增加试验的费用则由用户与供应商协商决定。

　　（8）质保方案及缺陷规定。包括带电作业产品标准不同类型或分级试验的范例见表 3 - 123、表 3 - 124。

表 3 - 123　　　　　　　　　　　质量保证方案之试验组合

说　　明	试　　验
产品 交货	例行试验和抽样试验。验收试验（例行、抽样或选择型式试验，或由用户确定的附加试验），由制造厂与用户之间协商一致

注　例行试验为非破坏性的，抽样试验可以是破坏性的。

表 3 - 124　　　　　　　　　　　缺 陷 的 有 关 资 料

试 验 类 别	缺陷的分类	
	次 要 缺 陷	主 要 缺 陷
肉眼检查和测量 　形状 　尺寸 　制造工艺和最后工序 　包装	√ √ √ √	
机械特性 　抗刺穿 　拉力装置 　拉伸强度和伸长率 　抗撕裂 　定位		√ √ √ √ √
绝缘 　交流电压试验 　直流电压试验 　总成的绝缘试验		√ √ √
老化试验	√	
热力特性 　熔阻	√	
特殊性能 A——酸 H——油 C——低温 W——高温 Z——臭氧 P——潮湿条件		√ √ √ √ √ √

（9）所需的试验方法与应用条件。合适的试验方法的进展应包括以下各点：

a. 经过试验识别为危险缺陷、主要缺陷、次要缺陷；

b. 识别这些可变的相关缺陷；

c. 详细研讨每一识别但又可变的缺陷所采用的试验方法；

d. 如果表 3 – 120 ～ 表 3 – 122 没有用到，试验方法应明确指出样本大小；

e. 如果试验是破坏性的或非破坏性的，试验方法应指出。

方法的进展应遵循以下条件：

a. 在短的时间间隔内，试验方法应规定一致的结果；

b. 试验方法应评估试验结果的变化来源和提供正确的估计；

c. 错误的来源；

d. 环境保护；

e. 试验方法应弄清完成试验的全过程问题，以及减少试验方法可变性途径；

f. 样品的实际尺寸；

g. 试验人员安全。

方法应考虑数据分析的恰当显示并让试验人员掌握：

a. 图示法提供便于理解的数据分析显示的方法，并应配套以试验结果的恰当的数学归纳方法；

b. 可以发现非正常值（分离物），从数值的主要组合中分开可以是需研究的试验方法的重要再现。仅在仔细考虑和评价后，有关数据可省略。

如果需要进行全统计试验，则样本大小的导则应在产品标准中指明。

第四节　试验项目及周期

带电作业工具、装置和设备预防性试验规程。

1.《带电作业工具、装置和设备预防性试验规程》编制原则

（1）适用范围与章节安排。

1）适用范围。适用范围为交、直流高压电气设备上进行带电作业所使用的工具、装置和设备。也就是说，凡在输电、配电和变电各领域进行带电作业所使用的系列工具、防护用具、检测装置等，所进行的预防性试验均应包括在内。

就配电领域而言，从 380V 到 3000、6000、10 000V（今后还要考虑 20 000V）直到 35 000V 所使用的工具、防护用具和装置都应包括在内。

就输电领域而言，500kV 输电线路已运行了二十余年，我国西北地区的交流 750kV 输电线路已经投产运行，因而输电电压等级应涵盖 66、110、220、330、500、750kV，而在近几年还应该延伸到 1000kV 特高压输电电压等级。

我国自 1990 年第 1 条 ±500kV 葛南直流线路投产以来，天广直流线路、三峡龙政直流线路、天贵直流线路、三广直流线路等都已陆续投产，由于线路维护工作的需要，带电作业用管、棒绝缘材料和作业工具、防护用具实际上已在直流线路上采用，同时，电力行业标准 DL/T 881—2004《±500kV 直流输电线路带电作业技术导则》已经正式颁布实施。因此，该

标准适用范围如果仅限于交流 10～500kV，则使得适用范围与运行生产的实际严重脱节。因此本标准应涵盖交流各个电压等级，同时将 ±500kV 直流也包括进去。

2）章节安排。章节安排除符合 GB/T 1.1—2000 的规定之外，还基于以下的考虑，即将带电作业工具、装置和设备分为绝缘工具、承力工具（金属工具）、防护用具和装置及设备四类。因此，该标准的章节为 1 范围，2 规范性引用文件，3 术语和定义，4 总则，5 绝缘工具，6 承力工具（金属工具），7 防护用具，8 装置及设备共 8 章，主要内容为 5、6、7、8 章，而在每一章中一个种类的工具、装置或设备为一节，针对每一类工具、装置或设备的预防性试验，一般分为电气试验及机械试验两类（金属工具不做电气试验），每类试验首先明确试验项目，然后规定试验周期，进而明确技术要求及试验合格判据。而将相应的电气试验方法、机械试验方法及试验合格标志等作为附录。这样的安排层次较为清晰合理，同时也便于试验人员操作。电力生产运行单位以前进行带电作业工具、装置和设备的预防性试验，往往以 DL 409—1991 作依据，而 DL 409—1991 中的规定往往较为笼统，加之对工具、装置或设备的机械试验试验值的规定意见不够统一，试验人员又去寻找其他标准，而其他标准的规定又不够具体，因此，使得试验人员十分头痛无所适从。因此，该标准将所有带电作业工具、装置和设备全部涵盖，每一类工具、装置或设备的预防性试验项目、技术要求、试验周期、试验方法、试验接线等都有详细规定。

（2）技术要求的内容。

1）电气性能要求。按照电力行业标准 DL/T 867—2004 带电作业绝缘配合导则，对于适用于配电和输电领域的工具，例如操作杆的电气性能是按电压等级来区分的，即高压范围进行短时工频耐压试验，列在一个表格上；而对于超高压范围则进行长时间工频耐压试验和操作冲击试验，其要求列在一个表格上。如表 3－125、表 3－126 所示。

表 3－125　　　　　　　10～220kV 电压等级操作杆的电气性能

额　定　电　压（kV）	试验电极间距离（m）	1min 工频耐受电压（kV）
10	0.40	45
35	0.60	95
66	0.70	175
110	1.00	220
220	1.80	440

表 3－126　　　　　　　330～750kV 电压等级操作杆的电气性能

额定电压（kV）	试验电极间距离（m）	3min 工频耐受电压（kV）	操作冲击耐受电压（kV）
330	2.80	380	800
500	3.70	580	1050
750	4.70	780	1300
±500	3.20	565 *	950

*　±500kV 直流耐压试验的加压值。

a. 关于工频耐压时间。表 3－126 中，交流电压延伸到 750kV，将直流 ±500 补入表中。

尤其是注意了与 DL/T 878—2004 带电作业用绝缘工具试验导则标准的协调一致。这里要强调的是，长时间工频耐压的时间，在进行型式试验时仍为 5min；而进行预防性试验时，则从原来规定的 5min 更改为 3min。这样的编排，条理上较为清晰，概念上较容易接受，同时在预防性试验中也比较方便试验人员实际操作。

b. 关于操作冲击水平。这里有一点需要做出解释，交流 750kV 和直流 ±500kV 的操作波耐压值，在 DL/T 878—2004 带电作业用绝缘工具试验导则标准中分别为 1250kV 和 970kV，这两个值与标准操作冲击水平不一致，因此，该标准将操作波的取值靠入标准操作冲击水平，即将 1250kV 改为 1300kV，而将 970kV 改为 950kV。这样的更改，没有原则的差异，而靠入标准操作冲击水平，这里注意了与相关国家标准的协调一致性。

c. 关于操作波耐压的合格判据。按照国家标准 GB 311.1—1997 高压输变电设备的绝缘配合中的有关规定，对复合绝缘的电力设备进行冲击耐受电压试验有两种：

其一，3/9 次冲击耐受电压试验。对被试设备施加 3 次额定冲击耐受电压，若在非自恢复绝缘上未出现破坏性放电，而仅在自恢复绝缘上发生 1 次破坏性放电，则再追加 9 次冲击，如不再发生破坏性放电，则认为设备通过了试验。

其二，15 次冲击耐受电压试验。对被试设备施加 15 次额定冲击耐受电压，如在自恢复绝缘中的破坏性放电不超过 2 次，而在非自恢复绝缘上未出现破坏性放电，则认为设备通过了试验。

这项试验说明设备的自恢复绝缘的实际统计耐受电压不低于额定冲击耐受电压。

而我们的带电作业工具、装置和设备直接涉及人身及设备安全，因此其冲击耐压试验的置信度要求要提高，所以，我们对带电作业工具、装置和设备的冲击耐受电压试验采用 15 次冲击耐受电压试验，这里不是 15 次 2 次的概念，也就是说即使在自恢复绝缘中也不允许发生破坏性放电，哪怕一次也不行。关于冲击耐压试验的置信度的分析，这里就不展开了。

d. 关于电气试验的周期。DL 409—1991 第 174 条规定：带电作业工具应定期进行电气试验及机械试验。其试验周期为：预防性试验每年一次，检查性试验每年一次，两次试验间隔半年。

这里我们应该明确，检查性试验不属于预防性试验的范畴，因此带电作业工具、装置和设备的电气预防性试验周期一般为 12 个月（即 1 年）。这一点，与 DL 409—1991 完全一致。但是对于防护用具（包括绝缘遮蔽用具、电场屏蔽用具），指屏蔽服装、静电防护服装、绝缘服（披肩）、绝缘袖套、绝缘手套、防机械刺穿手套、绝缘安全帽、绝缘鞋、绝缘毯、绝缘垫、导线软质遮蔽罩、遮蔽罩、绝缘斗臂车等这样一些带电作业工具、装置和设备其电气预防性试验周期缩短为 6 个月。其原因是，带电作业用防护用具（包括绝缘遮蔽用具、电场屏蔽用具）使用频度一般较高，在使用过程中特别容易发生损坏，且直接涉及人身安全，因此其电气预防性试验周期确定为 6 个月。

2）机械性能要求。带电作业工具、装置和设备的机械特性十分重要，这一点在进行每一种带电作业工具、装置和设备的型式试验时已经对机械性能经过了严格的考核。但随着带电作业工具、装置和设备的投入使用，时间越长，机械性能越呈下降趋势。带电作业工具、装置和设备经过使用以后的机械性能还能否满足作业中的需要，这就是我们对带电作业工具、装置和设备进行机械预防性试验的意义所在。

a. 机械试验的倍数。对于机械试验的倍数，长期以来电力系统的广大技术人员有较大的争议，很多人认为，带电作业工具、装置和设备不是使用损坏的，而是做机械试验做坏了的。大家知道，复合绝缘子出厂时要进行例行机械负荷试验，其值为破坏负荷的 50%。而拉力试验凡超过 50%，例如 70%、80% 甚至于 100% 的绝缘子则不得挂网运行。当然复合绝缘子的安全系数为 2.5 倍，以 100kN 的复合绝缘子为例，其额定负荷应为 40kN，进行 50% 破坏负荷试验，也只是其额定负荷的 1.25 倍。这里有一个表 3 - 127 我们可进行比较。

表 3 - 127　　　　　　　　　　　　机械试验倍数比较表

相关标准	型　式　试　验		预 防 性 试 验	
	静荷载试验倍数	动荷载试验倍数	静荷载试验倍数	动荷载试验倍数
DL 409—1991	2.5	1.5	2.5	1.5
DL/T 878—2004	2.5	1.5	1.2	1.0

从表 3 - 127 我们可以看出，DL 409—1991 中对于带电作业工具、装置和设备的机械试验，无论型式试验或预防性试验其静荷载试验均为 2.5 倍，动荷载试验为 1.5 倍，这显然十分不合理，2.5 倍的静荷载接近破坏负荷，采用这样的试验值进行带电作业工具、装置和设备的机械预防性试验，根据前面的论述，这无疑是对带电作业工具、装置和设备的破坏性试验。难怪广大带电作业工人和技术人员强烈反映带电作业工具、装置和设备不是使用坏的而是做试验做坏的。而我们在 DL/T 878—2004《带电作业用绝缘工具试验导则》标准中规定，带电作业工具、装置和设备的机械预防性试验静荷载试验为 1.2 倍，动荷载为 1.0 倍。这里静荷载试验 1.2 倍的规定为什么这么定呢？我们的带电作业工具、装置和设备设计的安全系数一般为 1.8~3.0 倍，其平均值约为 2.4 倍，我们取 1.2 倍是考虑其荷载值不超过破坏值的 50%，这与复合绝缘子的考虑是近似的，即施加这样荷载值的试验，不仅检验了带电作业工具、装置和设备经使用后残存的机械强度，同时这样的试验即使多次反复进行，也不会对带电作业工具、装置和设备造成结构性损坏。而动荷载试验取 1.0 倍，也是基于同样的考虑。

b. 机械试验周期。对于机械试验的周期，一般应视带电作业工具、装置和设备使用的频度而定，对于金属工具而言，一般使用频度较高，且在使用中为主要受力元件，因此要随时掌握其残余机械强度，故将其试验周期定为 12 个月；对于绝缘工具而言，由于其使用频度相对较低，因此其试验周期则一般可相对延长为 24 个月，也可为 12 个月，这要看具体的情况来决定。一般转动工具或动力驱动的装置其试验周期适当缩短，例如绝缘滑车、带电清扫机，其机械试验周期就定为 12 个月，而带电作业用绝缘斗臂车，为旋转移动和液压传动装置，要求其可靠性更高，故其机械试验周期缩短至 6 个月。

2.《带电作业工具、装置和设备预防性试验规程》内容解读

（1）总则。

1）试验结果应与该工具、装置和设备历次试验结果相比较，与同类工具、装置和设备试验结果相比较，参照相关的试验结果，根据变化规律和趋势，进行全面分析后做出判断。

2）遇到特殊情况需要改变试验项目、周期或要求时，可由本单位总工程师审查批准后执行。

3）50Hz 交流耐压试验，加至试验电压后的持续时间，220kV 及以下电压等级的带电作业

工具、装置和设备，为1mim；330kV及以上电压等级的带电作业工具、装置和设备，为3min。

非标准电压等级的带电作业工具、装置和设备的交流耐压试验值，可根据本规程规定的相邻电压等级按插入法计算。

4）直流耐压试验，加至试验电压后的持续时间，一般为3min。在进行直流高压试验时，应采用负极性接线，操作波耐压应采用正极性。

5）为满足高海拔地区的要求而采用加强绝缘或较高电压等级的带电作业工具、装置和设备，应在实际使用地点（进行海拔校正后）进行耐压试验。

6）在测量泄漏电流时，应同时测量被试品的温度和周围空气的温度和湿度。进行绝缘试验时，被试品温度应不低于+5℃，户外试验应在良好的天气进行，且空气相对湿度一般不高于80%。

7）经预防性试验合格的带电作业工具、装置和设备应在明显位置贴上试验合格标志，标志的式样和要求详见图3-24。

8）进行预防性试验时，一般宜先进行外观检查，再进行机械试验，最后进行电气试验。

9）执行本规程时，可根据具体情况制定本地区或本单位的现场规程。

（2）绝缘工具。

1）绝缘支、拉、吊杆。支、拉、吊杆上的金属配件与空心管、泡沫填充管、实心棒、绝缘板的连接应牢固，使用时应灵活方便。

a. 外观及尺寸。外观及尺寸检查：试品应光滑，无气泡、皱纹、开裂，玻璃纤维布与树脂间粘接完好不得开胶，杆段间连接牢固。各部位尺寸应符合表3-128的规定。

表3-128　　　　　　　　　支、拉、吊杆的最短有效绝缘长度

额定电压（kV）	最短有效绝缘长度（m）	固定部分长度（m）		支杆活动部分长度（m）
		支杆	拉（吊）杆	
10	0.40	0.60	0.20	0.50
35	0.60	0.60	0.20	0.60
66	0.70	0.70	0.20	0.60
110	1.00	0.70	0.20	0.60
220	1.80	0.80	0.20	0.60
330	2.80	0.80	0.20	0.60
500	3.70	0.80	0.20	0.60
750	4.70	0.80	0.20	0.60
±500	3.20	0.80	0.20	0.60

b. 电气试验。

a）周期和试验项目。

试验周期：12个月。

试验项目：工频耐压试验和操作冲击耐压试验。

b）要求。220kV及以下电压等级的试品应能通过短时工频耐受电压试验（以无击穿、

无闪络及无明显发热为合格）；330kV 及以上电压等级的试品应能通过长时间工频耐受电压试验（以无击穿、无闪络及无明显发热为合格），以及操作冲击耐受电压试验（15 次加压以无一次击穿、闪络及明显过热为合格）。其电气性能应符合表 3–129、表 3–130 的规定。

表 3–129   10～220kV 电压等级支、拉、吊杆的电气性能

额定电压（kV）	试验电极间距离（m）	1min 工频耐受电压（kV）
10	0.40	45
35	0.60	95
66	0.70	175
110	1.00	220
220	1.80	440

表 3–130   330～750kV 电压等级支杆、拉、吊杆的电气性能

额定电压（kV）	试验电极间距离（m）	3min 工频耐受电压（kV）	操作冲击耐受电压（kV）
330	2.80	380	800
500	3.70	580	1050
750	4.70	780	1300
±500	3.20	680 *	950

* ±500kV 直流耐压试验的加压值。

c. 机械试验。

a）周期和试验项目。试验周期：24 个月。试验项目：静负荷试验、动负荷试验。

b）要求。静负荷试验应在如表 3–131、表 3–132 所列数值下持续 1min 无变形、无损伤。动负荷试验应在如表 3–131、表 3–132 所列数值下操作 3 次，要求机构动作灵活、无卡住现象。

表 3–131   支 杆 机 械 性 能   kN

支杆分类级别	额定荷载	静 荷 载	动 荷 载
1kN 级	1.00	1.20	1.00
3kN 级	3.00	3.60	3.00
5kN 级	5.00	6.00	5.00

表 3–132   拉（吊）杆机械性能   kN

拉（吊）杆分类级别	额定荷载	静 荷 载	动 荷 载
10kN 级	10.0	12.0	10.0
30kN 级	30.0	36.0	30.0
50kN 级	50.0	60.0	50.0

注 支杆按表 3–131 的要求作压缩试验，试验布置见图 3–18；拉、吊杆按表 3–132 的要求作拉伸试验，试验布置见图 3–19。

2）绝缘托瓶架。托瓶架中的绝缘部件可用空心管、泡沫填充管、异型管（填充管）、绝缘板等制作。

a. 外观及尺寸。外观及尺寸检查：试品应光滑，无气泡、皱纹、开裂，玻璃纤维布与树脂间粘接完好不得开胶，杆、段、板间连接牢固。最短有效绝缘长度应符合表 3 – 133 的规定。

b. 电气试验。

a）周期和试验项目。试验周期：12 个月。试验项目：外观及尺寸检查、工频耐压试验和操作冲击耐压试验。

b）要求。外观及尺寸：试品应光滑，无气泡、皱纹、开裂，玻璃纤维布与树脂间粘接完好，杆、段、板间连接牢固。最短有效绝缘长度应符合表 3 – 133 的规定。

表 3 – 133　　　　　　　　　　托瓶架的最短有效绝缘长度

额定电压（kV）	110	220	330	500	750	±500
最短有效绝缘长度（m）	1.00	1.80	2.80	3.70	4.70	3.20

工频耐压和操作冲击耐压：220kV 及以下电压等级的试品应能通过短时工频耐受电压试验（以无击穿、无闪络及发热为合格）；330kV 及以上电压等级的试品应能通过长时间工频耐受电压试验（以无击穿、无闪络及发热为合格），以及操作冲击耐受电压试验（以无一次击穿、闪络及过热为合格）。其电气性能应符合表 3 – 134、表 3 – 135 的规定。

表 3 – 134　　　　　　110、220kV 电压等级托瓶架的电气性能

额 定 电 压（kV）	试验电极间距离（m）	1min 工频耐受电压（kV）
110	1.00	220
220	1.80	440

表 3 – 135　　　　　　330～750kV 电压等级托瓶架的电气性能

额定电压（kV）	试验电极间距离（m）	3min 工频耐受电压（kV）	操作冲击耐受电压（kV）
330	2.80	380	800
500	3.70	580	1050
750	4.70	780	1300
±500	3.20	680 *	950

*　±500kV 直流耐压试验的加压值。

c. 机械试验。

a）周期和试验项目。试验周期：24 个月。试验项目：静抗弯负荷试验、动抗弯负荷试验。

b）要求。静抗弯负荷试验应在如表 3 – 136 所列数值下持续 1min 各部件无变形、无裂纹、无损伤。动抗弯负荷试验应在如表 3 – 136 所列数值下操作 3 次，各部件无变形、无裂纹、无损伤。

110kV 为中间一点加载，220kV 为中间两点加载，330kV 为中间三点加载，500、750、±500kV 为中间四点加载。

表 3-136 托 瓶 架 机 械 性 能

额定电压（kV）	试验长度（m）	额定负荷（kN）	静抗弯负荷（kN）	动抗弯负荷（kN）
110	1.17	0.6	0.72	0.6
220	2.05	1.2	1.44	1.2
330	2.95	1.8	2.16	1.8
500	4.70	3.0	3.6	3.0
750	5.90	3.4	4.08	3.4
±500	5.20	3.2	3.84	3.2

3）绝缘滑车。绝缘滑车的护板、隔板、拉板、加强板一般采用环氧玻璃布层压板制造，滑轮应采用聚酰胺 1010 树脂等绝缘材料制造。

a. 外观及尺寸。外观及尺寸检查：试品的绝缘部分应光滑，无气泡、皱纹、开裂等现象；滑轮在中轴上应转动灵活，无卡阻和碰擦轮缘现象；吊钩、吊环在吊梁上应转动灵活；侧板开口在 90°范围内无卡阻现象。

b. 电气试验。

a）周期和试验项目。试验周期：12 个月。试验项目：工频耐压试验。

b）要求。各种型号的绝缘滑车均应能通过交流工频 25kV、1min 耐压试验。其中，绝缘钩型滑车应能通过交流工频 37kV、1min 耐压试验。试验以不发热、不击穿为合格。

c. 机械试验。

a）周期和试验项目。试验周期：12 个月。试验项目：拉力试验。

b）要求。按图 3-21 所示，试品与绝缘绳组装后进行拉力试验。5、10、15、20kN 级的各类滑车，均应分别能通过 6、12、18、24kN 拉力负荷，持续时间 5min 的机械拉力试验，试验以无永久变形或裂纹为合格。

4）绝缘操作杆。操作杆一般采用泡沫填充绝缘管制作，其接头可采用固定式或拆卸式，固定在操作杆上的接头为高强度材料。

a. 外观及尺寸。外观及尺寸检查：试品应光滑，无气泡、皱纹、开裂，玻璃纤维布与树脂间粘接完好不得开胶，杆段间连接牢固。各部位尺寸应符合表 3-137 的规定。

表 3-137 操作杆各部分长度要求

额定电压（kV）	最短有效绝缘长度（m）	端部金属接头长度（m）	手持部分长度（m）
10	0.70	≤0.10	≥0.60
35	0.90	≤0.10	≥0.60
66	1.00	≤0.10	≥0.60
110	1.30	≤0.10	≥0.70
220	2.10	≤0.10	≥0.90
330	3.10	≤0.10	≥1.00
500	4.00	≤0.10	≥1.00
750	5.00	≤0.10	≥1.00
±500	3.50	≤0.10	≥1.00

b. 电气试验。

a）周期和试验项目。试验周期：12 个月。试验项目：外观及尺寸检查、工频耐压试验和操作冲击耐压试验。

b）要求。220kV 及以下电压等级的试品应能通过短时工频耐受电压试验（以无击穿、无闪络及发热为合格）；330kV 及以上电压等级的试品应能通过长时间工频耐受电压试验（以无击穿、无闪络及发热为合格），以及操作冲击耐受电压试验（15 次加压以无一次击穿、闪络及过热为合格）。其电气性能应符合表 3 – 138、表 3 – 139 的规定。

表 3 – 138　　　　　　　　　10 ~ 220kV 电压等级操作杆的电气性能

额 定 电 压（kV）	试验电极间距离（m）	1min 工频耐受电压（kV）
10	0.40	45
35	0.60	95
66	0.70	175
110	1.00	220
220	1.80	440

表 3 – 139　　　　　　　　　330 ~ 750kV 电压等级操作杆的电气性能

额定电压（kV）	试验电极间距离（m）	3min 工频耐受电压（kV）	操作冲击耐受电压（kV）
330	2.80	380	800
500	3.70	580	1050
750	4.70	780	1300
± 500	3.20	680 *	950

*　± 500kV 直流耐压试验的加压值。

c. 机械试验。

a）周期和试验项目。试验周期：24 个月。试验项目：抗弯、抗扭静负荷试验；抗弯动负荷试验。

b）要求。静负荷试验应在如表 3 – 140 所列数值下持续 1min 无变形、无损伤。动负荷试验应在如表 3 – 140 所列数值下操作 3 次，要求机构动作灵活、无卡住现象。

表 3 – 140　　　　　　　　　　操作杆的机械性能　　　　　　　　　　N·m

试　品	静抗弯负荷	动抗弯负荷	静抗扭负荷
标称外径 28mm 以下	108	90	36
标称外径 28mm 以上	132	110	36

5）绝缘硬梯。绝缘硬梯的绝缘部件应选用绝缘板材、管材、异型材和泡沫填充管等绝缘材料制作，绝缘硬梯具有平梯、挂梯、直立独杆梯、升降梯和人字体等类别。

a. 外观及尺寸。外观及尺寸检查：试品应光滑，无气泡、皱纹、开裂，玻璃纤维布与树脂间粘接完好不得开胶，杆段间连接牢固。

b. 电气试验。

a）周期和试验项目。试验周期：12个月。试验项目：工频耐压试验和操作冲击耐压试验。

b）要求。220kV及以下电压等级的试品应能通过短时工频耐受电压试验（以无击穿、无闪络及无明显发热为合格）；330kV及以上电压等级的试品应能通过长时间工频耐受电压试验（以无击穿、无闪络及无明显发热为合格），以及操作冲击耐受电压试验（15次加压以无一次击穿、闪络及明显过热为合格）。其电气性能应符合表3-141、表3-142的规定。

表3-141　　　　　　　　　10~220kV电压等级绝缘硬梯的电气性能

额定电压（kV）	试验电极间距离（m）	1min工频耐受电压（kV）
10	0.40	45
35	0.60	95
66	0.70	175
110	1.00	220
220	1.80	440

表3-142　　　　　　　　　330~750kV电压等级绝缘硬梯的电气性能

额定电压（kV）	试验电极间距离（m）	3min工频耐受电压（kV）	操作冲击耐受电压（kV）
330	2.80	380	800
500	3.70	580	1050
750	4.70	780	1300
±500	3.20	680 *	950

*　±500kV直流耐压试验的加压值。

c. 机械试验。

a）周期和试验项目。试验周期：24个月。试验项目：抗弯静负荷试验；抗弯动负荷试验。

b）要求。进行机械强度试验时，其负荷的作用位置及方向应与部件实际使用时相同，静负荷试验应在如表3-143所列数值下持续5min无变形、无损伤；动负荷试验应在如表3-143所列数值下操作3次，要求机构动作灵活、无卡住现象。

表3-143　　　　　　　　　硬梯的机械性能

负荷种类	额定负荷	静抗弯负荷	动抗弯负荷
试验加压值（N）	1000	1200	1000

6）绝缘软梯。绝缘软梯的边绳和环行绳应采用桑蚕丝或不低于桑蚕丝性能的阻燃绝缘纤维为原材料制作。横蹬应采用环氧酚醛层压玻璃布管为原材料制作。

a. 外观及尺寸。外观及尺寸检查：环行绳与边绳的连接应牢固、平服。捻合成的绳索合绳股应紧密绞合，不得有松散、分股的现象。绳索各股及各股中丝线不应有叠痕、凸起、压伤、背股、抽筋等缺陷，不得有错乱、交叉的丝、线、股。环行绳与边绳的绳径为10mm，绳股的捻距为32mm±0.3mm。

　　用作横蹬的环氧酚醛层压玻璃布管，其外径为 22mm，壁厚为 3mm，长度为 300mm，两端管口呈 R1.5 的圆弧状，且应平整、光滑，外表面涂有绝缘漆。

　　b. 电气试验。

　　a）周期和试验项目。试验周期：12 个月。试验项目：工频耐压试验和操作冲击耐压试验。

　　b）要求。绝缘软梯的电气性能应符合表 3－144 和表 3－145 的要求。试验时，将绝缘软梯按其适用的电压等级相应的电极长度折叠后进行耐压试验。

表 3－144　　　　　　　　　10～220kV 电压等级绝缘软梯的电气性能

额 定 电 压（kV）	试验电极间距离（m）	1min 工频耐受电压（kV）
10	0.40	45
35	0.60	95
66	0.70	175
110	1.00	220
220	1.80	440

表 3－145　　　　　　　　　330～750kV 电压等级绝缘软梯的电气性能

额定电压（kV）	试验电极间距离（m）	3min 工频耐受电压（kV）	操作冲击耐受电压（kV）
330	2.80	380	800
500	3.70	580	1050
750	4.70	780	1300
±500	3.20	680 *	950

＊　±500kV 直流耐压试验的加压值。

　　c. 机械试验。

　　a）周期和试验项目。试验周期：24 个月。试验项目：抗拉性能试验、软梯头静负荷试验、软梯头动负荷试验。

　　b）要求。绝缘软梯的抗拉性能应在表 3－146 的所列数值下持续 5min 无变形、无损伤。软梯头的整体挂重性能应符合表 3－147 的要求，静负荷试验应在如表 20 所列数值下持续 5min 无变形、无损伤；动负荷试验应在如表 3－147 所列数值下操作 3 次，加载后要求能在导、地上移动自如灵活、无卡住现象。

表 3－146　　　　　　　　　绝缘软梯抗拉性能

受 拉 部 位	两边绳上下端绳索套扣	两边绳上端绳索套扣至横蹬中心点
拉力（kN）	16.2	2.4

表 3－147　　　　　　　　　软梯头挂重性能

试 验 项 目	试 验 负 荷（kN）
静负荷试验	2.4
动负荷试验	2.0

7）绝缘绳索类工具。人身绝缘保险绳、导线绝缘保险绳、消弧绳、绝缘测距绳应采用桑蚕丝为原料，绳套宜采用锦纶长丝为原料制成。

a. 外观及尺寸。外观及尺寸检查：所有绝缘绳索类工具的捻合成的绳索合绳股应紧密绞合，不得有松散、分股的现象。绳索各股及各股中丝线不应有叠痕、凸起、压伤、背股、抽筋等缺陷，不得有错乱、交叉的丝、线、股。人身绝缘保险绳、导线绝缘保险绳、消弧绳、绝缘测距绳以及绳套均应满足各自的功能规定和工艺要求。

b. 电气试验。

a）周期和试验项目。试验周期：12 个月。试验项目：工频耐压试验、操作冲击耐压试验。

b）要求。220kV 及以下电压等级的试品应能通过短时工频耐受电压试验（以无击穿、无闪络及无明显发热为合格）；330kV 及以上电压等级的试品应能通过长时间工频耐受电压试验（以无击穿、无闪络及无明显发热为合格），以及操作冲击耐受电压试验（15 次加压以无一次击穿、闪络及明显过热为合格）。其电气性能应符合表 3 – 148、表 3 – 149 的规定。

表 3 – 148　　　　　　　　10 ~ 220kV 电压等级绝缘绳索类工具的电气性能

额 定 电 压（kV）	试验电极间距离（m）	1min 工频耐受电压（kV）
10	0.40	45
35	0.60	95
66	0.70	175
110	1.00	220
220	1.80	440

表 3 – 149　　　　　　　　330 ~ 750kV 电压等级绝缘绳索类工具的电气性能

额定电压（kV）	试验电极间距离（m）	3min 工频耐受电压（kV）	操作冲击耐受电压（kV）
330	2.80	380	800
500	3.70	580	1050
750	4.70	780	1300
±500	3.20	680 *	950

*　±500kV 直流耐压试验的加压值。

c. 机械试验。

a）周期和试验项目。试验周期：24 个月。试验项目：静拉力试验。

b）要求。人身、导线绝缘保险绳的抗拉性能应在表 3 – 150 的所列数值下持续 5min 无变形、无损伤。

表 3 – 150　　　　　　　　人身、导线绝缘保险绳的抗拉性能

名　称	静拉力（kN）	名　称	静拉力（kN）
人身绝缘保险绳	4.4	2×630mm² 及以下双分裂导线绝缘保险绳	60
240mm² 及以下单导线绝缘保险绳	20	4×400mm² 及以下四分裂导线绝缘保险绳	60
400mm² 及以下单导线绝缘保险绳	30	4×720mm² 及以下四分裂导线绝缘保险绳	110
2×300mm² 及以下双分裂导线绝缘保险绳	60		

8）绝缘手工工具。带电作业用绝缘手工工具，根据其使用功能必须具有足够的机械强度，用于制造包覆绝缘手工工具和绝缘手工工具的绝缘材料应有足够的电气绝缘强度和良好的阻燃性能。

a. 外观及尺寸。外观及尺寸检查：在环境温度为 −20℃ ~ +70℃ 范围内（能用于 −40℃ 低温环境的工具应标有 C 类标记），工具的使用性能应满足工作要求，制作工具的绝缘材料应完好无孔洞、裂纹等破损，且应牢固地粘附在导电部件上，金属工具的裸露部分应无锈蚀，标志应清晰完整。按照相应标准中的技术要求检查尺寸。

b. 电气试验。

a）周期和试验项目。试验周期：12 个月。试验项目：工频耐压试验。

b）要求。工频耐压试验：试验时如果没有发生击穿、放电或闪络，且泄漏电流符合表 3−151 的规定，则试验通过。

表 3−151　　　　　　　　　　绝缘手工工具电气性能

工 具 类 别	试验电压（kV）	加压时间（min）
包覆层长度≤20cm 的工具	10	3
包覆层长度>20cm 的工具	10	3
全绝缘工具	10	3

9）绝缘（临时）横担、绝缘平台。绝缘（临时）横担、绝缘平台的绝缘部件应选用绝缘板材、管材、异型材和泡沫填充管等绝缘材料制作。

a. 外观及尺寸。外观及尺寸检查：试品应光滑，无气泡、皱纹、开裂，玻璃纤维布与树脂间粘接完好不得开胶，杆段间连接牢固。

b. 电气试验。

a）周期和试验项目。试验周期：12 个月。试验项目：工频耐压试验。

b）要求。10kV 及 35kV 电压等级的试品应能通过短时工频耐受电压试验（以无击穿、无闪络及无明显发热为合格）；其电气性能应符合表 3−152 的规定。

表 3−152　　　　　　　10、35kV 电压等级绝缘横担、平台的电气性能

额 定 电 压（kV）	试验电极间距离（m）	1min 工频耐受电压（kV）
10	0.40	45
35	0.60	95

（3）承力工具。

1）绝缘子卡具。绝缘子卡具主要有自封卡、间接自封卡、斜卡、活页卡等类型，应采用高强度铝合金或高强度合金钢制造。

a. 外观及尺寸。外观及尺寸检查：所有卡具与绝缘子串端部连接金具应配合紧密可靠，装卸方便灵活。卡具各组成部分零件表面均应光滑无尖棱、毛刺、裂纹等缺陷。自封卡的前（后）卡的凸轮闭锁机构要灵活、可靠、有效，摩擦销钉要调整合适，以保证前卡齿轮丝杆机构旋转同步。尺寸应符合相关标准要求。

b. 机械试验。

a）周期和试验项目。试验周期：12 个月。试验项目：静态负荷试验、动态负荷试验。

b）要求。静态负荷和动态负荷：所有卡具应按实际受力状态布置，分别进行动、静状态下的整体抗拉试验。试验应在液压拉力试验机（台）上进行。动态负荷试验按卡具实际工作状态进行 3 次操作，操作应灵活可靠。静态负荷试验在负荷作用下，持续 5min 后卸载，试件各组成部分应无永久变形或损伤。机械特性见表 3－153。

表 3－153　　　　　　　　　　　　　绝缘子卡具机械特性

卡具级别（kN）	额定负荷（kN）	动态试验负荷（kN）	静态试验负荷（kN）
20	20	20	24
28	28	28	33.6
36	36	36	43.2
45	45	45	54

2）紧线卡线器。铝合金紧线卡线器分为单牵式（U 形拉环式）和双牵式（机翼拉板式）两类，主要受力零件材料采用 LC4 铝合金制造。

a. 外观及尺寸。外观及尺寸检查：各型铝合金紧线卡线器的主要零件表面应光滑，无尖边毛刺，无缺口裂纹等缺陷。各部件连接应紧密可靠，开合夹口方便灵活，整体性能好。所有零件表面均应进行防蚀处理。各部尺寸应符合相关标准要求。

b. 机械试验。

a）周期和试验项目。试验周期：12 个月。试验项目：静态负荷试验、动态负荷试验。

b）要求。静态负荷和动态负荷：所有紧线卡线器应按其适用规格的导线安装好，分别进行动、静状态下的整体抗拉试验。试验应在液压拉力试验机（台）上进行。动态负荷试验按卡线器实际工作状态进行 3 次操作，操作应灵活可靠。静态负荷试验在其相应负荷作用下，持续 5min 后卸载，试件各组成部分应无永久变形或损伤。机械特性见表 3－154。

表 3－154　　　　　　　　　　　　各型紧线卡线器机械特性

型　　号	额定负荷（kN）	动态试验负荷（kN）	静态试验负荷（kN）
LJKa 25－70	8.0	8.0	9.6
LJKb 95－120	15.0	15.0	18.0
LJKc 150－240	24.0	24.0	28.8
LJKd 300	30.0	30.0	36.0
LJKe 400	35.0	35.0	42.0
LJKf 500	42.0	42.0	50.4
LJKg 630	47.0	47.0	56.4
LJKh 720	49.0	49.0	58.8

（4）防护用具。

1）屏蔽服装。屏蔽服装应具有较好的屏蔽性能、较低的电阻、适当的通流容量、一定的阻燃性及较好的服用性能，采用金属纤维和阻燃纤维混纺织成的衣料制作。

a. 外观及尺寸。外观及尺寸检查：整套屏蔽服装，包括上衣、裤子、鞋子、袜子和帽子均应完好无损，无明显孔洞，分流连接线完好，连接头连接可靠（工作中不会自动脱开）。

连接头组装检查：上衣、裤子、帽子之间应有两个连接头，上衣与手套、裤子与袜子每端分别各有一个连接头。将连接头组装好后，轻扯连接部位，确认其具有一定的机械强度。

b. 电气试验。

a）周期和试验项目。试验周期：6 个月。试验项目：成衣（包括鞋、袜）电阻试验、整套服装的屏蔽效率试验。

b）要求。成衣（包括鞋、袜）电阻试验：先分别测量上衣、裤子、手套、袜子任意两个最远端之间的电阻，以及鞋的电阻。然后再测量整套屏蔽服装（将上衣、裤子、手套、袜子、帽子和鞋全部组装好）的电阻。其电气特性应符合表 3-155 的要求。

表 3-155　　　　　　　　　　　　　屏蔽服装的电阻要求

屏蔽服装部位名称	电阻值（Ω）	屏蔽服装部位名称	电阻值（Ω）
上衣	≤15	手套	≤15
裤子	≤15	鞋	≤500
袜子	≤15	整套屏蔽服装	≤20

整套服装的屏蔽效率试验：上衣在左右前胸正中、后背正中各测一点，裤子位于膝盖处各测一点。将测得的 5 点的数据之算术平均值作为整套屏蔽服装的屏蔽效率值。整套屏蔽服装的屏蔽效率不得小于 30dB。试验方法见图 3-7。

2）静电防护服装。高压静电防护服装与屏蔽服装的原理和作用是相同的，但由于其使用位置不一样，故技术参数相对较低。高压静电防护服装应具有一定的屏蔽性能、较低的电阻及较好的服用性能，采用金属纤维和棉或合成纤维混纺织成的衣料制作。

a. 外观及尺寸。外观及尺寸检查：整套防护服装，包括上衣、裤子、鞋子、袜子和帽子均应完好无损，无明显孔洞，连接带连接可靠（工作中不至于脱开）。

连接带检查：上衣、裤子、帽子之间应有两个连接带，上衣与手套、裤子与袜子每端分别各有一个连接带。轻扯连接带与服装各部位的连接，确认其具有一定的机械强度。

b. 电气试验。

a）周期和试验项目。试验周期：6 个月。试验项目：整套防护服装的屏蔽效率试验。

b）要求。整套防护服装的屏蔽效率试验：上衣在左右前胸正中、后背正中各测一点，裤子位于膝盖处各测一点。将测得的 5 点的数据之算术平均值作为整套静电防护服装的屏蔽效率值。整套静电防护服装的屏蔽效率不得小于 26dB。试验方法见图 3-7。

3）绝缘服（披肩）。绝缘服应具有较高的击穿电压、一定的机械强度，且耐磨、耐撕裂。一般采用多层材料制作，其外表层为憎水性强、防潮性能好、沿面闪络电压高、泄漏电流小的材料；内衬为憎水性强、柔软性好、层向击穿电压高、服用性能好的材料制作。

a. 外观及尺寸。外观及尺寸检查：整套绝缘服，包括上衣（披肩）、裤子均应完好无损，无深度划痕和裂缝、无明显孔洞。

b. 电气试验。

a）周期和试验项目。试验周期：6 个月。试验项目：整衣层向工频耐压试验。

b）要求。整衣层向工频耐压试验：对绝缘服进行整衣层向工频耐压时绝缘上衣的前胸、后背、左袖、右袖；披肩的双肩和左右袖；绝缘裤的左右腿的各部位均应进行试验。电气性能应符合表 3 – 156 的规定。以无电晕发生、无闪络、无击穿、无明显发热为合格。

表 3 – 156　　　　　　　　　　　绝缘服（披肩）的电气特性　　　　　　　　　　　　　　V

绝缘服（披肩）级别	额定电压	1min 交流耐受电压（有效值）
0	380	5000
1	3000	10 000
2	10 000	20 000

4）绝缘袖套。绝缘袖套分为直筒式和曲肘式两种式样，采用橡胶或其他绝缘材料制成。

a. 外观及尺寸。外观及尺寸检查：整套应为无缝制作，内外表面均应完好无损，无深度划痕、裂缝、折缝，无明显孔洞。尺寸应符合相关标准要求。

b. 电气试验。

a）周期和试验项目。试验周期：6 个月。试验项目：标志检查、交流耐压或直流耐压试验。

b）要求。标志检查：采用肥皂水浸泡过的软麻布先擦 15s，然后再用汽油浸泡过的软麻布再擦 15s，如标志仍清晰，则试验通过。

交流耐压或直流耐压试验：对绝缘袖套进行交流耐压或直流耐压时，其电气性能应符合表 3 – 157 的规定。以无电晕发生、无闪络、无击穿、无明显发热为合格。

表 3 – 157　　　　　　　　　　　　绝缘袖套的电气特性　　　　　　　　　　　　　　　V

袖套级别	额定电压	1min 交流耐受电压，有效值	3min 直流耐受电压（平均值）
0	380	5000	10 000
1	3000	10 000	20 000
2	10 000	20 000	30 000

5）绝缘手套。绝缘手套的外形形状为分指式（异形），采用合成橡胶或天然橡胶制成。

a. 外观及尺寸。外观及尺寸检查：绝缘手套应具有良好的电气性能、较高的机械性能和柔软良好的服用性能，内外表面均应完好无损，无划痕、裂缝、折缝和孔洞。尺寸应符合相关标准要求。

b. 电气试验。

a）周期和试验项目。试验周期：6 个月。试验项目：交流耐压试验、直流耐压试验。

b）要求。交流耐压试验：对绝缘手套进行交流耐压试验时，加压时间保持 1min，其电气性能应符合表 3 – 158 的规定。以无电晕发生、无闪络、无击穿、无明显发热为合格。

表 3 – 158　　　　　　　　　　　　绝缘手套的电气特性　　　　　　　　　　　　　　　V

型　　号	额　定　电　压	交流耐受电压（有效值）
1	3000	10 000
2	10 000	20 000
3	20 000	30 000

直流耐压试验：对绝缘手套进行直流耐压试验时，加压时间保持 1min，其电气性能应符合表 3-159 的规定。以无电晕发生、无闪络、无击穿、无明显发热为合格。

表 3-159　　　　　　　　　　　绝缘手套的直流耐压值　　　　　　　　　　　　　　　V

型　号	额　定　电　压	直流耐受电压（平均值）
1	3000	20 000
2	10 000	30 000
3	20 000	40 000

6）防机械刺穿手套。防机械刺穿手套有连指式和分指式两种式样，其表面应能防止机械磨损、化学腐蚀，抗机械刺穿并具有一定的抗氧化能力和阻燃特性。采用加衬的合成橡胶材料制成。

a. 外观及尺寸。外观及尺寸检查：防机械刺穿手套应具有良好的电气绝缘特性、较高的机械性能和柔软良好的服用性能，内外表面均应完好无损，无划痕、裂缝、折缝和孔洞。尺寸应符合相关标准要求。外观、厚度检查以目测为主，并用量具测定缺陷程度，尺寸长度用精度为 1mm 的刚直尺测量，厚度用精度为 0.02mm 的游标卡尺测量。

b. 电气试验。

a）周期和试验项目。试验周期：6 个月。试验项目：交流耐压试验、直流耐压试验。

b）要求。交流耐压试验：对防机械刺穿手套进行交流耐压试验时，加压时间保持 1min，其电气性能应符合表 3-160 的规定。以无电晕发生、无闪络、无击穿、无明显发热为合格。

表 3-160　　　　　　　　　　　防机械刺穿手套的电气特性　　　　　　　　　　　　V

型　号	额　定　电　压	交流耐受电压（有效值）
00	400	2500
0	1000	5000
1	3000	10 000

直流耐压试验：对防机械刺穿手套进行直流耐压试验时，加压时间保持 1min，其电气性能应符合表 3-161 的规定。以无电晕发生、无闪络、无击穿、无明显发热为合格。

表 3-161　　　　　　　　　　　防机械刺穿手套的直流耐压值　　　　　　　　　　　　V

型　号	额　定　电　压	直流耐受电压（有效值）
00	380	4000
0	1000	10 000
1	3000	20 000

7）绝缘安全帽。绝缘安全帽具有较轻的质量、较好的抗机械冲击特性、较强的电气性能，并有阻燃特性。采用高强度塑料或玻璃钢等绝缘材料制作。

a. 外观及尺寸。外观及尺寸检查：绝缘安全帽内外表面均应完好无损，无划痕、裂缝和孔洞。尺寸应符合相关标准要求。

b. 电气试验。

a）周期和试验项目。试验周期：6 个月。试验项目：交流耐压试验。

b）要求。交流耐压试验：对绝缘安全帽进行交流耐压试验时，应将绝缘安全帽倒置于试验水槽内，注水进行试验。试验电压应从较低值开始上升，以大约 1000V/s 的速度逐渐升压至 20kV，加压时间保持 1min，试验时以无闪络、无击穿、无明显发热为合格。

8）绝缘鞋。绝缘鞋（靴）有布面、皮面和胶面三个类别，鞋底采用橡胶类绝缘材料制作。

a. 外观及尺寸。外观及尺寸检查：绝缘鞋（靴）一般为平跟而且有防滑花纹，因此，凡绝缘鞋（靴）有破损、鞋底防滑齿磨平、外底磨透露出绝缘层，均不得再作绝缘鞋（靴）使用。

b. 电气试验。

a）周期和试验项目。试验周期：6 个月。试验项目：交流耐压试验。

b）要求。交流耐压试验：对绝缘鞋（靴）进行交流耐压试验时，加压时间保持 1min，其电气性能应符合表 3 - 162 的规定。以无电晕发生、无闪络、无击穿、无明显发热为合格。

表 3 - 162　　　　　　　　　　　　绝缘鞋（靴）的电气特性　　　　　　　　　　　　　　V

额 定 电 压	交流耐受电压（有效值）
400	3500
3000 ~ 10 000	15 000

9）绝缘毯。绝缘毯一般为平展式和开槽式两种类型，也可以专门设计以满足特殊用途的需要。采用橡胶类和塑胶类绝缘材料制成。

a. 外观及尺寸。外观及尺寸检查：绝缘毯上下表面均不应存在有害的缺陷，如小孔、裂缝、局部隆起、切口、夹杂导电异物、折缝、空隙、凹凸波纹等。应按相关标准进行厚度检查，在整个毯面上随机选择 5 个以上不同的点进行测量和检查。测量时，使用千分尺或同样精度的仪器进行测量。千分尺的精度应在 0.02mm 以内，测钻的直径为 6mm，平面压脚的直径为 (3.17 ±0.25)mm，压脚应能施加 (0.83 ±0.03)N 的压力。绝缘毯应平展放置，以使千分尺测量面之间是平滑的。

b. 电气试验。

a）周期和试验项目。试验周期：6 个月。试验项目：交流耐压试验。

b）要求。交流耐压试验：对绝缘毯进行交流耐压试验时，加压时间保持 1min，其电气性能应符合表 3 - 163 的规定。以无电晕发生、无闪络、无击穿、无明显发热为合格。

表 3 - 163　　　　　　　　　　　　　绝缘毯的交流耐压值　　　　　　　　　　　　　　　V

级　别	额 定 电 压	交流耐受电压（有效值）
0	380	5000
1	3000	10 000
2	6000、10 000	20 000
3	20 000	30 000

10）绝缘垫。绝缘垫一般为卷筒型和特殊型两种类型，也可以专门设计以满足特殊用途的需要。采用橡胶类绝缘材料制成。

a. 外观及尺寸。外观及尺寸检查：绝缘垫上下表面均不应存在有害的缺陷，如小孔、裂缝、局部隆起、切口、夹杂导电异物、折缝、空隙等。应按相关标准进行厚度检查，在整个垫面上随机选择 5 个以上不同的点进行测量和检查。测量时，使用千分尺或同样精度的仪器进行测量。千分尺的精度应在 0.02mm 以内，测钻的直径为 6mm，平面压脚的直径为 (3.17 ± 0.25) mm，压脚应能施加 (0.83 ± 0.03) N 的压力。绝缘垫应平展放置，以使千分尺测量面之间是平滑的。

b. 电气试验。

a）周期和试验项目。试验周期：6 个月。试验项目：交流耐压试验。

b）要求。交流耐压试验：对绝缘垫进行交流耐压试验时，加压时间保持 1min，其电气性能应符合表 3-164 的规定。以无电晕发生、无闪络、无击穿、无明显发热为合格。

表 3-164　　　　　　　　　　　　　绝缘垫的交流耐压值　　　　　　　　　　　　　　　V

级　　别	额　定　电　压	交流耐受电压（有效值）
0	380	5000
1	3000	10 000
2	6000、10 000	20 000
3	20 000	30 000

11）导线软质遮蔽罩。导线软质遮蔽罩一般为直管式、带接头的直管式、下边缘延裙式、带接头的下边缘延裙式、自锁式等 5 种类型，也可以为专门设计以满足特殊用途的需要的其他类型。采用橡胶类和软质塑料类绝缘材料制成。

a. 外观及尺寸。外观及尺寸检查：导线软质遮蔽罩上下表面均不应存在有害的缺陷，如小孔、裂缝、局部隆起、切口、夹杂导电异物、折缝、空隙、凹凸波纹等。尺寸应符合相关标准要求。

b. 电气试验。

a）周期和试验项目。试验周期：6 个月。试验项目：交流耐压试验、直流耐压试验。

b）要求。交流耐压试验、直流耐压试验：对导线软质遮蔽罩进行交、直流耐压试验时，加压时间保持 1min，其电气性能应符合表 3-165 的规定。以无电晕发生、无闪络、无击穿、无明显发热为合格。

表 3-165　　　　　　　　　　　　导线软质遮蔽罩的电气特性　　　　　　　　　　　　　V

级别	额　定　电　压	交流耐受电压（有效值）	直流耐受电压（平均值）
0 *	380	5000	5000 *
1	3000	10 000	30 000
2	6000、10 000	20 000	35 000
3	20 000	30 000	50 000

*　对于 0 级 C 类（下边缘延裙式）和 D 类（带接头的下边缘延裙式）两个类别的直流耐受试验时加压值为 10 000V。

12）遮蔽罩。遮蔽罩根据不同用途一般可分为导线、针式绝缘子、耐张装置、悬垂装置、线夹、棒型绝缘子、电杆、横担、套管、跌落式开关所专用的以及为被遮物体所设计的其他类型遮蔽罩。采用环氧树脂、塑料、橡胶及聚合物等绝缘材料制成。

a. 外观及尺寸。外观及尺寸检查：各类遮蔽罩上下表面均不应存在有害的缺陷，如小孔、裂缝、局部隆起、切口、夹杂导电异物、折缝、空隙、凹凸波纹等。尺寸应符合相关标准要求。

b. 电气试验。

a）周期和试验项目。试验周期：6个月。试验项目：交流耐压试验。

b）要求。交流耐压试验：对遮蔽罩进行交流耐压试验时，加压时间保持1min，其电气性能应符合表3－166的规定。以无电晕发生、无闪络、无击穿、无明显发热为合格。

表3－166　　　　　　　　　　遮蔽罩的交流耐压值　　　　　　　　　　V

级　　别	额　定　电　压	交流耐受电压（有效值）
0	380	5000
1	3000	10 000
2	6000、10 000	20 000
3	20 000	30 000
4	35 000	50 000

（5）装置及设备。

1）绝缘斗臂车。绝缘斗臂车分为直接伸缩绝缘臂式、折叠式和折叠带伸缩绝缘臂式等三种类型。其作业工作斗有单双斗和单双层（内、外）斗之分。绝缘臂和绝缘外斗一般采用环氧玻璃钢等材料制作，绝缘内衬（绝缘内斗）一般采用聚四氟乙烯等高分子材料制作。

a. 外观及尺寸。外观及尺寸检查：定期检查必须由受过专业训练的人来完成。

用肉眼检查绝缘斗、臂表面的损伤情况，如裂缝、绝缘剥落、深度划痕等，对内衬外斗的壁厚进行测量，是否符合制造厂的壁厚限值。还要进行下列检查：

a）结构件的变形、裂缝或锈蚀；

b）轴销、轴承、转轴、齿轮、滚轮、锁紧装置、链条、链轮、钢缆、皮带轮等零件的磨损或变形；

c）气动、液压保险阀装置；

d）气动、液压装置中软管和管路的泄漏痕迹、非正常变形或过量磨损；

e）压缩机、油泵、电动机、发动机的松动、泄漏、非正常噪音或震动、运转速度变缓或过热现象；

f）气动、液压阀的错误动作、阀体外部的裂缝、漏洞以及渗出物粘附在线圈上；

g）气动、液压、闭锁阀的错误动作和可见损伤；

h）气动、液压装置的洁净程度，在系统中出现其他物质，并发生了恶变；

i）不太容易发现的电气系统及部件的损坏或磨损；

j）泄漏监视系统的状况；

k）真空保护系统的操作应充分尊重制造厂商的建议；

l）上下两臂的运行测试；

m）螺栓和其他紧固件的松紧状况；

n）生产厂商特别指出的焊缝。

b．电气试验。

a）周期和试验项目。试验周期：6个月。试验项目：交流耐压及泄漏电流试验。

b）要求。交流耐压及泄漏电流试验：对绝缘斗臂车进行交流耐压及泄漏电流试验时，应分别对绝缘上臂、绝缘下臂、绝缘外斗、绝缘内衬、绝缘吊臂进行试验，其电气性能应分别符合表3－167～表3－169的规定。以无闪络、无击穿、无明显发热为合格。

表3－167　　　　　绝缘斗臂车的泄漏电流允许值

测试部位	斗臂车的额定电压，有效值（kV）	试验距离（m）	试验电压，有效值（kV）	允许最大泄漏电流（μA）
上臂	10	1.0	20	400
	35	1.5	60	400
	66	1.5	120	400
	110	2.0	200	400
	220	3.0	320	400

表3－168　　　　　斗臂车绝缘部件的定期电气试验

测试部位	试验电压，有效值（kV）	试验时间（min）	要求
下臂绝缘部分	35	3.0	无火花放电、闪络或击穿现象，无发热现象（温差10℃）
绝缘外斗	35	1.0	无闪络或击穿现象
绝缘内衬（斗）	35	1.0	无闪络或击穿现象
绝缘吊臂	100/m	1.0	无火花放电、闪络或击穿现象，无发热现象（温差10℃）

表3－169　　　　　绝缘斗臂车的定期工频耐压试验

测试部位	交流试验			
	斗臂车的额定电压，有效值（kV）	试验距离（m）	试验电压，有效值（kV）	试验时间（min）
上臂	10	1.0	45	1.0
	35	1.5	95	1.0
	66	1.5	175	1.0
	110	2.0	220	1.0
	220	3.0	440	1.0

①绝缘斗臂车就目前我国已有的车型，按试验接线分为两类，一类为直接伸缩绝缘臂式，另一类为其他类（包括折臂式、折叠带伸缩臂式等类型）。进行电气试验时，先按表3－167的要求加压，同时测量泄漏电流，然后按表3－169的要求进行工频耐压试验。

②直接伸缩绝缘臂式斗臂车，由于绝缘臂为封闭式，其内绝缘胶管和操作杆无法与绝

缘臂并接，因而允许只测绝缘臂的泄漏电流。而其他类型的斗臂车在进行耐压试验及泄漏电流试验时，均应将绝缘臂及其内部绝缘胶管和操作杆并接起来。

③ 绝缘内衬（斗）只进行层向工频耐压试验；绝缘外斗则只进行表面工频耐压试验。

c. 机械试验。

a）周期和试验项目。试验周期：6 个月。试验项目：额定荷载全工况试验。

b）要求。额定荷载全工况试验即按工作斗的额定荷载加载，按全工况曲线图全部操作 3 遍。若上下臂和斗以及汽车底盘、外伸支腿均无异常，则试验通过。

2）接地及接地短路装置。携带型接地及接地短路装置的线夹为铜或铝合金材料，接地电缆、短路电缆为多股铜质软绞线或编织线外覆绝缘材料制成。而接地操作杆则为泡沫填充绝缘管或空心绝缘管等绝缘材料制成。

a. 外观及尺寸。外观及尺寸检查：携带型接地及接地短路装置的电缆与金属端头（线鼻子）的连接部位抗疲劳性能要良好，连接部位要有防止松动、滑动和转动的措施。连接线夹应与导线表面形状相配，电缆的绝缘护层应完好无损，接地操作杆的绝缘部件应光滑，无气泡、皱纹、开裂，玻璃纤维布与树脂间粘接完好，杆段间连接牢固，绝缘件与金属件的连接应牢固可靠。短路电缆、短路条、接地电缆的横截面积应符合相关标准的要求。

b. 电气试验。

a）周期和试验项目。试验周期：12 个月。试验项目：工频耐压试验、操作冲击耐压试验。

b）要求。工频耐压试验：对 10～220kV 的接地操作杆进行工频耐压试验时，加压时间保持 1min，其电气性能应符合表 3-170 的规定。以无闪络、无击穿、无明显发热为合格。

表 3-170　　　　　　　　　10～220kV 接地操作杆交流耐压试验值

额 定 电 压（kV）	试验电极间距离（m）	1min 工频耐压值（kV）
10	0.40	45
35	0.60	95
66	0.70	175
110	1.00	220
220	1.80	440
220～500 绝缘架空地线	0.40	45
试验设备	0.40	45

工频耐压与操作冲击耐压试验：330kV 及以上电压等级的试品应能通过长时间工频耐受电压试验（以无击穿、无闪络及无明显发热为合格），以及操作冲击耐受电压试验（15 次加压以无一次击穿、闪络及明显过热为合格）。其电气性能应符合表 3-171 的规定。

表 3 – 171　　　　　　　　**330～750kV 接地操作杆电气特性**

额定电压（kV）	试验电极间距离（m）	3min 工频耐受电压（kV）	操作冲击耐受电压（kV）
330	2.80	380	800
500	3.70	580	1050
750	4.70	780	1300

3）带电清扫机。带电清扫机分为便携式软轴连接型和叉车配套型两类，其绝缘部件均采用增强型环氧玻璃纤维引拔棒材、管材制成。

a. 外观及尺寸。外观及尺寸检查：带电清扫机由叉车（电动机）、软轴（绝缘传动杆）、空心绝缘管（绝缘主轴）、毛刷盘和毛刷等部件组成。所有绝缘部件应光滑，无气泡、皱纹、开裂，玻璃纤维布与树脂间粘接完好，杆段间连接牢固，绝缘件与金属件的连接应牢固可靠。

b. 电气试验。

a）周期和试验项目。试验周期：12 个月。试验项目：工频耐压试验，操作冲击耐压试验。

b）要求。220kV 及以下电压等级的试品应能通过短时工频耐受电压试验（以无击穿、无闪络及无明显发热为合格）；330kV 及以上电压等级的试品应能通过长时间工频耐受电压试验（以无击穿、无闪络及无明显发热为合格），以及操作冲击耐受电压试验（15 次加压以无一次击穿、闪络及明显过热为合格）。其电气性能应符合表 3 – 172、表 3 – 173 的规定。

表 3 – 172　　　　　　**35～220kV 电压等级带电清扫机绝缘部件的电气性能**

额　定　电　压（kV）	试验电极间距离（m）	1min 工频耐受电压（kV）
35	0.60	95
66	0.70	175
110	1.00	220
220	1.80	440

表 3 – 173　　　　　　**330～500kV 电压等级带电清扫机绝缘部件的电气性能**

额定电压（kV）	试验电极间距离（m）	3min 工频耐受电压（kV）	操作冲击耐受电压（kV）
330	2.80	380	800
500	3.70	580	1050

c. 机械试验。

a）周期和试验项目。试验周期：12 个月。试验项目：空载运行试验。

b）要求。两个类型的带电清扫，即便携式软轴连接型和叉车配套升降型清扫机均应进行空载运行试验。

便携式软轴连接型清扫机启动后，观察软轴、软轴插接头、绝缘主轴、短软轴及毛刷的运转情况，以运转灵活、无卡涩、无异常声响为合格。

叉车配套升降型清扫机启动后，在清扫毛刷维持运行的情况下，叉车货架和绝缘升降梯两级升降均应完成全行程 3 次往复，蟹钳形毛盘刷应完成 10 次开合操作，观察叉车货架和绝缘升降梯升降过程中是否平稳，传动绝缘主轴、短软轴及毛刷的运转情况，以运转灵活、无卡涩、无异常声响为合格。

上述两类清扫机启动后开始计时，空载运行 1h。

4) 气吹清洗工具。用于制作气吹清扫工具操作杆的绝缘材料应采用泡沫填充绝缘管，通气软管应采用绝缘性能好、机械强度高的塑料管。

a. 外观及尺寸。外观及尺寸检查：带电气吹清扫工具由喷嘴、通气软管、储气风包、空气压缩机、辅料罐和操作杆等组合而成，各部件应完好无损。喷嘴若用金属材料制作时，长度不宜超过 100mm，内径以 3.5~6mm 为宜。

b. 电气试验。

a) 周期和试验项目。试验周期：12 个月。试验项目：工频耐压试验。

b) 要求。操作杆及通气软管的电气性能应满足表 3-174 的要求，以无闪络、无击穿、无发热为合格。

表 3-174　　　　　　　　　　　操作杆及通气软管电气性能

额 定 电 压（kV）	试验电极间距离（m）	1min 工频耐受电压（kV）
10	0.40	45
35	0.60	95
66	0.70	175
110	1.00	220
220	1.80	440

c. 机械试验。

a) 周期和试验项目。试验周期：12 个月。试验项目：水压试验。

b) 要求。通气软管、储气风包、辅料罐等压力容器应进行水压试验。将通气软管、储气风包、辅料罐连接起来后通水，水压为 108N/cm、5min 后，各部件及各连接处均无泄漏，则试验通过。

5) 核相仪。核相仪按测量原理分有电阻型、电容型两类，按使用场所则有户内型和户外型之分，而户外型户内户外均可使用。绝缘部件采用增强型环氧引拔管等绝缘材料制成。

a. 外观及尺寸。外观及尺寸检查：对核相仪的各部件，包括手柄、手护环、绝缘元件、电阻元件、限位标记和接触电极、连接引线、接地引线、指示器、转接器和绝缘杆等均应无明显损伤。各部件连接应牢固可靠，指示器应密封完好，表面应光滑、平整，指示器上的标

志应完整。绝缘杆内外表面应清洁、光滑，无划痕及硬伤。

　　b. 电气试验。

　　a) 周期和试验项目。试验周期：6个月。试验项目：工频耐压及泄漏电流试验。

　　b) 要求。工频耐压及泄漏电流试验：对核相仪进行交流耐压及泄漏电流试验时，加压时间保持1min，其电气性能应符合表3-175的规定。以无闪络、无击穿、无明显发热为合格。

表3-175　　　　　　　　　　　核相仪绝缘部件的电气特性

额定电压（kV）	试验电极间距离（mm）	1min工频耐受电压（kV）	允许最大泄漏电流（μA）
10及以下	300	12	500
20	450	24	500
35	600	42	500

　　6）验电器。验电器按显示方式分有声类、光类、数字类、回转类、组合式类等，按连接方式则有整体式和分体组装式两类。绝缘部件采用增强型环氧引拔管等绝缘材料制成。

　　a. 外观及尺寸。外观及尺寸检查：对验电器的各部件，包括手柄、手护环、绝缘元件、限位标记和接触电极、指示器和绝缘杆等均应无明显损伤。各部件连接应牢固可靠，指示器应密封完好，表面应光滑、平整，指示器上的标志应完整。绝缘杆内外表面应清洁、光滑，无划痕及硬伤。

　　b. 电气试验。

　　a) 周期和试验项目。试验周期：6个月。试验项目：工频耐压及泄漏电流试验。

　　b) 要求。工频耐压及泄漏电流试验：对验电器进行交流耐压及泄漏电流试验时，加压时间保持1min，其电气性能应符合表3-176的规定。以无闪络、无击穿、无明显发热为合格。

表3-176　　　　　　　10～220kV电压等级验电器操作杆的电气性能

额定电压（kV）	试验电极间距离（m）	1min工频耐受电压（kV）	允许最大泄漏电流（μA）
10	0.40	45	500
35	0.60	95	500
66	0.70	175	500
110	1.00	220	500
220	1.80	440	500

　　7）500kV四分裂导线飞车。500kV四分裂导线飞车为双驱动摆滚式在架空导线上行驶的特殊车辆，其框架材料采用机械性能不低于LY12的铝合金材料制成。

　　a. 外观及尺寸。外观及尺寸检查：500kV四分裂导线飞车的整车外形及尺寸应符合相关标准的要求，主要零件表面应光滑，无尖边毛刺，无明显缺陷。其主动轮轮槽镶嵌的导电橡胶是否完好。

　　b. 机械试验。

　　a) 周期和试验项目。试验周期：12个月。试验项目：静态负荷试验、动态负荷试验。

b）要求。静态负荷和动态负荷：500kV 四分裂导线飞车应分别进行动、静状态下的整体试验。将飞车挂在模拟线路上，动态负荷试验时，在飞车座垫上施加 900N 的负荷，在装有间隔棒、防震锤和悬垂绝缘子串的模拟线路上进行 3 次来回操作踏行，操作应灵活可靠。静态负荷试验在飞车座垫上施加 1080N 的负荷，持续 5min 后卸载，试件各组成部分应无永久变形或损伤。

8）绝缘子电位分布测试仪。绝缘子电位分布测试仪的探测电极用普通碳素钢等金属材料制成，绝缘操作杆一般采用泡沫填充绝缘管制作。

a. 外观及尺寸。外观及尺寸检查：检查绝缘子电位分布测试仪的各部分连接是否完好，整体外形有无损伤、变形，标志是否清晰。

b. 电气试验。

a）周期和试验项目。试验周期：12 个月。试验项目：测量精度校验试验、工频耐压试验、操作冲击耐压试验。

b）要求。测量精度校验试验：以一个标准的工频电压与绝缘子电位分布测试仪测得的电压进行比较，3 次比较试验两电压值之间的误差小于 1%，则试验通过。

工频耐压试验：对 66～220kV 的电位分布测试仪操作杆进行工频耐压试验时，加压时间保持 1min，其电气性能应符合表 3 - 177 的规定。以无闪络、无击穿、无明显发热为合格。

表 3 - 177　　　　　　66～220kV 电位分布测试仪操作杆交流耐压试验值

额 定 电 压（kV）	试验电极间距离（m）	1min 工频耐压值（kV）
66	0.70	175
110	1.00	220
220	1.80	440

工频耐压与操作冲击耐压试验：330kV 及以上电压等级的试品应能通过长时间工频耐受电压试验（以无击穿、无闪络及无明显发热为合格），以及操作冲击耐受电压试验（15 次加压以无一次击穿、闪络及明显过热为合格）。其电气性能应符合表 3 - 178 的规定。

表 3 - 178　　　　　　330～750kV 电位分布测试仪操作杆电气特性

额定电压（kV）	试验电极间距离（m）	3min 工频耐受电压（kV）	操作冲击耐受电压（kV）
330	2.80	380	800
500	3.70	580	1050
750	4.70	780	1300

9）火花间隙检测装置。火花间隙检测装置的探针用普通碳素钢等金属材料制成，支承板用绝缘板制成，绝缘操作杆一般采用泡沫填充绝缘管制作。

a. 外观及尺寸。外观及尺寸检查：检查火花间隙检测装置的各部分连接是否完好，整体外形有无损伤、变形，标志是否清晰。

b. 电气试验。

a）周期和试验项目。试验周期：12 个月。试验项目：间隙调整与放电试验、工频耐压试验、操作冲击耐压试验。

b）要求。间隙调整与放电试验：间隙放电试验的次数应不少于10次，取10次放电电压的平均值，校正到标准状态后，与相应电极形状的空气间隙放电电压与间隙距离关系曲线比较，偏差在±5%内时，试验通过。

工频耐压试验：对66～220kV火花间隙检测装置的操作杆进行工频耐压试验时，加压时间保持1min，其电气性能应符合表3-179的规定。以无闪络、无击穿、无明显发热为合格。

表3-179　　　　　　　　66～220kV火花间隙检测装置的操作杆交流耐压试验值

额 定 电 压（kV）	试验电极间距离（m）	1min 工频耐压值（kV）
66	0.70	175
110	1.00	220
220	1.80	440

工频耐压与操作冲击耐压试验：330kV及以上电压等级的试品应能通过长时间工频耐受电压试验（以无击穿、无闪络及发热为合格），以及操作冲击耐受电压试验（15次加压以无一次击穿、闪络及明显过热为合格）。其电气性能应符合表3-180的规定。

表3-180　　　　　　　330～750kV火花间隙检测装置的操作杆电气特性

额定电压（kV）	试验电极间距离（m）	3min 工频耐受电压（kV）	操作冲击耐受电压（kV）
330	2.80	380	800
500	3.70	580	1050
750	4.70	780	1300

10）小水量冲洗工具。长水柱短水枪型冲洗工具的枪管、水枪的挡水环、三用接头、防水罩、操作杆及引水管宜采用绝缘材料制成。水枪的通水部件应能承受配套水泵的额定排出压力而无渗漏。

a. 外观及尺寸。外观及尺寸检查：水枪、引水管的表面质量用目视检查，内径用游标卡尺测量。水枪内表面应平整光滑，引水管应无气泡、缩径及裂纹等缺陷。

b. 电气试验。

a）周期和试验项目。试验周期：12个月。试验项目：整套冲洗设备工频泄漏电流试验。

b）要求。整套冲洗设备工频泄漏电流应满足表3-181的规定。

表3-181　　　　　　　　　　工 频 泄 漏 电 流 要 求

额定电压（kV）	试验电压（kV）	水柱长度（m）	试验时间（min）	泄漏电流（mA）
10	15	0.4	5	≤1
35	46	0.6	5	≤1
66	80	0.7	5	≤1
110	110	1.0	5	≤1
220	220	1.8	5	≤1

c. 机械试验。

a）周期和试验项目。试验周期：12 个月。试验项目：水泵压力和流量试验、整组试验。

b）要求。水泵的额定排出压力和流量应不低于表 3 – 182 的要求。整组清洗工具在仰角 45°喷射时，呈直柱状态的水柱长度，不得小于表 3 – 183 的规定。

表 3 – 182　　　　　　　　　　　　水泵的额定排出压力和流量

技 术 要 求	额定排出压力（kPa）	流　量（L/min）
手动水泵	758	8
机动水泵	1961	20

表 3 – 183　　　　　　　　　　　　　喷射的水柱长度

额定电压（kV）	35	66	110	220
水柱长度（m）	0.8	1.0	1.2	1.8

（6）电气试验方法。工频耐压及操作冲击耐压试验接线图见图 3 – 4，滑车电气试验布置图见图 3 – 5，屏蔽服装（上衣、裤子、手套、袜子、鞋）电阻试验图见图 3 – 6，屏蔽服

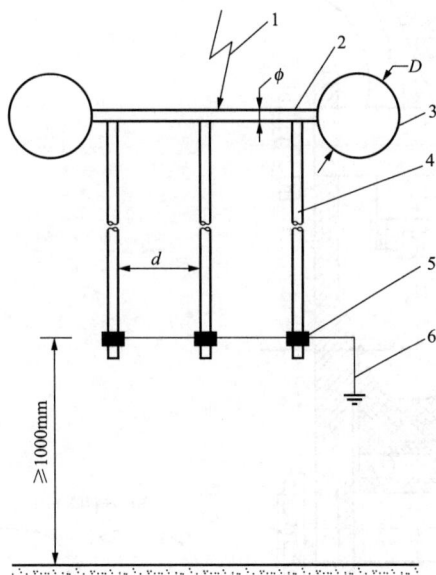

图 3 – 4　工频耐压及操作冲击耐压试验接线图

1—高压引线；2—模拟导线，$\phi \geqslant 30mm$；3—均压球，$D = 200mm \sim 300mm$；

4—试品，试品间距 $d \geqslant 500mm$；5—下部试验电极；6—接地引线

注：1. 用直径不小于 30mm 的单导线作模拟导线，模拟导线两端应设置均压球（或均压环），其直径不小于 200mm，均压球距试品不小于 1.5m。

2. 多个试品同时进行试验时，试品间距 d 应不小于 500mm。

装屏蔽效率试验电极图见图 3 - 7，绝缘服电极布置示意图见图 3 - 8，绝缘袖套交直流耐压试验接线图见图 3 - 9，绝缘手套交直流耐压试验接线图见图 3 - 10，绝缘安全帽交流耐压试验接线图见图 3 - 11，绝缘鞋交流耐压试验接线图见图 3 - 12，绝缘毯交流耐压试验接线图见图 3 - 13，导线软质遮蔽罩交流耐压试验电极图见图 3 - 14，遮蔽罩试验电极图见图 3 - 15，绝缘斗臂车试验布置图见图 3 - 16，水冲洗设备系统泄漏电流测量试验布置示意图见图 3 - 17。

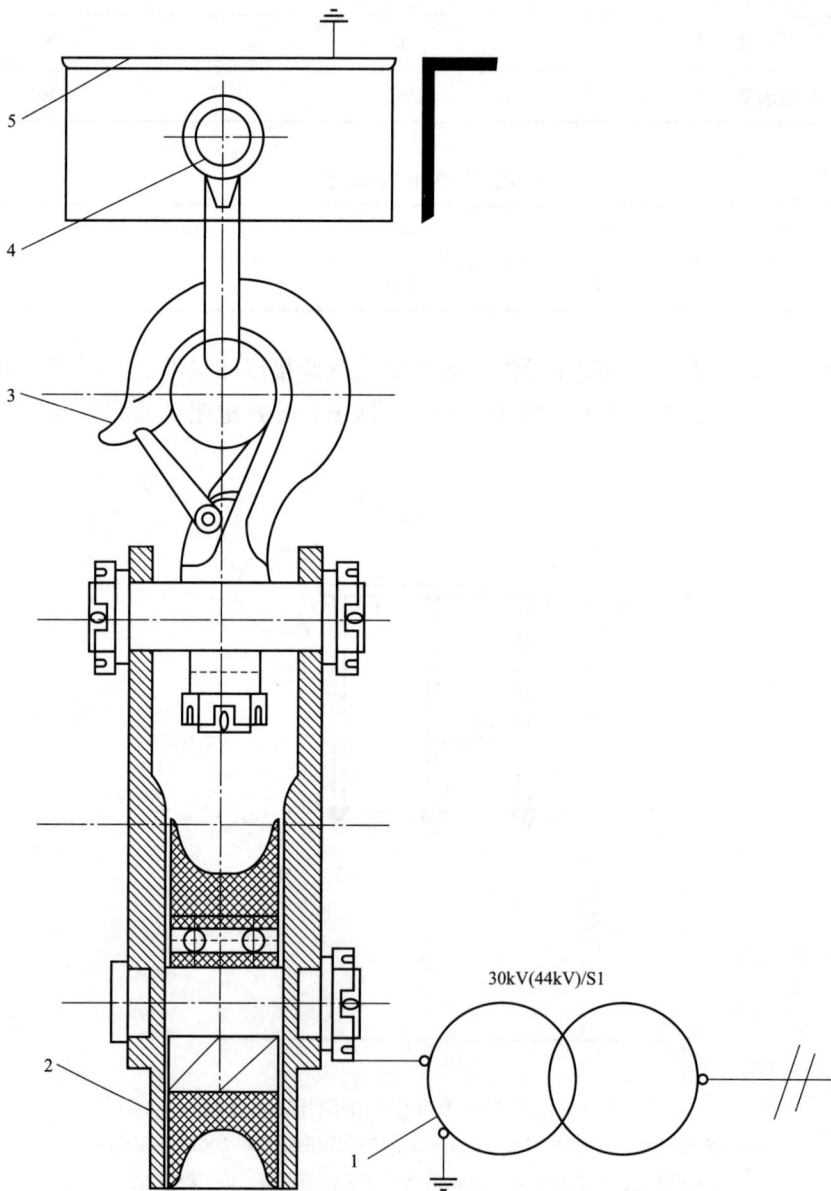

30kV(44kV)/S1

图 3 - 5　滑车电气试验布置图

1—工频试验装置；2—滑轮；3—吊钩；4—U 形环；5—金属横担

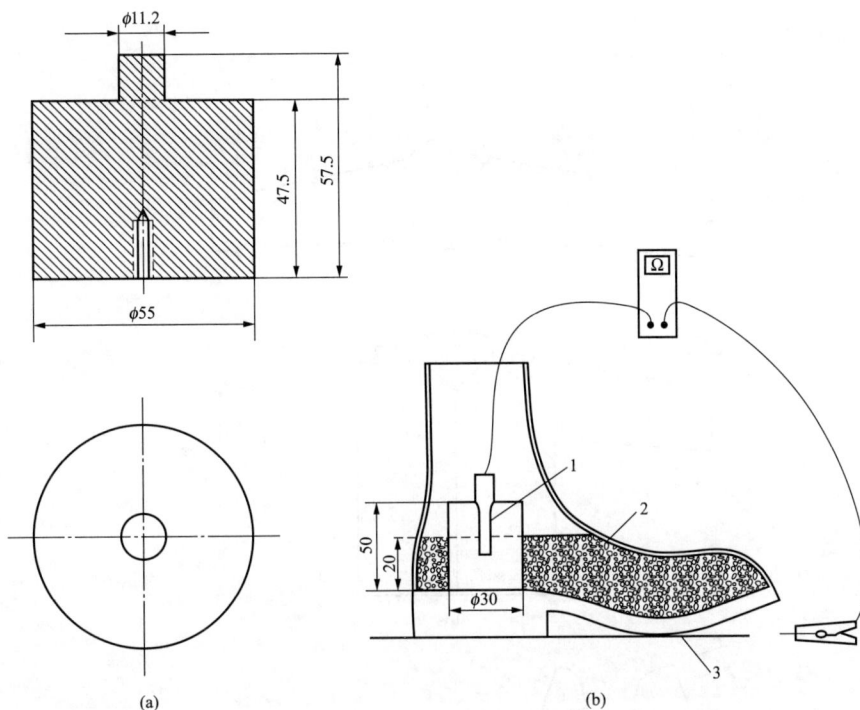

图 3 - 6　屏蔽服装（上衣、裤子、手套、袜子、鞋）电阻试验图

（a）屏蔽服装成品电阻试验电极图；（b）鞋子电阻测量示意图

1—测试电极接线柱；2—钢珠；3—测试电极

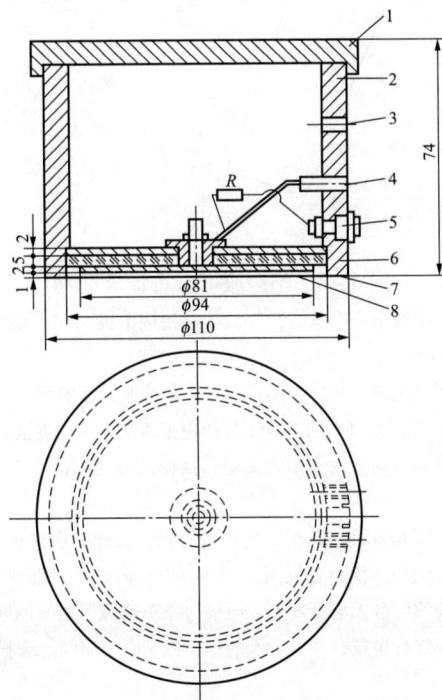

图 3 - 7　屏蔽服装屏蔽效率试验电极图

1—上盖；2—屏蔽外壳；3—固定电缆螺孔；4—电缆连接测量仪表；5—接地螺母；

6—屏蔽电极；7—绝缘板；8—接收电极；R—负载电阻

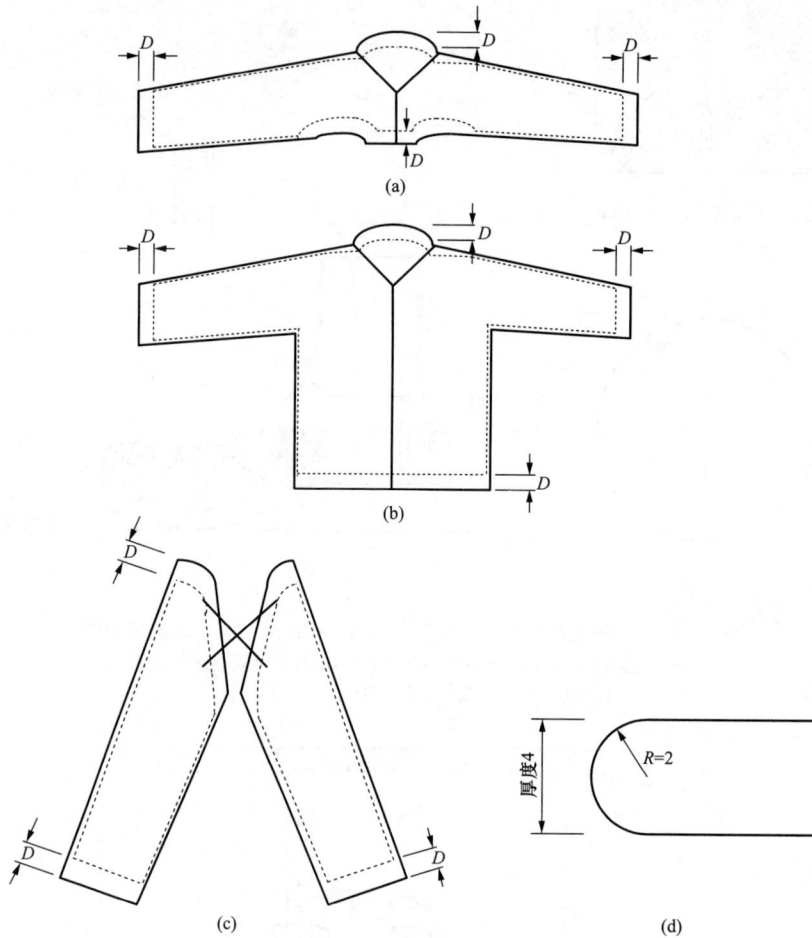

图 3-8   绝缘服电极布置示意图

（a）绝缘披肩内电极；（b）绝缘上衣内电极；（c）绝缘裤内电极；（d）绝缘服层向工频耐压试验电极

注：1. D——电极间距（65mm±5mm）。

2. 为防止沿绝缘服边缘发生沿面闪络，应注意高压引线距绝缘服边缘的距或采用套管引入高压的方式。

3. 试验电压应从较低值开始上升，并以大约1000V/s的速度逐渐升压，直至20kV或绝缘服发生击穿，试验时间从达到规定的试验电压值开始计时，对于型式试验和抽样试验电压持续3min，对于预防性试验，电压持续时间为1min。

4. 进行绝缘服（披肩）的层向工频耐压试验时，电极由海绵或其他吸水材料（如棉布）制成的湿电极组成，电极厚度为4mm±1mm，电极边角应倒角［见图3-8（d）］。内外电极形状与绝缘服内外形状相符。电极设计及加工应使电极之间的电场均匀且无电晕发生。电极边缘距绝缘服边缘的间距为65mm±5mm。将绝缘服平整布置于内外电极之间，不应强行曳拉，并用干燥的棉布擦干电极周围绝缘服上的水迹。

5. 水的电阻率为1000Ω·cm。

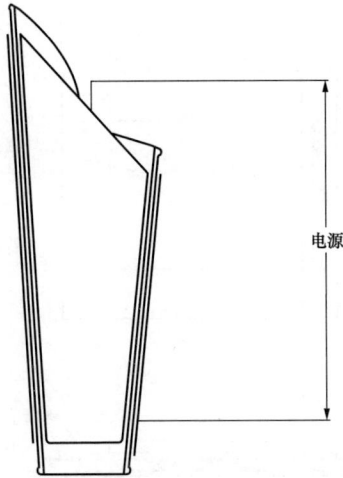

图 3 - 9　绝缘袖套交直流耐压试验接线图

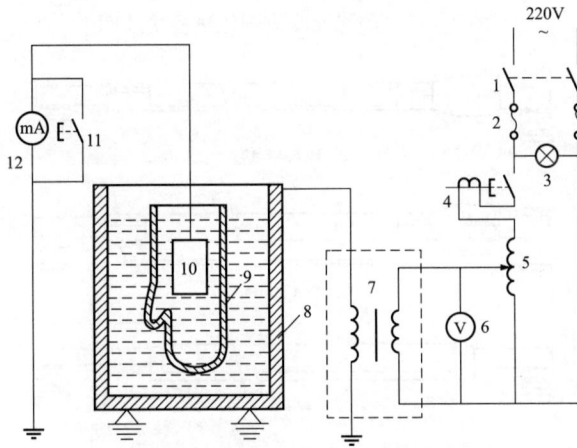

图 3 - 10　绝缘手套交直流耐压试验接线图

1—隔离开关；2—可断熔丝；3—电源指示灯；4—过负荷开关（也可用过流继电器）；5—调压器；
6—电压表；7—变压器；8—盛水金属器皿；9—试样；10—电极；11—毫安表短路开关；12—毫安表

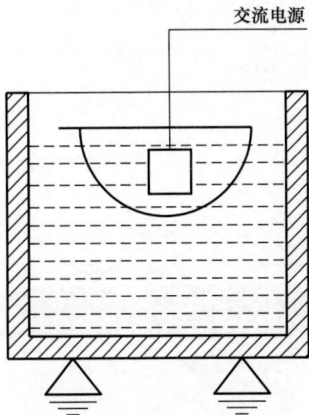

图 3 - 11　绝缘安全帽交流耐压试验接线图

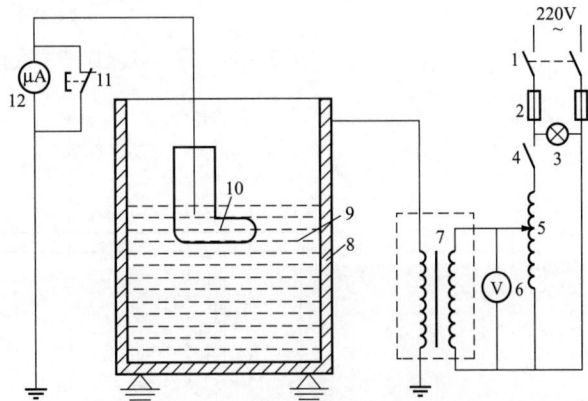

图 3 - 12　绝缘鞋交流耐压试验接线图

注：1~12 的注释与图 3 - 10 相同。

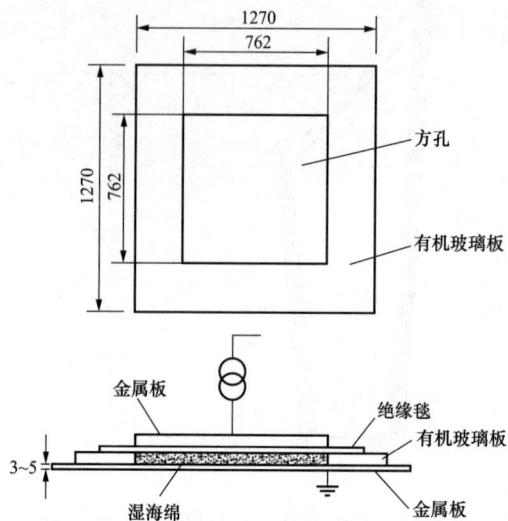

图 3-13 绝缘毯交流耐压试验接线图

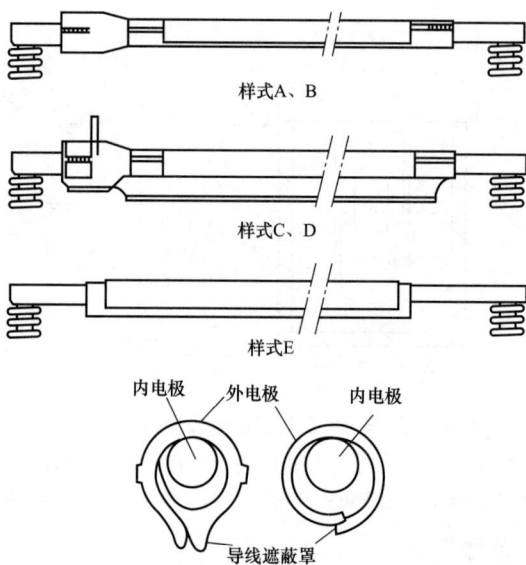

图 3-14 导线软质遮蔽罩交流耐压试验电极图

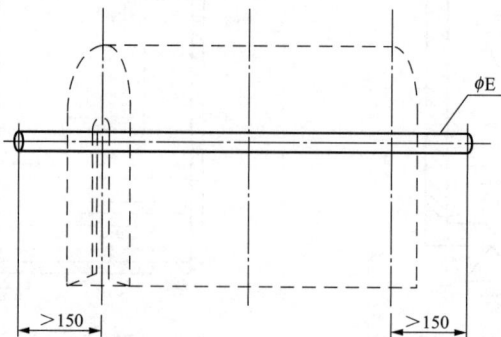

图 3-15 遮蔽罩试验电极图

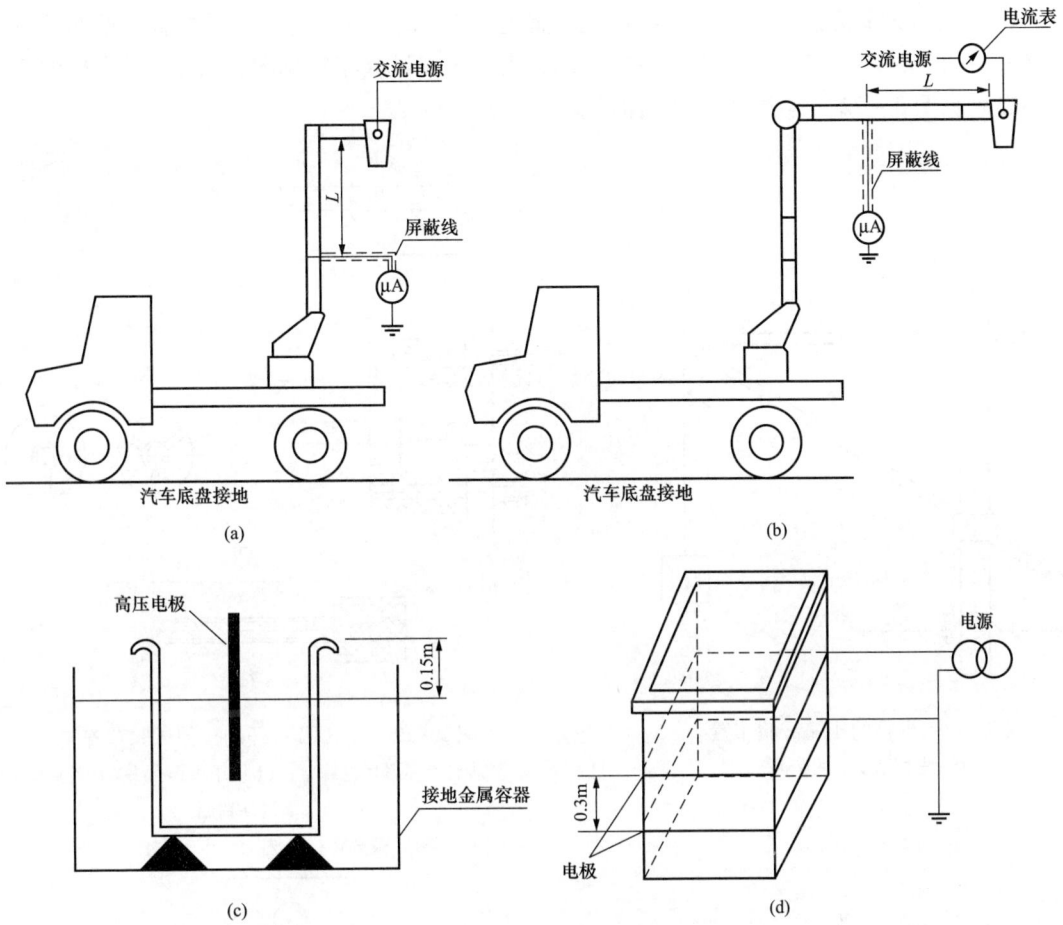

图 3－16　绝缘斗臂车试验布置图

（a）直接伸缩绝缘臂式斗臂车试验布置；（b）折叠臂或折叠带伸缩臂式斗臂车试验布置；

（c）绝缘内衬（斗）层向耐压试验；（d）绝缘外斗表面工频耐压试验

注：1. 测量泄漏电流时，高压电极加在斗与臂的连接处，请勿将绝缘胶管和绝缘操作杆连接进去；耐压试验时，高压端应将绝缘胶管和绝缘操作杆一并连接进去。

2. 无论在测量泄漏电流和耐压试验时，在高压端均应将绝缘胶管和绝缘操作杆连接进去，在接地端也应确认绝缘胶管和绝缘操作杆一并连接进去了。

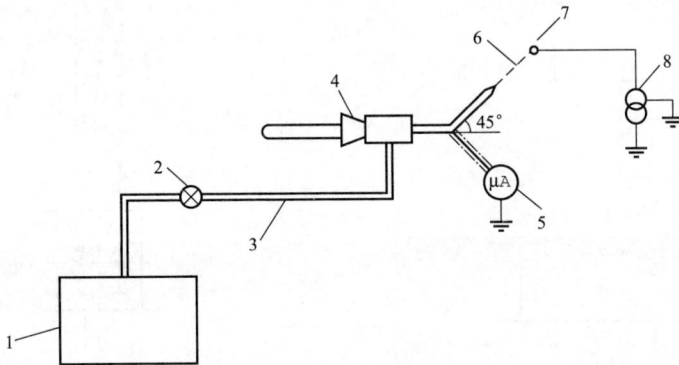

图 3－17　水冲洗设备系统泄漏电流测量试验布置示意图

1—水箱；2—水泵；3—引水管；4—水枪；5—电流表；6—水柱；7—高压电极；8—电源

（7）机械试验方法。支杆的压缩试验布置见图3-18，拉（吊）杆的拉伸试验布置见图3-19，托瓶架抗弯试验加载点图见图3-20，滑车机械试验布置见图3-21，操作杆的弯曲试验布置见图3-22，各类硬梯的弯曲试验布置见图3-23。

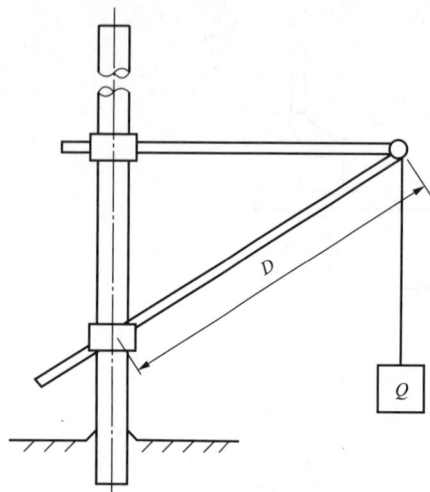

图3-18 支杆的压缩试验布置
D—支杆两支点的距离

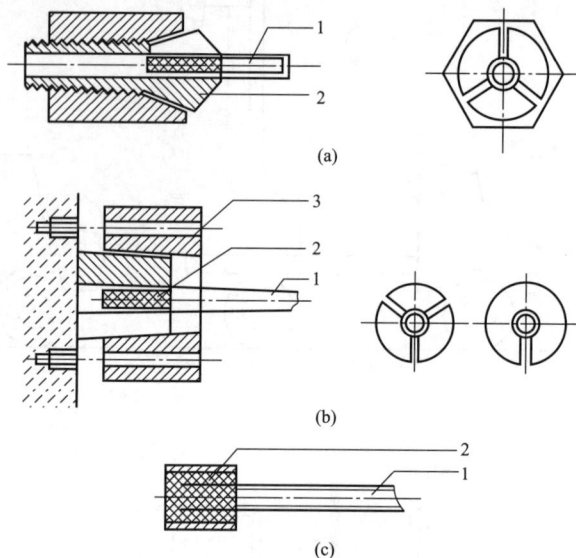

图3-19 拉（吊）杆的拉伸试验布置
（a）用弹性套爪紧固绝缘管；（b）用锥形夹头紧固绝缘管；
（c）端部浇注树脂
1—被试管；2—树脂；3—螺杆

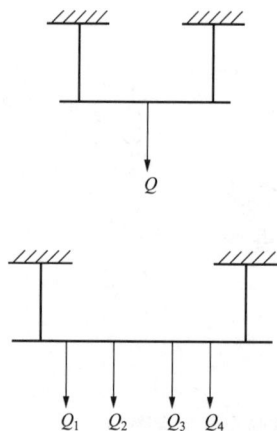

图3-20 托瓶架抗弯试验加载点图

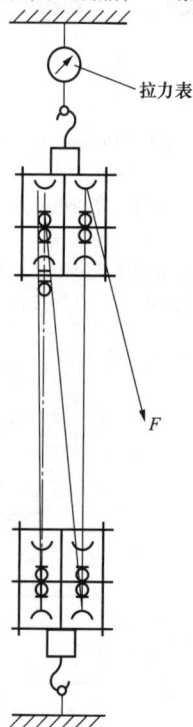

图3-21 滑车机械试验布置图

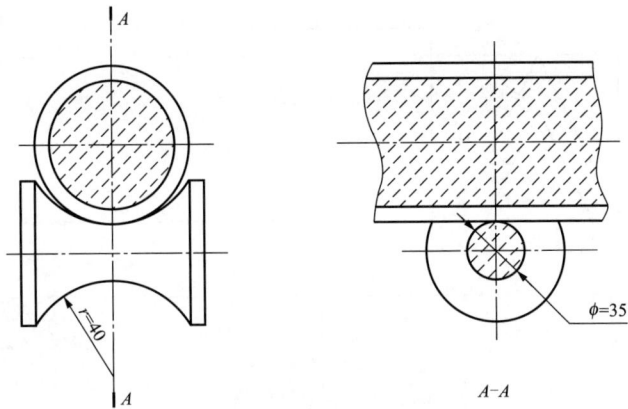

图 3 - 22　操作杆的弯曲试验布置

注：试验时将操作杆放在两端的滑轮上，在其中间加荷载直至规定值。

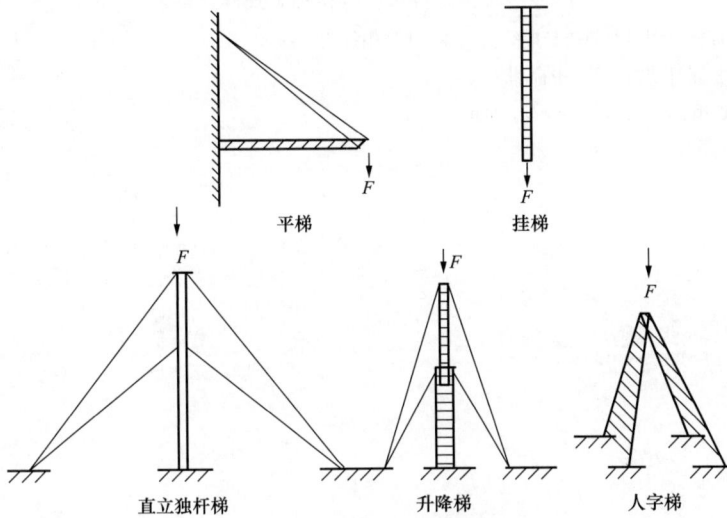

图 3 - 23　各类硬梯的弯曲试验布置

两支架间的距离见表 3 - 184。

表 3 - 184　　　　　　　　　弯曲试验时两支架间的距离

管 直 径（mm）	棒 直 径（mm）	两支架间的距离（mm）
—	10 ~ 16	500
18 ~ 22	—	700
—	24	1000
24 ~ 30	—	1100
32 ~ 36	30	1500
40 ~ 70	—	2000

（8）预防性试验合格标志式样及要求，见图 3 – 24。

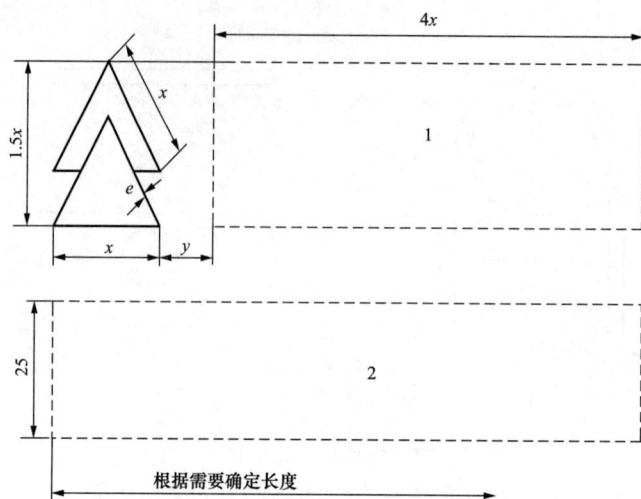

图 3 – 24　预防性试验合格标志式样及要求

注：1. 制造厂名、商标、型号及制造日期等信息在"1"中标明。

2. 检验周期和检测日期在"2"中标明。

3. x——可以是 16、25 或 40，$y = x/2$，mm。

4. e——线条的宽度，$e = 2$mm。

附录 1　带电作业 IEC 标准名称及标准编号

1. IEC 60743（2001 – 11）
Live working-Terminology for tools, equipment and devices
带电作业工具、装置和设备术语

2. IEC 60832（2000 – 05）
Insulating poles（insulating sticks）and universal tool attachments（fittings）for Live working
带电作业用绝缘杆和带附件的通用工具

3. IEC 60855（1999 – 07）
Insulating foam-filled tubes and solid rods for Live working
带电作业用泡沫填充绝缘管和实心绝缘棒

4. IEC 60895（2003 – 02）
Live working-Conductive clothing for use at nominal voltage up to 800kV a. c. and ±600kV d. c.
带电作业用交流 800kV 和直流 ±600kV 以下电压等级的屏蔽服（导电服）

5. IEC 60900（2004 – 01）
Live working-Hand tools for use up to 1000V a. c. and 1500V d. c.
带电作业用交流 1000V 和直流 1500V 以下电压等级的手工工具

6. IEC 60903（2003 – 02）
Live working-Gloves of insulating material
带电作业用绝缘手套

7. IEC 60984（2005 – 01）
Sleeves of insulating material for Live working
带电作业用绝缘袖套

8. IEC 61057（1999 – 07）
Aerial devices with insulating boom used for Live working
带电作业用绝缘斗臂车

9. IEC 61111（2002 – 06）
Matting of insulating for electrical purposes
带电作业用绝缘垫

10. IEC 61112（2002 – 06）
Blankets of insulating for electrical purposes
带电作业用绝缘毯

11. IEC 61219（2000 – 05）
Live working-Earthing or earthing and short-circuiting equipment using lances as short-circuiting device-Lance earthing

带电作业用枪刺式接地或接地短路装置

12. IEC 61229（2002 – 06）

Rigid protective covers for Live working on a. c. installations

交流装备用带电作业硬质遮蔽罩

13. IEC 61230（2000 – 12）

Live working-Portable equipment for earting or earthing and short-circuiting

带电作业用便携式接地或接地短路装置

14. IEC 61235（2000 – 05）

Live working-Insulating hollow tubes for electrical purposes

带电作业用空心绝缘管

15. IEC 61236（2000 – 05）

Saddles, pole clamps（stick clamps）and accessories for Live working

带电作业用底板、杆夹头和附件

16. IEC 61243 – 1（2003 – 10）

Live working-Voltage detectors-Part 1：Capacive type to be used for voltages exceeding 1kV a. c.

带电作业用验电器第 1 部分：交流 1000V 以上电容型验电器

17. IEC 61243 – 2（2002 – 05）

Live working-Voltage detectors-Part 2：Resistive type to be used for voltages 1kV to 36kV a. c.

带电作业用验电器第 2 部分：交流 1 ~ 36kV 电压的电阻型验电器

18. IEC 61243 – 3（2000 – 12）

Live working-Voltage detectors-Part 3：Two-pole low-voltage type

带电作业用验电器第 3 部分：两极低压型验电器

19. IEC 61243 – 5（1997 – 06）

Live working-Voltage detectors-Part 5：Voltage detecting systems（VDS）

带电作业用验电器第 5 部分：电压探测系统

20. IEC 61318（2003 – 10）

Live working-Quality assurance plans applicable to tools, devices and equipment

带电作业工具、装置和设备质量保证导则

21. IEC/TR 61328（2003 – 03）

Live working-Guidelines for the installation of transmission line conductors and earthwires-Stringing equipment and accessory items

架空输电线路带电安装导则及作业工具设备

22. IEC 61472（2005 – 05）

Live working-Minimum approach distances for a. c. systems in the voltage range 72. 5kV to 800kV-A method of calculation

电压范围为 72. 5 ~ 800kV 交流系统带电作业最小安全距离计算方法

23. IEC 61477（2005 – 01）

Live working-Minimum requirements for the utilization of tools, devices and equipment

带电作业工具、装置和设备使用的最低要求

24. IEC 61478（2003 - 02）

Live working-ladders of insulating material

带电作业用绝缘梯

25. IEC 61479（2002 - 05）

Live working-flexible conductor（line hoses）of insulating material

带电作业用导线软质遮蔽罩

26. IEC 61481（2005 - 07）

Live working-Portable phase comparators for use on voltage from 1kV to 36kV a. c.

带电作业用交流 1～36kV 电压等级的核相仪

27. IEC 61482 - 1（2002 - 02）

Live working-Flame-resistant materials for clothing for thermal protection of workers-Thermal hazards of an electric arc-Part 1：Test methods

带电作业用防电弧作业服第 1 部分：试验方法

28. IEC/TS 61813（2000 - 10）

Live working-Care, maintenance and in-service testing of aerial devices with insulating booms

带电作业用绝缘斗臂车的维护、保养和使用中的试验

29. IEC/TR 61911（2003 - 02）

Live working-Guidelines for the installation of distribution line conductors and earthwires-Stringing equipment and accessory items

架空配电线路带电安装导则及作业工具设备

30. IEC 62193（2003 - 05）

Live working-Telescopic sticks and telescopic measuring sticks

带电作业用伸缩杆和伸缩测量杆

31. IEC 62237（2003 - 10）

Live working-Insulating hoses with fittings for use with hydraulic tools and equipment

带电作业液压工具和设备用绝缘管

32. IEC/TR 62236（2005 - 12）

Live working-Guidelines for the installation and maintenance of optical fibre cables on overhead power lines

架空电力线路的光缆带电安装及维修导则

附录 2　全国带电作业标准化技术委员会标准化工作纪事

全国带电作业标准化技术委员会经国家标准局批准成立,于 1984 年 4 月 23 日在成都召开了成立大会暨第一次全体会议。第一届标委会组织机构:主任委员:王义基;副主任委员:谢绍雄、宋桓嘉、李洪仁;秘书长:陈健生。

——1984 年 4 月 23 日在成都召开第一届第一次全体会议。会上通过了标委会章程、体系表、下年度工作计划,对提交大会的国家标准草案《带电作业用屏蔽服装及试验方法》和《带电作业用绝缘操作杆》等标准进行了讨论。

——1985 年 5 月 23 日在广州召开第一届第二次全体会议。会上通过了总结了上年度工作完成情况、下年度工作计划,对提交大会的国家标准《带电作业用屏蔽服装及试验方法》和《带电作业用绝缘操作杆》送审稿等标准进行了讨论。《带电作业用屏蔽服装及试验方法》通过了审查。

——1986 年 4 月 22 日在云南昆明市召开第一届第三次全体会议。会上通过了总结了上年度工作完成情况、下年度工作计划,因王义基退休,谢绍雄当选为主任委员,审查标准草案送审稿。

——1987 年 11 月 23 日在北京召开第一届第四次全体会议。会上通过了总结了上年度工作完成情况、下年度工作计划,审查标准草案送审稿。

——1989 年 8 月 23 日在北京召开了第二届全国带电作业标准化技术委员会成立大会暨第一次全体会议。第二届标委会组织机构:主任委员:杜世光;副主任委员:孙林、宋桓嘉;秘书长:吴盛林。

——1990 年 8 月在甘肃酒泉市召开第二届第二次全体会议。会上通过了总结了上年度工作完成情况、下年度工作计划,审查标准草案送审稿。

——1991 年 8 月 25 日在湖南衡阳召开第二届第三次全体会议。会上通过了总结了上年度工作完成情况、下年度工作计划,审查标准草案送审稿。

——1992 年 10 月 21 日在江苏无锡召开第二届第三次全体会议。会上通过了总结了上年度工作完成情况、下年度工作计划,审查标准草案送审稿。

——1993 年 9 月 17 日在黑龙江牡丹江市召开第二届第三次全体会议。会上通过了总结了上年度工作完成情况、下年度工作计划,审查标准草案送审稿。

——1994 年 12 月在云南景洪召开第二届第三次全体会议。会上通过了总结了上年度工作完成情况、下年度工作计划,审查标准草案送审稿。

——1996 年 4 月 23 日在增城召开了第三届全国带电作业标准化技术委员会成立大会暨第一次全体会议。第三届标委会组织机构:主任委员:陆宠惠;副主任委员:孙林、宋桓嘉;秘书长:易辉。审查通过了《带电作业用 500kV 四分裂导线飞车》电力行业标准送审稿。

——1997 年 11 月在上海召开第三届第二次全体会议。会上通过了总结了上年度工作完成情况、下年度工作计划，审查通过了国家标准送审稿《带电作业用绝缘手套通用技术条件》、《带电作业用绝缘硬梯通用技术条件》、《带电作业用绝缘鞋（靴）通用技术条件》。

——1998年9月在十堰召开第三届第三次全体会议。会上通过了总结了上年度工作完成情况、下年度工作计划，审查通过了电力行业标准《带电作业用绝缘托瓶架通用技术条件》和国家标准《带电作业用绝缘斗臂车》、《带电作业工具基本技术要求与设计导则》、《带电作业用屏蔽服装》、《带电作业用屏蔽服装试验方法》、《高压静电防护服装及试验方法》。

——1999年11月在北海召开第三届第四次全体会议。会上通过了总结了上年度工作完成情况、下年度工作计划，审查通过了《交流1kV、直流1.5kV及以下带电作业用手工工具通用技术条件》、《带电作业用杆类绝缘工具及端部附件》国家标准送审稿和《电容型验电器》、《带电更换330kV线路耐张单片绝缘子规程》电力行业标准送审稿。

——2000年10月在北京召开第三届第三次全体会议。会上通过了总结了上年度工作完成情况、下年度工作计划，审查通过了《带电作业工具设备术语》、《电工术语 带电作业》国家标准草案和《带电作业用绝缘袖套》电力行业标准草案。

——2001年10月31日在苏州召开了第四届全国带电作业标准化技术委员会成立大会暨第一次全体会议。第四届标委会组织机构：主任委员：吴维宁；副主任委员：崔江流、周世平；邹景行；秘书长：胡毅；副秘书长：易辉。

审查通过了三项标准草案，其中国家标准2项，电力行业标准1项，即：

《带电作业用空心绝缘管、泡沫填充绝缘管和实心绝缘棒》、《配电线路带电作业技术导则》和《带电作业用绝缘毯》。

——2002年11月11日在成都召开第四届第二次全体会议。会上通过了总结了上年度工作完成情况、下年度工作计划，审查通过了七项标准草案，其中四项国家标准，三项电力行业标准，分别是：《交流线路带电作业安全距离计算方法》、《带电作业用绝缘绳索》、《带电作业用小水量冲洗工具（长水柱短水枪型）》、《带电作业用绝缘滑车》、《带电作业用绝缘垫》、《架空配电线路带电安装及作业工具设备》、《带电作业用绝缘斗臂车的保养维护及在使用中的试验》）。

——2003年10月23日在济南召开第四届第三次全体会议。会上通过了总结了上年度工作完成情况、下年度工作计划，审查通过了六项电力行业标准草案，分别是：《带电作业绝缘配合导则》、《带电作业用导线软质遮蔽罩》、《±500kV直流输电线路带电作业技术导则》、《带电作业用工具、装置和设备使用的一般要求》、《带电作业用绝缘工具试验导则》、《带电作业用便携式接地和接地短路装置》。

2004年10月27日在十堰召开第四届第四次全体会议。会上通过了总结了上年度工作完成情况、下年度工作计划，审查通过了八项标准草案，其中二项国家标准，六项电力行业标准，分别是：《带电作业用铝合金紧线卡线器》、《带电作业用遮蔽罩》、《带电作业用交流1kV～35kV便携式核相仪》、《带电作业工具、装置和设备的质量保证导则》、《送电线路带电作业技术导则》、《带电作业用工具库房》、《带电作业用防机械刺穿手套》、《带电作业工具、装置和设备预防性试验规程》。

——2005年11月16日在海口召开第四届第五次全体会议。会上通过了总结了上年度工作完成情况、下年度工作计划，审查通过了三项电力行业标准送审稿，分别是：《带电作业用脚踏式 500kV 四分裂导线飞车》、《架空输电线路带电安装导则及作业工具设备》、《带电作业用绝缘子卡具》。

——2006 年 12 月 22 日在肇庆召开了第五届全国带电作业标准化技术委员会成立大会暨第一次全体会议。第五届标委会组织机构：主任委员：胡毅；副主任委员：熊幼京、皇甫学真、周世平；秘书长：易辉。会上通过了总结了上年度工作完成情况、下年度工作计划，审查通过了电力行业标准《750kV 交流输电线路带电作业技术导则》。

——2007 年 12 月 21 日在郑州召开了第五届第二次全体会议。会上通过了总结了上年度工作完成情况、下年度工作计划，审查通过了八项国家标准送审稿和审查通过了四个电力行业标准，分别是：《带电作业屏蔽服》、《带电作业用提线工具通用技术条件》、《带电作业用绝缘硬梯通用技术条件》、《带电作业用绝缘手套通用技术条件》、《高压静电防护服装及试验方法》、《带电作业工具基本技术要求与设计导则》、《交流 1kV、直流 1.5kV 及以下电压等级带电作业用手工工具通用技术条件》、《电力设备带电水冲洗规程》和《带电作业用火花间隙检测装置》、《绝缘工具柜》、《带电作业用绝缘服》、《同塔多回带电作业技术导则》。

附录 3　我国专业人员参加国际带电作业标准化活动纪事

IEC/TC78 自 1976 年成立并召开第一次国际会议以来，至今已举行过二十二届全体会议，我国共有 39 人次参加过 16 次 IEC/TC78 国际会议。历届会议简况如下：

1. 1976 年 8 月 23～24 日在法国巴黎举行了第一次会议。这是 TC78 的成立大会。参加的国家有：澳大利亚、加拿大、丹麦、芬兰、法国、德国、意大利、挪威、波兰、葡萄牙、西班牙、瑞典、瑞士、英国、美国和南斯拉夫，共有 16 个国家 39 名代表参加。

2. 1978 年 9 月 12～13 日在瑞典的斯德歌尔摩举行了第二次会议。参加的国家有：加拿大、中国、丹麦、芬兰、法国、德国、匈牙利、挪威、瑞典、英国、美国和南斯拉夫，12 个国家 45 名代表。中国是第一次参加该组织的国际会议，王义基等四人代表中国出席会议。会议确定 TC78 工作范围及名称，其名称正式定为"带电作业工具（Tools forLive Working）"，成立八个工作组。

3. 1979 年 10 月 11 日在匈牙利的布达佩斯举行第三次会议。参加会议的有 12 个国家 33 名代表。

4. 1980 年 10 月 2 日在美国的费城举行了第四次会议。参加会议的有 10 个国家 31 名代表。中国有王义基、宋桓嘉二位代表出席了会议。

5. 1982 年 6 月 3～4 日在巴西的里约热内卢举行第五次会议。参加会议的有 12 个国家 30 名代表。郑健超一人代表中国出席了会议。

6. 1984 年 1 月 18～19 日在埃及的开罗举行第六次会议。参加会议的有 10 个国家 32 名代表。

7. 1985 年 5 月 24～25 日在加拿大的蒙特利尔举行第七次会议。参加会议的有 15 个国家 35 名代表。谢绍雄、陈健生二人代表中国出席了会议。

8. 1987 年 3 月 26～27 日在法国的巴黎举行第八次会议。参加会议的有 13 个国家 33 名代表。王尉林、太史瑞昌二人代表中国出席了会议。

9. 1989 年 4 月 14～15 日在南斯拉夫的杜布罗夫尼克举行第九次会议。参加会议的有 12 个国家 38 名代表。王尉林、太史瑞昌二人代表中国出席了会议。并参加了《带电作业用起吊设备》工作组会议。

10. 1990 年 6 月 17～18 日在加拿大的多伦多举行第十次会议。参加会议的有 11 个国家 37 名代表。丁一正一人代表中国出席了会议。

11. 1991 年 10 月 10～11 日在西班牙的马德里举行第十一次会议。参加会议的有 17 个国家 39 名代表。

12. 1993 年 9 月 22～23 日在中国的北京举行第十二次会议。参加会议的国家有：加拿大、中国、法国、英国、德国、意大利和美国共 6 个国家 22 名代表。杜世光、吴盛麟等五名代表中国出席了会议。

13. 1994 年 9 月 16～17 日在法国的尼斯举行第十三次会议，参加会议的国家有：加拿大、中国、法国、英国、德国、比利时、澳大利亚、意大利、挪威、美国、印度尼西亚、波兰、瑞典、捷克、斯洛伐克、埃及和芬兰共 17 个国家 44 名代表。孙林、刘惠民、杨迎建三人代表中国出席了会议。

14. 1996 年 5 月 23～24 日在美国的里士满举行第十四次会议。参加会议的国家有：澳大利亚、加拿大、中国、捷克、芬兰、法国、德国、丹麦、西班牙、英国和美国共 12 个国家 33 名代表。刘惠民、胡毅二人代表中国出席了会议。

15. 1997 年 10 月 2～3 日在英国的伯明翰举行第十五次会议。参加会议的国家有：加拿大、中国、捷克、斯洛伐克、法国、德国、爱尔兰、意大利、挪威、瑞典、波兰、英国和美国共 13 个国家 38 名代表。张影萍、杨肇成、刘文浩三人代表中国出席了会议。

16. 1999 年 5 月 20～21 日在法国的米隆斯举行第十六次会议。参加会议的国家有：加拿大、中国、捷克、法国、德国、意大利、挪威、瑞典、波兰、英国和美国共 11 个国家 37 名代表。辛德培、易辉、纪建民三人代表中国出席了会议。

17. 2000 年 10 月 5～6 日在加拿大的蒙特利尔举行第十七次会议。参加会议的有 9 个国家 28 名代表。辛德培、丁荣二人代表中国出席了会议。

18. 2002 年 5 月 31～6 月 4 日，在德国首都柏林举行第十八次会议。参加会议的国家有：加拿大、中国、捷克、芬兰、法国、德国、意大利、挪威、瑞士、英国和美国共 11 个国家 31 名代表。许松林、熊启新二人代表中国出席了会议。

19. 2003 年 11 月 10～14 日，在意大利的佛罗伦萨举行第十九次会议。参加会议的国家有：加拿大、中国、捷克、芬兰、法国、德国、意大利、挪威、西班牙、瑞典、英国和美国共 12 个国家 32 名代表。陆宠惠、胡毅二人代表中国出席了会议。

20. 2005 年 5 月 9～13 日，在瑞典首都斯德哥尔摩附近的西斯塔市举行第二十次会议。参加会议的国家有：加拿大、中国、捷克、芬兰、法国、德国、意大利、挪威、瑞士、英国和美国共 11 个国家 28 名代表。易辉、刘洪正、杜平三人代表中国出席了会议。

21. 2006 年 9 月 18～22 日，在美国新泽西州的 Morristwot 举行第了二十一次会议；2008 年 5 月 5～9 日，在挪威首都奥斯陆举行了第二十二次会议。这两次会议由于我国正在进行特高压输电的科研及建设，而未来得及选派人员参会。

参 考 文 献

［1］中国电力百科全书．输电与配电．2 版．北京：中国电力出版社，2001 年 2 月．

［2］中国电力企业联合会标准化中心．简明 IEC 电力技术双解词汇．北京：中国电力出版社，2005 年 10 月．

［3］易辉．带电作业工具、装置和设备预防性试验规程．宣贯读本．北京：中国电力出版社，2006 年 7 月．

［4］胡毅．送变电带电作业技术．北京：中国电力出版社，2004 年 6 月．

［5］方年安．带电作业技术 300 问．北京：中国电力出版社，2006 年 1 月．

［6］胡毅．配电线路带电作业技术．北京：中国电力出版社，2002 年 1 月．

［7］丁一正．谈克雄，带电作业技术基础．北京：中国电力出版社，1998 年 3 月．

［8］胡毅．带电作业工具及安全工具试验方法．北京：中国电力出版社，2003 年 8 月．

［9］柏克寒，等．带电作业．修订版．北京：水利电力出版社，1988 年．

［10］山西大同供电分公司．电击防护实用问答．北京：中国电力出版社，2006 年 4 月．